辽宁海洋经济
高质量发展研究

张云霞 李强 张云 等 著

东南大学出版社
SOUTHEAST UNIVERSITY PRESS

·南京·

图书在版编目(CIP)数据

辽宁海洋经济高质量发展研究 / 张云霞等著.—南京:东南大学出版社,2020.11

ISBN 978-7-5641-9228-0

I. ①辽… II. ①张… III. ①海洋经济-经济发展-研究-辽宁 IV. ①P74

中国版本图书馆 CIP 数据核字(2020)第 226036 号

辽宁海洋经济高质量发展研究

Liaoning Haiyang Jingji Gaozhiliang Fazhan Yanjiu

著　　者	张云霞　李强　张云　等
出版发行	东南大学出版社
出 版 人	江建中
社　　址	南京市四牌楼 2 号(邮编:210096)
网　　址	http://www.seupress.com
责任编辑	孙松茜(E-mail:ssq19972002@aliyun.com)
经　　销	全国各地新华书店
印　　刷	广东虎彩云印刷有限公司
开　　本	700 mm×1000 mm　1/16
印　　张	18
字　　数	363 千字
版　　次	2020 年 11 月第 1 版
印　　次	2020 年 11 月第 1 次印刷
书　　号	ISBN 978-7-5641-9228-0
定　　价	68.00 元

(本社图书若有印装质量问题,请直接与营销部联系。电话:025-83791830)

海洋是人类生存和可持续发展的资源宝库,是引领经济发展的新动力,是拓展未来蓝色经济发展空间的重要载体,是经济高质量发展的战略要地。21世纪是海洋的世纪,海洋成为各沿海国家激烈竞争的重要领域,党的十八大做出了建设海洋强国的重大战略部署。2013年7月30日,习近平总书记在主持中共中央政治局第八次集体学习时强调指出:"我们要着眼于中国特色社会主义事业发展全局,统筹国内国际两个大局,坚持陆海统筹,坚持走依海富国、以海强国、人海和谐、合作共赢的发展道路,通过和平、发展、合作、共赢方式,扎实推进海洋强国建设。"党的十九大报告也再次明确提出"坚持陆海统筹,加快建设海洋强国"的战略目标。

辽宁省地处东北亚经济区和环渤海经济圈的关键地带,与日本、韩国、朝鲜隔海邻江相望,是东北地区的海上门户和对外开放前沿,是"一带一路"沿线重点省份之一,是振兴东北老工业基地的重要沿海区域,具有发展海洋经济独特的区位优势和天然的资源优势。辽宁拥有6.4万平方公里的近海水域面积、2292.4公里的大陆海岸线、2070平方公里的沿海滩涂,具有丰富的海洋生物、旅游和矿产资源。辽宁丰富的海洋资源培育了海洋经济的新业态并促进其蓬勃发展,尤其是21世纪以来,辽宁海洋经济总量持续增长,其海洋生产总值从2001年的682.5亿元增长至2018年的3315亿元,且海洋经济在地区经济中占有重要地位,其海洋生产总值占地区生产总值的13.1%,已成为地区经济新的增长点,具有巨大的发展潜力。

近几年,面对全球经济低迷、贸易保护主义上升、"逆全球化"加速等复杂世界经济情况,我国经济进入"新常态",辽宁省经济下行压力尤其大,如何实现转身向海,激活地区经济高质量发展的新动能,以海洋经济的高质量发展融入地区经济社会高质量发展中,是时代赋予的挑战。为了全面摸清辽宁海洋经济"家底",辽宁省第一次海洋经济调查自 2016 年开始启动,历时 4 年,取得了丰富的成果,首次获取了全省涉海单位名录、海洋经济地图和海洋产业数据等全面的基础信息。为了充分发挥调查数据的价值,进一步明晰辽宁海洋经济高质量发展面临的结构性、体系性、体制性和产业等短板,发挥辽宁海洋经济的潜力,把握"一带一路"发展机遇,辽宁省海洋水产科学研究院牵头组织大连海洋大学和辽宁师范大学等十余位长期从事海洋经济研究的专家学者集体撰写了《辽宁海洋经济高质量发展研究》一书,期望能为辽宁海洋经济高质量发展提供系统的方法体系、技术体系和决策依据。

本书基于辽宁省第一次海洋经济调查的数据和多年海洋经济统计核算数据,对辽宁海洋发展环境与服务支撑、主要海洋产业发展、整体产业结构优化、"一带一路"下对外合作和高质量发展等方面进行了系统分析与对策展望。全书共分为八章。第一章辽宁海洋经济发展概况,全面梳理了辽宁省海洋经济规模、发展特点与资源禀赋,分析了海洋经济发展所处的国内外经济环境、财税政策环境、海洋生态环境和竞争环境等基础发展环境。第二章辽宁传统海洋产业创新发展研究,针对海洋渔业、海洋船舶业、海洋油气业、海洋盐业和海洋化工业的发展形势和发展问题进行了分析和探讨,提出了各传统海洋产业提质增效、从低端竞争向高端竞争的转型升级路径与创新发展模式。第三章辽宁现代海洋服务业发展对策研究,全面分析了海洋旅游业、海洋交通运输业、涉海金融服务业、海洋文化产业、海洋信息服务业和海洋科研教育管理业等海洋服务业的发展现状与新业态新模式等,提出了发展的重点领域、战略与政策建议。第四章辽宁海洋战略性新兴产业发展对策研究,系统梳理了海洋生物医药业、海洋高端装备制造业、海水综合利用业和海洋可再生能源利用业等战略性新兴产业发展状况与潜力,借鉴国内外实践经验,提出了相应的发展对策。第五章辽宁海洋产业结构优化升级研究,立足于产业结构的时空演变与布局现状,剖析了产业结构矛盾,提出了产业结构向高度化发展的优化路径。第六章辽宁海洋经济发展的现代金融服务体系研究,全面分析了金融服务现状、问题和需求,提出了现代金融服务体系的框架。第七章辽宁沿海经济带对外开放合作研究,基于沿海经济带的开放合作现状、基础、机遇和挑战,提出了深度融入"一带一路"的路径。第八章辽宁海洋经济高质量发展评估与对策,构建了高质量发展指标体系和评价方法,对辽宁省实现海洋经济高质量发展提出了对策建议。

本书是"辽宁省第一次海洋经济调查"专项成果,感谢第一次全国海洋经济调查领导小组和辽宁省第一次全国海洋经济调查工作领导小组对本项工作的重视与组织领导,感谢辽宁省自然资源厅和辽宁省财政厅的资助,感谢辽宁省海洋水产科学院对课题组成员开展相关研究给予的大力支持。

参加本书撰写的主要作者(按章节出现次序排列)有:张云霞、勾维民、王泽宇、孙才志、李强、张云、刘明、郑世忠、刘广东、谭前进、王萍等,各章节由龚艳君、席小慧、鲍相渤、宋永刚、关晓燕、张宸瑜、王平等校对审核,全书由李强统稿,最后由张云霞定稿。在本书的写作过程中,辽宁省自然资源厅肖常惕处长和魏南副处长给予了大量数据支持和悉心指导,在此表示感谢!感谢辽宁师范大学孙才志、王泽宇和大连海洋大学刘广东、勾维民、谭前进、郑世忠的帮助及相关学者为之倾注的心血与努力。

感谢东南大学出版社,尤其要感谢本书的责任编辑孙松茜老师和其他编校老师为本书顺利出版的辛勤付出,对其耐心细致的工作和一丝不苟、严谨认真的工作精神致以诚挚的谢意！

　　辽宁海洋经济前途无量！本书在各位专家学者的不懈努力和全力以赴下顺利出版，希望本书的研究成果能加快推进辽宁海洋经济走向高质量发展，助力辽宁经济腾飞，并对我国海洋强国的建设贡献一份力量。本书涉及海洋经济的问题与专业领域十分广泛，无论是在理论研究方面还是在实际应用方面，由于能力有限，我们仍存在很多不足，书中若有疏漏之处和偏颇之处，敬请读者批评指正。

作者

2020 年 6 月 30 日

第一章

辽宁海洋经济发展概况

1.1 海洋经济的相关概念

1.1.1 海洋经济的内涵与特征

1）海洋经济的内涵

世界范围内"海洋经济"（Ocean Economy）概念的提出已有 40 多年的历史，最早是美国学者杰拉尔德·J. 曼贡于 20 世纪 70 年代初在《美国海洋政策》一书中首先提出的。在国外，"海洋经济"这一术语只出现在少数的涉海经济研究、海洋统计报告和国家海洋发展政策中，学术界尚未对其内涵进行广泛而深入的探讨。随着世界各国对海洋资源开发和海洋经济的重视，越来越多的国外学者开始对海洋经济的内涵进行探讨与界定。其中，对海洋经济内涵的界定比较有代表性的是：美国海洋政策委员会在《美国海洋政策要点与海洋价值评价》（2004）中，将海洋经济定义为直接依赖于海洋属性的经济活动，或在生产过程中依赖于海洋作为投入，或利用地理位置优势，在海面或海底发生的经济活动。美国学者 Charles S. Colgan 认为"海洋经济是指那些直接与海洋关联，并将海洋资源作为生产投入的经济活动。包括那些依赖海洋的产业，如海洋矿业、海洋渔业以及海洋交通运输业等"[1]；美国学者 Judith Kildow 认为"海洋经济是指提供产品和服务的经济活动，而这些产品和服务的部分价值是由海洋或其资源决定的"[2]；美国海洋经济计划对海洋经济的定义是"包括全部或部分源于海洋和五大湖投入的所有经济活动"。在《美国海洋与海岸带经济状况（2016）》中对海洋经济界定为"源于海洋和五大湖，并将其资源作为直接或间接产品和服务投入的经济活动"。加拿大没有具体对海洋经济进行界定，只将海洋产业界定为"以加拿大海域和与这些海域相邻接的沿海地区为基础的，或依赖这些区域进行经济活动获取收入的产业"[3]。综上，国外将海洋经济作为一种与海洋空间或海洋资源紧密相连的经济活动，其投入要素一定包含了海洋资源。

相比国外，国内学者和政府部门对海洋经济内涵的研究更深入全面，从资源经济、区域经济和活动空间等多角度进行了探讨。国内学者于 20 世纪 70 年代后期提出了"海洋经济"的概念,1978 年著名经济学家于光远在全国哲学社会科学规划会议上提出应建立"海洋经济"学科,并设立专业的海洋研究机构开展一系列海洋经济研究。杨金森认为海洋经济是"以海洋为活动场所或以海洋资源为开发对象的各种经济活动的总和"[17];权锡鉴认为"海洋经济活动是人们为了满足其社会经济生活的需要,以海洋及其资源为劳动对象,通过劳动投入而获取资源回报的劳动过程,亦即人与海洋自然资源之间所实现的物质变换的过程"[11];陈万灵认为"海洋经济就是指为了满足人类对海洋的需要,对海洋及其空间范围内一切海洋资源进行合理开发和利用的经济活动"[6];孙斌等认为海洋经济指的是在海洋及其空间进行的一切经济性开发活动和直接利用海洋资源进行生产加工以及为海洋开发、利用、保护、服务而形成的经济活动[12]。虽然各位学者对海洋经济内涵的描述不一致,但无实质性区别,国内早期的观点主要将海洋经济限定在与海洋直接相关的经济活动中,或以海洋资源作为生产、交换、分配和消费对象的活动,或者活动空间范围局限在海洋,但没有包括与海洋资源开发利用活动有关联的上下游产业。

随后,海洋经济的外延不断拓展。有学者认为海洋经济有广义和狭义两种概念:广义的海洋经济是指人类在涉海经济活动中利用海洋资源所创造的生产、交换、分配和消费的物质量和价值量的综合,包括直接的海洋产业和间接的海洋产业;狭义的海洋经济是指直接的海洋产业。徐质斌等认为"海洋经济是活动场所、资源依托、销售或服务对象、区位选择和初级产品原料对海洋有特定依存关系的各种经济的总和"[16]。陈可文提出"海洋经济是以海洋空间为活动场所或以海洋资源为利用对象的各种经济活动的总称。海洋经济的本质是人类为了满足自身需要,利用海洋空间和海洋资源,通过劳动获取物质产品的生产活动。海洋经济与海洋相关联的本质属性是海洋经济区别于陆域经济的分界点,也是界定海洋经济内容的依据。按照经济活动与海洋的关联程度海洋经济可分为三类:狭义海洋经济,指以开发利用海洋资源、海洋水体和海洋空间而形成的经济;广义海洋经济,指为海洋开发利用提供条件的经济活动,包括与狭义海洋经济产生上下接口的产业,以及陆海通用设备的制造业等;泛义海洋经济,主要是指与海洋经济难以分割的海岛上的陆域产业、海岸带的陆域产业及河海体系中的内河经济等,包括海岛经济和沿海经济"[5]。徐敬俊等认为"海洋经济是指在一定的制度下通过有效保护、优化配置和合理利用海洋资源以获取以社会利益、环境利益和自身利益最大化为目的的各种社会实践活动的总称"[15]。目前各种海洋经济定义在学术上表述不一,但基本上都认为涉海性是一项经济活动构成海洋经济的本质特征,产生分歧的主要原因在于,不同定义对经济活动涉海程度的要求不同,定义外延越窄,对经济活动涉海程度的要求越高,反之越低。

我国政府对海洋经济较早的权威定义是在 2003 年的《全国海洋经济发展规划纲要》(简称《纲要》)中,认为"海洋经济是开发利用海洋的各类产业及相关经济活动的总和"。随后,中华人民共和国国家标准《海洋及相关产业分类》(GB/T 20794—2006)给出的定义"海洋经济是开发、利用和保护海洋的各类产业活动,以及与之相关联活动的总和,包括海洋产业和海洋相关产业"。这个定义在《纲要》的基础上进行了完善,一方面对海洋经济从可持续发展角度进行了阐释,不仅强调了海洋资源的开发、利用,而且包括保护海洋的各类产业活动。另一方面,把"与之相关经济活动"改为"相关联活动",不仅包括经济活动,还包括与之相关的政治、社会、文化、生态等活动。政府在发布的《中国海洋经济统计公报》中均采用这项定义,也是目前的权威定义。

2)海洋经济的特征

从海洋经济的各种界定来看,虽然各种说法有一定的差别和不同侧重,但都涵盖了海洋资源开发利用与经济活动的基本要素,使海洋经济具有不同于陆域经济的特殊特征:

(1)海洋资源依赖性

从海洋经济本身的涉海性要求来看,一国(或地区)管辖海域面积越大,所拥有的各类海洋资源总量越大、质量越高,其发展海洋经济的潜力就越大。海洋资源是海洋经济发展的前提和基础,海洋经济的发展对海洋资源具有高度依赖性。海洋蕴藏着极为丰富的各类资源,海洋资源是由多种资源要素复合而成的自然综合体,具有多层次、多组合、多功能等特点,同一海域空间,从海水表面至中间水体再到海床底土均可以开发利用,同一海域空间内,也往往同时存在着多种海洋资源。例如鱼、虾、蟹、藻、贝等海洋生物资源是海洋渔业和海洋生物制药业发展的基础,海水和海洋空间资源是海洋盐业、海洋化工业、海洋船舶工业、海水利用业和海洋旅游业发展的基础,海砂、土砂石、海底煤矿等矿产资源的开发利用产生了海洋矿业和海洋工程装备制造业,海洋石油、天然气、潮汐能、风能等海洋能源是海洋油气业和海洋可再生能源利用业的基础。因此,海洋经济是建立在海洋资源开发基础上的资源型经济,而各类海洋资源并非单独存在,而是互相作用互相影响。

(2)系统性与协同性

海洋经济指的是海洋经济整体而非具体的海洋经济部门。海洋经济由多种具体的海洋经济部门构成,这些部门性质各异,并非彼此孤立,而是因共处于同一海域空间内甚至存在产业链上的联系而形成既协同又竞争的关系,这种相互作用使得海洋经济也像陆地经济一样具有整体的运动规律。因此,海洋经济作为一个系统,不仅要关注海洋经济内部各部门的经济增长和资源配置,更需在海洋资源部门统筹、区域协调的基础上,寻求多部门整体最优。

海洋经济的协同性不仅仅体现在海洋经济内部各产业部门之间,还体现在海洋经济整个系统与陆域经济的协同。随着海洋开发的不断深入,海陆关系越来越密切,海陆之间资源互补性、产业的互动性、经济关联性进一步增强。在加快经济区工业化进程中,海陆经济的联动发展将突破行政区划界限,缓解土地、电力等生产要素的供需矛盾,增强经济发展后劲,使沿海地区、近海地区与腹地形成分工合理、功能互补、协调发展的产业集群,进而利用沿海地区的优势带动并辐射周边地区拓展产业布局和城市发展空间,成为区域性加工制造中心、物流中心、商贸中心、信息中心和文化交流中心,不断壮大区域综合经济实力和综合竞争力。

（3）区域性

海洋经济空间的划分涉及两个维度:一是从海陆分离的维度,按照距离陆地的远近和国际法律地位的不同,可以将一国海洋经济空间划分为海岸带、内水、领海、毗连区、专属经济区和大陆架等条带状海洋经济类型区,临海陆地部分按照拥有海岸线的行政区划级别分为沿海地区、沿海城市和沿海地带;二是从海陆一体的维度,可以以沿海城市及其海域腹地为基本单元,将一国海洋经济空间划分为数量不一、级别不等的海陆综合经济区,这些经济区彼此相对独立又紧密联系,以产业分工为基础形成一国海洋经济活动的地域分工体系,进而对一国海洋经济的整体增长及海洋经济资源的配置效率产生影响。无论是从哪个维度对海洋经济空间进行划分,不同区域的海洋资源的种类、丰富度和层次性均不同,具有明显的区域特色,从这个角度看,海洋经济具有区域性特征。例如,某区域海洋经济（如环渤海地区海洋经济、珠江三角洲地区海洋经济等）、某省海洋经济（如辽宁省海洋经济、山东省海洋经济等）、某海洋经济区海洋经济（如辽东半岛海洋经济区海洋经济、渤海西南部海洋经济区海洋经济等）。因此,海洋经济的发展离不开区域,区域是海洋经济发展的重要载体。

（4）技术资金密集性

海洋经济产业按照产业形成规模开发的时序以及对海洋高新技术的要求划分,主要包括两大类别:一类是融入新科学、新技术和新型管理手段,不断进行结构升级、组织创新和管理创新的传统海洋产业,如海洋渔业、海洋盐业和海洋船舶工业等;另一类是依托高新科学技术而直接发展起来的新兴海洋产业,例如海洋可再生能源利用业、海水利用业、海洋药物与生物制品业等。无论传统海洋产业还是新兴海洋产业,随着海洋开发向纵深发展,科学技术成为海洋经济发展的核心支撑,如海底机器人、海底探掘、海水淡化、海洋生物基因工程、电子计算机、遥感技术、激光、海洋机械制造等技术应用于海洋开发，提高了产业的生产率，促进了以这些高新技术为产业技术基础的新兴产业不断兴起。

海洋高新技术的密集研发和应用一般伴随着高额的资金投入，海洋经济的技术密集特征决定了其资金密集特征。因此，包括陆域经济在内的一国（地区）国民经济总体实力，是发展现代海洋经济的重要的资金基础和来源。海洋经济活动主体的资金实力和融资状况，就成了一国（地区）海洋经济发展的约束条件。

1.1.2　海洋产业的内涵与分类

1）海洋产业与海洋相关产业的内涵

产业是指具有同一属性的经济活动的集合，是国民经济的一个门类。海洋产业的发展是海洋经济发展的主要标志，也是目前世界海洋经济发展水平的一个重要标志。国外对海洋产业（Ocean Industry）的定义较为成熟，但不同的国家的定义尚存差异。加拿大将海洋产业定义为"基于加拿大海洋区域及与此相连的沿海区域开展的海洋产业活动，或依赖这些区域活动而得到收益的产业活动"，并将海洋产业分为四大类，即海洋技术及相关产业、船舶制造业、海洋资源开发与海洋运输业和公共服务业。英国将海洋产业定义为"在海上或海中开展并对海上或海中产生直接影响的有关活动"。澳大利亚将海洋产业定义为"把海洋资源作为主要资源投入的生产活动"。美国"国家海洋经济项目"（NOEP）将海洋产业分成六大类，即海洋矿业、船舶制造业、海洋生物资源业、海洋建筑业、滨海旅游娱乐业、海洋交通运输业。

相比较而言，国内对海洋产业的定义通常从地理学和经济学这两个角度出发，地理学者认为，海洋产业即人类在海洋、滨海地带开发利用海洋资源和空间以发展海洋经济的事业；经济学则认为海洋产业是指人类开发、利用和保护海洋资源所形成的生产和服务部门。

张耀光从地理学角度出发，认为"海洋产业是人类在海洋、滨海地带开发利用海洋资源和空间以发展海洋经济的事业。根据对海洋资源开发利用的先后以及技术的进步，可将海洋产业划分为传统海洋产业、新兴海洋产业以及未来海洋产业"[18]。孙斌和徐质斌从经济学角度出发认为"海洋产业是指人类开发、利用海洋资源和海洋空间所形成的生产门类。海洋产业是海洋经济的构成主体和基础，是海洋经济得以存在和发展的基本前提和基本条件。海洋产业是指开发、利用和保护海洋资源而形成的各种物质生产和服务部门的总和，包括海洋渔业、海水养殖业、海水制盐业及盐化工业、海洋石油化工业、海洋旅游业、海洋交通运输业、海滨采矿和船舶工业，还有正在形成产业过程中的海水淡化和海水综合利用、海洋能利用、海洋药物开发、海洋新型空间利用、深海采矿、海洋工程、海洋科技教育综合服务、海洋信息服务、海洋环境保护等,海洋产业是一个不断扩大的海洋产业群,是海洋经济的实体部门"[12]。这个定义不仅对海洋产业进行了描述,并且对海洋产业与海洋经济的关系进行了表述。国家标准《海洋学术语 海洋资源学》(GB/T 19834—2005)中海洋产业定义"人类开发利用和保护海洋资源所形成的生产和服务行业。按其产业属性可分为海洋第一产业、海洋第二产业和海洋第三产业;按其形成时间可分为传统海洋产业、新兴海洋产业和未来海洋产业"。

随后,在国家标准《海洋及相关产业分类》(GB/T 20794—2006)给出海洋产业的权威定义"海洋产业是开发、利用和保护海洋所进行的生产和服务活动,海洋产业主要表现在以下几个方面:直接从海洋中获取产品的生产和服务活动;直接从海洋中获取的产品的一次加工生产和服务活动;直接应用于海洋和海洋开发活动的产品生产和服务活动;利用海水或海洋空间作为生产过程的基本要素所进行的生产和服务活动;海洋科学研究、教育、服务和管理活动"。在最新制定的《海洋及相关产业分类(征求意见稿)》中将海洋主要产业从 12 个扩展至 14 个,包括海洋渔业、海洋水产品加工业、海洋油气业、海洋矿业、海洋盐业、海洋船舶工业、海洋工程装备制造业、海洋化工业、海洋药物和生物制品业、海洋工程建筑业、海洋可再生能源利用业、海水利用业、海洋交通运输业、海洋旅游业等主要海洋产业以及海洋科研教育管理服务业。

海洋相关产业是指以各种投入产出为联系纽带,与主要海洋产业构成技术经济联系的上下游产业,涉及海洋农林业、海洋设备制作业、涉海产品及材料制造业、涉海建筑与安装业、海洋批发与零售业、涉海服务业等。

2) 海洋产业的分类

(1) 按照活动性质分类

按照国民经济核算体系和海洋经济活动的同质性原则进行分类,划分出与我国国民经济统计核算能够相互衔接和比较的海洋产业类别。《海洋及相关产业分类》(GB/T 20794—2006)将海洋及相关产业划分为两个类别,第一类是海洋产业,第二类是海洋相关产业。海洋产业又分为主要海洋产业和海洋科研教育管理服务业,而主要海洋产业又可分为海洋渔业、海洋盐业等 12 项产业。这种分类法一方面参考了国际标准,另一方面又能使海洋经济的统计与我国现行的国民经济核算体系相融合,使我国海洋经济与国民经济具有一致性。

表1-1 海洋产业及海洋相关产业分类

产业名称	主要活动内容	类别（按活动性质分）
海洋渔业	包括海水养殖、海洋捕捞、海洋渔业服务及海洋水产品加工等活动	主要海洋产业
海洋盐业	指利用海水生产以氯化钠为主要成分的盐产品的活动	
海洋船舶工业	指以金属或非金属为主要材料，制造海洋船舶、海上固定及浮动装置的活动，以及对海洋船舶的修理及拆卸活动	
海洋油气业	指在海洋中勘探、开采、输送、加工石油和天然气的生产和服务活动	
海洋交通运输业	指以船舶为主要工具从事海洋运输以及为海洋运输提供服务的活动	
海洋化工业	包括海盐化工、海水化工、海藻化工及海洋石油化工的化工产品生产活动	
海洋工程建筑业	指用于海洋生产、交通、娱乐、防护等用途的建筑工程施工及其准备活动	
滨海旅游业	指沿海地区开展的海洋观光游览、休闲娱乐、度假住宿和体育运动等活动	
海洋矿业	包括海滨砂矿、海滨土砂石、海滨地热与煤矿及深海矿物等的采选活动	
海洋生物医药业	指以海洋生物为原料或提取有效成分，进行海洋药品和海洋保健品的生产加工及制造活动	
海洋电力业	指在沿海地区利用海洋能、海洋风能进行的电力生产活动	
海水利用业	指对海水的直接利用和海水淡化生产活动，不包括海水化学资源综合利用活动	
海洋科研教育管理服务业	是开发、利用和保护海洋过程中所进行的科研、教育、管理及服务等活动。	海洋科研教育管理服务业
海洋相关产业	指以各种投入产出为联系纽带，与主要海洋产业构成技术经济联系的上下游产业	海洋相关产业

（2）按照三次产业标准分类

按照中华人民共和国国家标准《国民经济行业分类》(GB/T 4754—2017)和《海洋及相关产业分类》(GB/T 20794—2006)可以把海洋产业划分为海洋第一产业、海洋第二产业和海洋第三产业。其中：海洋第一产业指海洋渔业中的海洋水产品、海洋渔业服务业，以及海洋相关产业中属于第一产业范畴的部门；海洋第二产业指海洋渔业中的海洋水产品加工、海洋油气业、海洋矿业、海洋盐业、海洋化工业、海洋生物医药业、海洋电力业、海水利用业、海洋船舶工业、海洋工程建筑业，以及海洋相关产业中属于第二产业范畴的部门;海洋第三产业指除海洋第一、第二产业以外的其他行业,包括海洋交通运输业、滨海旅游业、海洋科研教育管理服务业,以及海洋相关产业中属于第三产业范畴的部门。

表1-2 海洋三次产业标准分类

类别	产业名称
海洋第一产业	海洋渔业中的海洋水产品、海洋渔业服务业,以及海洋相关产业中属于第一产业范畴的部门
海洋第二产业	海洋水产品加工、海洋油气业、海洋矿业、海洋盐业、海洋化工业、海洋生物医药业、海洋电力业、海水利用业、海洋船舶工业、海洋工程建筑业,以及海洋相关产业中属于第二产业范畴的部门
海洋第三产业	除海洋第一、第二产业以外的其他行业,包括海洋交通运输业、滨海旅游业、海洋科研教育管理服务业,以及海洋相关产业中属于第三产业范畴的部门

(3)按照海洋资源开发利用顺序和对技术依赖性分类

根据海洋产业开发的先后顺序以及技术水平的高低不同,可以把海洋产业分为海洋传统产业、海洋新兴产业和海洋未来产业。首先,海洋传统产业比海洋新兴产业起步早,已经形成规模,对海洋高新技术的要求相对较低,这些特点,决定着其发展的空间及发展潜力相对有限;本文将海洋渔业、海洋盐业、海洋船舶工业、海洋交通运输业和海洋油气业五大产业作为海洋传统产业的研究对象,而绝大部分海洋第一产业都属于海洋传统产业。其次,海洋新兴产业是相对海洋传统产业而言,是由于技术创新、新的消费推动和其他经济技术因素的变化,发现或拓展了海洋资源利用范围而成长的产业;海洋新兴产业的这种海洋高新技术的特征,影响着整个海洋产业结构升级、海洋经济方式的转变,并决定了其在海洋经济发展中的巨大发展潜力和重要的战略地位;由于海洋产业相关数据的局限性,本文选择海洋生物医药业、海水利用业、海洋电力业、海洋化工业、海洋矿业、滨海旅游业和海洋工程建筑业七大产业作为海洋新兴产业的研究对象;根据海洋新兴产业形成的时间和对海洋科技要求的不同,又将海洋新兴产业分为战略性海洋新兴产业和传统海洋新兴产业。再次,海洋未来产业是目前处于研究或初步发展阶段的,在未来才可能开发的、依赖高新技术的产业,如深海采矿、海洋能利用、海洋空间利用等;海洋未来产业是海洋新兴产业的技术储备和准备阶段,一旦技术和市场成熟,就可以成长为海洋新兴产业。

基于对海洋经济和海洋产业内涵的探讨,明晰海洋经济的组成及结构,即海洋经济由海洋产业和海洋相关产业组成。反映海洋经济活动总量的指标是海洋生产总值,指按市场价格计算的沿海地区常驻单位在一定时期内海洋经济活动的最终成果,是海洋产业和海洋相关产业增加值之和。

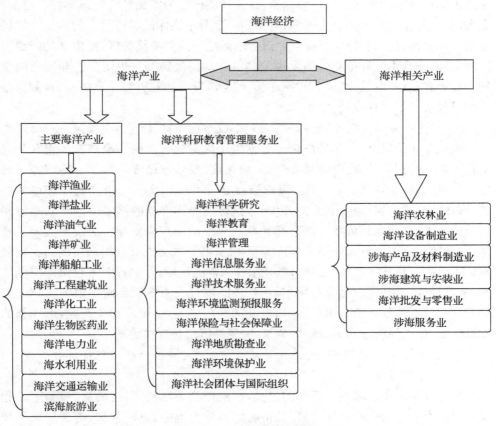

图 1-1　海洋经济结构图

1.2 海洋经济发展的战略意义

1) 加快发展海洋经济,是缓解陆域资源紧缺、拓展生存与发展空间的需要

海洋面积占地球表面积的 71%,拥有陆地上的一切矿物资源。是人类社会发展的宝贵财富和最后空间,是能源、矿物、食物和淡水的战略资源基地。据相关资料显示,全球 88% 的生物生产力来自海洋,海洋可提供的食物量远远大于陆地可提供的食物量。渔业的产出效益明显高于农业,海产品蛋白质含量高达 20% 以上,是谷物的 2 倍多,比肉禽蛋高五成。海洋石油和天然气产量分别占世界石油和天然气总产量的 30% 和 25%,成为石油产量中的重要组成部分。在当今世界面临日趋严重的能源危机情况下,海洋油气开采业成为增加能源供应的新途径。一些

老牌石油生产国,如英国、美国已把石油开采的重点转移到了海上,海洋石油的产量所占的比重不断增加。在一些国家,海洋经济已成为国民经济的顶梁柱。目前,在我国45种主要矿产生物资源中,有相当一部分不能保证经济发展的需要。加快发展海洋经济,可为我国经济社会发展寻求到唯一的资源接替区,提供新的资源和发展空间,实现由主要依靠陆域发展向陆海联动发展转变。进而突破陆域资源紧缺的局限和制约,有效弥补和缓解我国陆域经济发展面临资源不足的压力,确保整个国民经济又好又快发展。

2) 加快发展海洋经济,是实现国民经济战略性调整、转变经济发展方式的需要

经过多年的发展,海洋经济理念已发生了深刻变化。海洋经济发展正在从量的扩张向质的提高转变,向海洋要资源、要速度、要效益已成为共识。随着海洋高新技术的发展,大规模、大范围的海洋资源开发变成现实。无论是海洋环境的保护、海洋的减灾防灾、海洋资源的开发,还是传统海洋产业的技术改造和新兴海洋产业的发展,都越来越依赖于海洋高新科技成果的应用来支撑。加快发展海洋经济,就是要在全面提升海洋渔业等传统产业的同时,大力发展高附加值的新型临港重化工业和高新技术产业,促进科学技术在海洋经济领域的应用,不仅可以降低成本、实现环保、提高资源综合利用率,而且还能通过大力发展高附加值的重化工业和海洋生物医药等高新技术产业,培育新的经济增长点,带动相关产业,形成新的发展优势,推进经济结构的战略性调整,实现经济增长方式转变。

3) 加快发展海洋经济,是提高对外开放水平、适应全球海陆一体化开发趋势的需要

海洋经济的发展和各行各业的进步,已经使产业结构、科技格局、贸易态势和文化氛围发生划时代的演变,世界经济必将在更大范围、更广领域、更高层次上开展国际竞争与合作。在全球陆海一体化开发的大趋势下,置身于太平洋经济圈的中国,必须审时度势,高度重视经略海洋,抢占发展先机,形成开拓海洋产业、发展海外贸易、促进经济技术合作与交流的重要推力,不断提高对外开放水平。加快发展海洋经济,不仅可以充分发挥海洋的优势,运用两个市场、两种资源,通过全方位开放,聚集外引效能,增加经济外向度,促进海洋产业中技术密集型和高新技术产业的发展。而且还可依托海洋经济渗透力强、辐射面宽、对陆地经济的拉动作用远远超过它自身的特点,增强对内陆的辐射力,通过联合开发拓展辐射能量,形成相互增益的发展态势,带动内陆腹地经济发展,不失为优化沿海与内陆之间的资源配置,拉动内地经济发展的最佳选择。

4) 加快发展海洋经济,是贯彻落实科学发展观、实现可持续发展的需要

国际社会普遍认为,海洋是21世纪人类生存与发展的资源宝库和实现可持续发展的重要动力源。据统计,海洋和沿海生态系统提供的生态服务价值,远远高于

陆地生态系统所提供的价值。历史发展到今天,人类面临着陆地资源匮乏、环境恶化、人口膨胀三大难题的困扰,迫使人类社会发展越来越依赖于对海洋的开发利用。我国虽是海洋大国,管辖的海域面积约 300 万平方公里,在世界沿海国家中居第五位,但我国人均管辖海域面积仅为 0.002 5 平方公里,居世界第 122 位。对于人均资源匮乏的中国,实施海洋可持续发展战略显得尤为迫切。

5)加快发展海洋经济,是建设海洋强国、维护国家海洋权益的迫切需要

近年来,以争夺海洋资源、控制海洋空间、抢占海洋科技"制高点"为目的的现代国际海洋权益斗争日趋加剧。海洋划界争端、海洋渔业资源争端、海底油气资源争端、深海矿产资源勘探开发以及深海生物基因资源利用的竞争更加激烈。导致一些国家为争夺海岛主权,管辖海域、海洋资源的海上军事对抗或冲突时有发生。可以预见,未来海洋权益的斗争将超出以往控制海上交通线、战略要地和通过海洋制约陆地的范畴,发展到以海洋空间和资源为中心的对海洋本身的争夺,成为关系到民族生存和发展的战略性争夺。

1.3　辽宁海洋经济发展现状

1.3.1　辽宁海洋经济发展总体情况及历程

辽宁省作为振兴东北老工业基地的重要沿海区域,具有发展海洋经济的资源优势和区位优势。辽宁省拥有 2 292.4 公里的大陆海岸线,627.6 公里的岛屿岸线,6.4 万平方公里的近海水域,2 070 平方公里的沿海滩涂,具有丰富的海洋生物和旅游资源;其地理位置处于东北亚经济区和环渤海经济圈的关键地带,与日本、韩国、朝鲜隔海邻江相望,是东北地区的海上门户和对外开放前沿,区位优势显著。辽宁丰富的海洋资源培育了海洋经济的新业态并促进其蓬勃发展,尤其是 21 世纪以来,辽宁海洋经济总量持续增长,已经成为区域经济的新增长点,有力地推动了区域经济的发展,其海洋生产总值从 2001 年的 682.5 亿元增长至 2018 年的 3 315 亿元。纵观辽宁海洋经济的发展史,可以划分为恢复期、起步期、高速发展期和调整期。

海洋经济发展的恢复期(1949—1979 年)。新中国成立后初期,国家层面海洋战略主要侧重于军事战略防御,海洋资源勘探、开发和利用活动很少。20 世纪 60 年代,辽宁海洋捕捞业发展壮大,作业范围由渤海、黄海北部海域扩至黄海南部以及东海海域,大连港成为国内三大海上运输中心之一。70 年代后期,辽宁海洋盐业发展迅速,涌现出大型的复州湾盐场、金州盐场、皮子窝盐场、旅顺盐场、营口盐场和锦州盐场,其中大连盐业进入全国四大产盐基地行列。这一时期,海洋资源开

发利用方式粗放,技术水平低,海洋经济主要由海洋捕捞业、海洋交通运输业和海洋盐业三大传统产业组成。

海洋经济发展的起步期(1980—2000年)。20世纪80年代,改革开放政策的实施使辽宁海洋交通运输业开始蓬勃发展,形成以大连为中心,连接丹东、营口、庄河等港口的航运体系。20世纪90年代中期,国家为减低对外石油的依赖程度,开始加强周边海域海洋油气资源的开发利用,海洋油气业兴起。1996年,辽宁省召开"海上辽宁"建设工作会议,并于1998年下发《"海上辽宁"建设规划》。"九五"规划期间(1996—2000年),积极利用和开拓国内外市场,以外贸运输为主,着重建设煤炭、矿石、油品以及集装箱、滚装和客运等专业化码头,提升港口吞吐能力,形成以大连为中心,以锦州、营口、丹东为枢纽,以绥中、葫芦岛、盘锦、瓦房店、旅顺、庄河等为网络,层级分明、功能齐全、布局合理的海洋交通运输体系。与此同时,随着知识经济的兴起,科技成为主导力量,海洋资源利用更为深入,滨海旅游业、海洋化工业和海洋船舶制造业等新兴领域及高技术产业等开始不断发展与壮大,为辽宁省海洋经济的快速发展提供了基础。

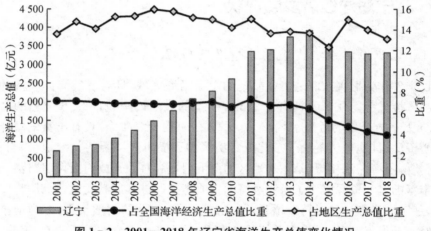

图1-2 2001—2018年辽宁省海洋生产总值变化情况

海洋经济高速发展期(2001—2011年)。21世纪以来,辽宁省海洋经济规模不断增大。海洋生产总值从2001年的682.5亿元增长至2011年的3 345.5亿元,年均增长率为17.2%。"十五"期间(2001—2005年),全省海洋生产总值几乎翻倍,从682.5亿元增长至1 232.7亿元,增长了80.6%,年均增长率15.9%,占全国海洋经济总产值的7.1%。这一时期,一些海洋传统产业采用新技术成果逐步实现产业结构的升级,与此同时,海洋第三产业再度迎来高速发展阶段,尤其是海洋技术服务、信息服务、环境保护等新兴业态开始快速发展。2003年《关于实施东北地区等老工业基地振兴战略的若干意见》中部署,把大连建成东北亚重要国际航运中心。辽宁省委、省政府于 2004 年提出建设"三点一线",并形成辽宁沿海经济带战略;2005 年提出打造"五点一线"沿海经济带的战略构想。在一系列政策支持下,海洋渔业、海洋交通运输、海洋船舶修造、滨海旅游、海洋盐业、海洋化工、海洋生物制药、海洋油气等产业发展成辽宁主要海洋产业,期末海洋生产总值已完成 1 232.7 亿元,占全省生产总值的 15.3%。"十一五"期间(2006—2010 年),辽宁海洋经济总量依然保持快速增长,从 1 485.5 亿元增长至 2 619.6 亿元,增长了 76.3%,年均增长率 15.2%,占全国海洋经济总产值的 6.9%。2006 年,省政府提出把辽宁建设成为"沿海经济强省",在"十一五"计划的开局之年,从"五点一线"沿海经济带发展战略出发,推进海洋综合开发,着重建设渤海沿线的辽西锦州湾沿海经济区、营口沿海产业基地、大连长兴岛临港工业区以及黄海沿线的庄河花园口工业园区和丹东产业园区,进而形成沿海与内地互动的对外开放新格局,使海洋经济持续、健康、稳定发展;同时强化海洋管理,对沿线入海排污口进行普查,查清省内入海排污口 137 处,并对 83 处排污口开始实施监测。2008 年,优良商港港址达 38 处,渔港 77 处,形成以大连、营口为中心,以葫芦岛和锦州以及丹东为两翼的海上交通运输体系。

海洋经济调整期(2012 年以来)。2012 年党的十八大首次提出了"海洋强国"战略,提质增效成为海洋经济发展的重要任务,海洋经济进入"转方式、调结构"的调整发展阶段。在"十二五"期间(2011—2015 年),辽宁省海洋经济增长开始放缓,从 3 345.5 亿元增长至 3 529.2 亿元,增长了 5.5%,年均增长率 1.3%,占全国海洋经济总产值的 6.5%。2011 年,辽宁省借《辽宁沿海经济带发展规划》上升为国家战略的契机,确定了全省海洋开发与保护的战略布局,42 个重点园区和一批工业产业集群全面兴起,海洋产业结果明显优化,港口建设发展迅猛,形成以大连为中心,营口、盘锦、丹东为枢纽,旅顺、葫芦岛、绥中、盘锦、庄河和瓦房店等为网络,中小结合、层次分明的海洋交通运输布局。2015 年,全省海洋经济在复杂严峻的形势下,以转变发展方式为主线,推进改革创新,强化生态文明建设,推进海洋资源科学利用,海洋交通运输业、滨海旅游业等第三产业的拉动和引领作用日益突出,港口货物吞吐量预计可达 10 亿吨以上,海洋电力、海水综合利用等新兴产业稳步发展,临海新能源、石化产业、海洋装备制造等产业集聚集约发展。

1.3.2 辽宁海洋经济发展现状

近年来,我国经济发展进入新常态,海洋经济发展同样面临国际竞争压力和贸易规则保护加大,以及对海洋经济发展需求降低等挑战,但也存在我国实施"海洋强国"建设、"走出去"战略、生态文明建设、"中国制造 2025"等战略带来的新机遇。

对辽宁省而言,国家深入实施东北地区等老工业基地振兴战略,为辽宁海洋经济加快发展注入了新的活力和动力;"一带一路"为辽宁海洋经济发挥优势、加快发展提供了广阔空间;世界范围内的区域经济合作协调不断融合,生产要素流动和产业结构调整日趋加快,为辽宁海洋产业转型升级创造了有利条件。面对国家新一轮推进海洋经济发展的战略机遇,辽宁省海洋经济呈现出新的特征。

1) 海洋经济下行调整结束

"十三五"以来,受到产业转型和新旧动能转化调整的压力冲击,辽宁省海洋经济增长速度有所放缓。2018 年,辽宁省海洋经济总量(海洋生产总值)3 315 亿元,占地区生产总值的 13.1%。其中海洋主要产业 1 570 亿元,海洋科研教育管理服务业 723 亿元,海洋相关产业 1 022 亿元。辽宁省海洋经济总量于 2014 年达最高峰 3 917 亿元,2015 年进入下行通道,海洋经济不断回落至 2017 年的 3 284.1 亿元,完成筑底,2018 年开始回升至 3 315 亿元。

横向比较,辽宁省海洋经济总量处于全国中等偏下的位置。2017 年辽宁省海洋生产总值在广东、山东、福建、上海、浙江、江苏、天津之后,位列第八。与第一名广东相差 14 441 亿元,与环渤海区域的山东相差 10 907 亿元,与第七名天津相差 1 362.5 亿元。这与辽宁省的海洋资源禀赋形成了强烈的反差,丰富的海洋资源优势并未充分得到体现,但从另一侧面也预示了辽宁省海洋经济未来发展有着巨大的空间。

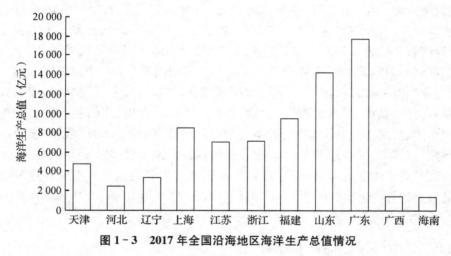

图 1-3 2017 年全国沿海地区海洋生产总值情况

辽宁省海洋经济发展较缓慢,与发达沿海地区的差距逐渐拉大。辽宁省在"十五"和"十一五"期间海洋经济总量排名第六和第七,"十二五"期间排名第八。2001年,各地区产值相差不大,大体上可分为 4 个层次:第一梯队为广东,第二梯队为上海、山东,第三梯队为天津、辽宁、江苏、浙江、福建,第四梯队为河北、广西、海南。其中,广东的产值最高,为 2 073.6 亿元,是辽宁的 3 倍,是产值最低省份海南的 12.8 倍。2005 年,各地区差距显著拉大。第一梯队仍为广东,浙江跻身第二梯队,辽宁仍为第三梯队,总体表现为第一、二梯队发展迅速,第四梯队发展最为缓慢,差距进一步拉大。广东的产值最高,为 3 597.8 亿元,是辽宁的 2.9 倍,是产值最低省份海南的 13.1 倍。2015 年,地区的差距略有缩小,但绝对差距依然不容小觑。山东发展迅速,跻身第一梯队,广东和山东海洋经济总产值均突破 10 000 亿元,远超其他地区;福建由第三梯队回归至第二梯队,江苏由第四梯队跃升至第二梯队。此外,第二梯队还有上海、浙江,第三梯队则由辽宁、天津构成,第四梯队由河北、广西、海南组成。综上,在"十五""十一五"和"十二五"期间(2001—2015 年),沿海各地区海洋经济发展差异较大,两极分化现象严重;南部沿海地区(福建、江苏、浙江)发展迅猛,实现了梯队跨越和晋升;环渤海地区山东发展迅速,直接晋升至第一梯队;与以上发展迅速的地区相比,辽宁发展较缓慢。

表 1 - 3　我国沿海地区海洋生产总值类别划分情况

分类	2001 年		2005 年		2015 年	
	产值/亿元	地区	产值/亿元	地区	产值/亿元	地区
第一梯队	>2 000	广东	>4 000	广东	>12 000	广东、山东
第二梯队	[1 000, 2 000]	上海、山东	[2 000, 2 500]	上海、山东、浙江	[6 000, 7 500]	上海、江苏、浙江、福建
第三梯队	[500, 1 000]	天津、辽宁、江苏、浙江、福建	[1 000, 1 500]	天津、辽宁、福建	[3 500, 5 000]	辽宁、天津
第四梯队	<500	河北、广西、海南	<750	河北、江苏、广西、海南	<2 500	河北、广西、海南

从海洋生产总值占地区生产总值比重的角度看,海洋经济发展仍在辽宁省经济发展中占据重要位置,对区域经济的贡献率高于 12%。"十一五"期间,辽宁省海洋生产总值占地区生产总值的 15.2%;"十二五"期间,辽宁省海洋生产总值占地区生产总值的 13.7%;2016—2018 年,辽宁省海洋生产总值占地区生产总值的 14%。2018 年,辽宁省海洋生产总值为 3 315 亿元,占地区生产总值的 13.1%。

"十二五"期间,辽宁省海洋经济对区域经济的贡献率有所下降,占地区生产总值的比重比"十一五"下降 1.5 个百分点。2001 年,辽宁省海洋生产总值为 682.5 亿元,占地区生产总值的 13.6%,到 2011 年,海洋生产总值占地区生产总值的比重已经上升到 15.1%,表明在"十五"和"十一五"期间,海洋经济的发展对辽宁经济发展的作用越来越大。随着我国经济转型步入关键时期,经济增长旧的模式,即以国内生产总值为中心,追求高经济增长率,以投资驱动为主导,破坏性开采的粗放型发展难以为继,地方经济增长也面临着经济转型的巨大压力,地区生产总值增速放缓,开始步入"经济新常态"发展阶段。2012年后,辽宁省整体经济下行压力增大,与此同时,海洋经济增速也出现了下滑,海洋经济的贡献率同步下降。2015年,辽宁省海洋生产总值占地区生产总值的比重已降至12.3%,辽宁省海洋经济的增速在此阶段低于全省经济的增速,海洋经济的动能尚未充分发挥。

表1-4　全国沿海地区2016年海洋生产总值比较表

排名	地区	海洋生产总值(亿元)	海洋产业(亿元)	海洋主要产业(亿元)	海洋科研教育管理服务业(亿元)	海洋相关产业(亿元)	占地区生产总值的比重(%)
1	广东	15 968.4	10 225.3	5 604.5	4 620.8	5 743.1	19.8
2	山东	13 280.4	8 110.1	5 545.1	2 565.0	5 170.3	19.5
3	福建	7 999.7	4 658.9	3 541.3	1 117.6	3 340.8	27.8
4	上海	7 463.4	4 587.4	2 408.3	2 179.1	2 876.0	26.5
5	江苏	6 606.6	3 738.8	2 528.0	1 210.6	2 867.9	8.5
6	浙江	6 597.8	4 187.6	2 672.5	1 515.0	2 410.2	14.0
7	天津	4 045.8	2 491.4	2 124.8	366.6	1 554.5	22.6
8	辽宁	3 338.3	2 157.5	1 623.8	533.7	1 180.9	15.0
9	河北	1 992.5	1 247.5	1 131.6	115.9	745.0	6.2
10	广西	1 251.0	793.0	660.2	132.8	458.0	6.8
11	海南	1 149.7	815.9	552.0	263.9	333.8	28.4

2) 海洋经济增速放缓

从海洋经济发展速度看,辽宁省海洋经济经过深入的"转方式、调结构"后,进入新的调整期,增速触底反弹。2015年,辽宁省海洋经济增速呈负增长,同比增长-9.9%,为历史最低值;随后连续两年均为负增长。2018年,增速恢复正增长,同比增长0.9%。虽然增速依然较低,但是发展态势良好,依托独特的资源禀赋和区位优势,辽宁省海洋经济发展将大有作为。

横向比较,辽宁省海洋经济增速低于全国平均水平,更低于广东、山东和福建等经济强省。广东省海洋经济总量最大,其增速略高于全国平均水平,"十二五"期间表现突出。山东省在整个期间都表现突出,海洋经济增速显著高于全国平均水平。2001—2015年,全国海洋经济增长率为589%;江苏和山东的增速最快,分别为939%和817%;其次是浙江、福建、河北、天津、广东,分别为778%、665%、

642％、610％和597％；再次是广西和海南，增速分别为556％和522％；增速最慢的
是辽宁和上海，分别为417％和256％。

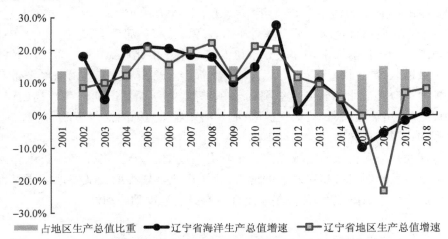

图1-4 2001—2018年辽宁省海洋经济增速与地区经济增速情况

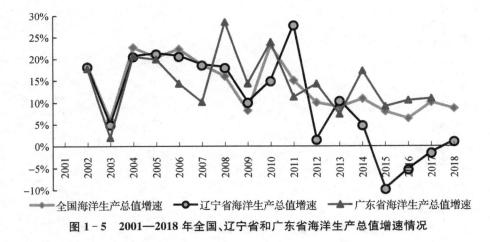

图1-5 2001—2018年全国、辽宁省和广东省海洋生产总值增速情况

1.3.3 辽宁海洋经济布局

辽宁省海洋经济空间分布不均衡，主要分布在沿海经济带，向内陆辐射极少。
依据第一次全国海洋经济调查的结果，2015年沿海经济带涉海单位数量占全省涉
海单位总数的99.1％，内陆地区涉海单位数量为59个，仅占0.9％。沈阳市涉海
单位25个，占全省0.4％，海洋产业主要涉及海洋管理、海洋信息服务业、海洋技术
服务业、海洋工程装备制造业、海洋药物和生物制品业。辽阳市、抚顺市、本溪市、
朝阳市、鞍山市、阜新市和铁岭市涉海单位数均不超过10个，海洋产业主要是海洋

管理、海洋工程装备制造业和海洋药物和生物制品业。

从区域总体空间分布来看,辽宁省已形成了以大连为核心,沿海经济带其他五市为支撑的产业布局体系。2015 年整个辽宁省涉海单位 62.2%分布在大连市,11.2%分布在营口市,8.4%分布在丹东市,7.9%分布在葫芦岛市,7.1%分布在锦州市,2.3%分布在盘锦市,0.9%分布在内陆八市。由此可见,大连为海洋经济发展的一级地区,具有核心带动作用,大部分海洋产业逐步从大连向沿海经济带其他地区扩散。海洋渔业和旅游业主要向丹东扩散,海洋船舶工业向葫芦岛、营口扩散,海洋交通运输业向营口、锦州扩散,海洋油气业从盘锦向锦州扩散,海洋盐业则受国家调控影响从各地向营口集中。

海洋经济空间分布与陆域经济分布具有高度的一致性,海洋产业集聚程度较高的地区也是陆域经济相对发达的地区,海洋产业集聚程度较低的地区同时也是陆域经济相对落后的地区,海陆经济空间分布具有高度的联动性。

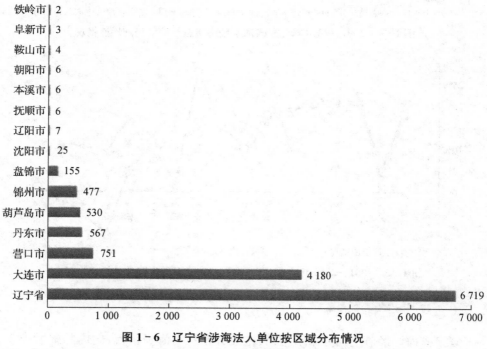

图 1-6 辽宁省涉海法人单位按区域分布情况

资料来源:根据辽宁省第一次全国海洋经济调查结果绘制

从海洋产业布局看,辽宁省形成了以海洋渔业、海洋旅游业和海洋交通运输业三大产业为基础,海洋船舶工业、海洋盐业、海洋化工、海洋工程装备制造业为支撑,海洋生物医药、海洋可再生能源利用和海洋服务业等产业快速发展的局面。依据第一次全国海洋经济调查结果,辽宁省的海洋旅游业、海洋渔业、海洋交通运输业、海洋水产品加工业和海洋船舶工业等涉海法人单位较多,分别占全省涉海法人单位总数的 36.4%、17.5%、13.6%、11.0% 和 9.4%。海洋管理、海洋矿业、海洋技术服务业和海洋工程装备制造业涉海法人单位数占比为 1%~3%。海洋可再生能源利用业、海洋信息服务业、海洋盐业、海洋化工业、海水利用业、海洋油气业等涉海法人单位数占比低于 0.5%。

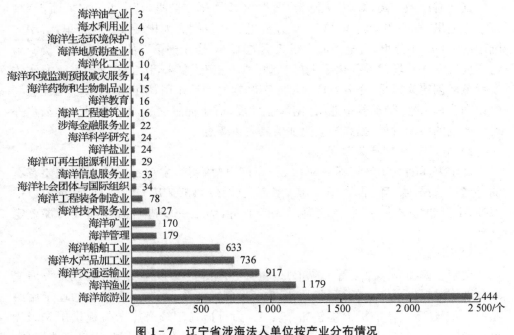

图 1-7 辽宁省涉海法人单位按产业分布情况

资料来源:根据辽宁省第一次全国海洋经济调查结果统计。

1.4 辽宁海洋经济发展的自然资源环境

1.4.1 区位优势

辽宁省位于环渤海地区重要位置,是东北经济区与京津冀都市圈的结合部,地处东北亚经济圈的关键地带,与日本、韩国、朝鲜隔海邻江相望,邻近俄罗斯、蒙古,是东北地区对外开放的重要门户,是欧亚大陆通往太平洋的重要通道。

辽宁省位于我国沿海最北部,是振兴东北老工业基地和面向东北亚开放合作的重要区域。全省海域面积广阔,是我国纬度最高、水温最低的海区,海洋生态类型多样,海洋资源丰富。辽宁坚持在发展中保护、在保护中发展的原则,合理配置海域资源,优化海洋开发空间布局,实现规划用海、集约用海、生态用海、科技用海、依法用海,促进经济平稳较快发展和社会和谐稳定。

1.4.2 资源禀赋

1)海洋水资源开发

辽宁省海域广阔,海域(大陆架)面积约15万平方公里,其中近海水域面积6.4万平方公里,沿海滩涂面积2 070平方公里。全省拥有海岸线2 920公里,其中大陆岸线2 292.4公里,占全国海岸线长度的12%,居全国第五位。丰富的水资源为辽宁推进海洋牧场建设提供了良好基础。"十三五"以来,辽宁省以国家级海洋牧场示范区创建为抓手,充分发挥典型示范和辐射带动作用,不断提升我省海洋牧场建设和管理水平,带动养殖业、休闲渔业发展,对于促进交通旅游、渔具船艇、户外运动产业的协调发展,提高渔业附加值具有重要意义。

2)海洋油气矿产资源开发

辽宁海洋油气矿产资源种类多、分布广,现探明和发现的矿产资源主要有石油、天然气、铁、煤、硫、岩盐、重砂矿、多金属软泥(热液矿床)等。目前已形成以中海油、中石油为龙头,逐步在渤海形成产业链,为下一步进行海洋油气勘探奠定基础。

3)滨海旅游资源开发

辽宁省海岛海滨海岸等资源丰富,得天独厚的资源和区域优势为辽宁发展滨海海岛旅游提供了巨大的商机,以沿海的6个城市及18个县为代表的辽宁旅游业,分布于辽宁重要的沿海经济带节点上,为打造辽宁滨海旅游带提供了先天优势。近年来,辽宁省大力推进"蓝色海湾"建设,推动邮轮产业发展,积极打造海岛、海上旅游产品,丰富海洋旅游业态,滨海旅游产业得到快速发展。

4)渔港资源现状

目前,全省渔船总量40 235艘,总吨位811 109.4吨,总功率1 828 954.2千瓦。其中捕捞渔船20 672艘,养殖渔船18 429艘,辅助渔船1 134艘。所辖大连、丹东、营口、盘锦、锦州、葫芦岛沿海六市及绥中县,有重点渔业乡镇111个,重点渔业村367个。分布大小渔港218座,其中国家中心渔港6座,占全省渔港总数的2.8%;一级渔港18座,占全省渔港总数的8.3%;二级渔港61座,占全省渔港总数的28%;三级及以下渔港133座,占全省渔港总数的61%。全省渔港存在着产能过剩、分布散、功能弱的问题。

5)海洋渔业资源现状

辽宁省近海海洋生物品种繁多,辽宁海岸带和近海水域已鉴定的海洋生物有

520 多种,其中浮游生物约 107 种,底栖生物约 280 种,游泳生物包括头足类和哺乳动物约有 137 种。辽宁省以转方式、调结构为重点,深入实施渔业供给侧结构性改革,海洋渔业持续健康发展。渔业经济结构稳中向好,三次产业结构由 2012 年的 61:21:18 调整到 2017 年的 58:21:21。2018 年,全省海水养殖产量为 285.3 万吨,实现产值 339.3 亿元;海洋捕捞产量为 53.7 万吨,实现产值 111.7 亿元;远洋渔业产量 30.1 万吨,实现产值 30.7 亿元。

6) 海洋能源业

辽宁海洋新能源利用主要是海洋风力发电和核能。辽宁海上风电项目主要集中于大连庄河、长海、衡山区域。2018 年底,庄河实现低温型 6.45 兆瓦大容量风电机组并网发电,正式进入规模化商业运行。近年来,辽宁核电产业发展迅速,位于大连瓦房店市红沿河核电站,占地 3 300 余亩,6 台机组全部建成投产后,红沿河核电站将成为中国装机容量最大的运行核电站。2018 年,红沿河发电量已占到大连市发电总量的 87% 左右。位于辽宁省葫芦岛市兴城海滨乡的徐大堡核电站前期工作已经完成,将为辽宁提供更多的清洁能源。

1.5　辽宁海洋经济发展的经济政策环境

1.5.1　国内宏观经济环境

中国共产党的十八大报告提出,"提高海洋资源开发能力,坚决维护国家海洋权益,建设海洋强国"。这说明"海洋强国"的战略目标已被纳入国家战略中,海洋上升至前所未有的战略高度,建设海洋强国已是中国特色社会主义事业的重要组成部分。党的十九大作出了"坚持陆海统筹,加快建设海洋强国、建设现代化经济体系、经济转向高质量发展"的重要战略部署。

当前从国内发展来看,我国继续深入实施东北地区等老工业基地振兴战略,东北地区步入全面振兴的新阶段,为辽宁沿海经济带加快发展注入新的活力和动力;我国已进入工业化、城镇化快速发展阶段,特别是国家坚持扩大内需的方针,为辽宁沿海经济带发挥优势、加快发展提供广阔空间;区域经济合作不断深化,生产要素流动和产业转移日益加快,为辽宁沿海经济带提升开放型经济水平创造有利条件。从辽宁省发展来看,适应和引领经济发展新常态,深化供给侧结构性改革,培育海洋经济增长新动能正在孕育形成,海洋经济发展从要素驱动、投资驱动向创新驱动转变,加速海洋产业转型升级迈进。

1.5.2　国际宏观经济环境

2001 年联合国文件中首次提出了"21 世纪是海洋世纪",海洋作为人类存在与发展的资源宝库和最后空间,世界海洋经济快速增长,海洋产业发展迅速,人类社会正在以全新的姿态向海洋进军,海洋科学研究已成为全球科学家们关注的主题之一,国家之间的海洋竞争因此也日趋激烈。在新技术革命的推动下,海洋已成为财富源泉与全球经济重要增长极和发动机。金融危机后,全球经济增速放缓,世界经济格局孕育着深刻变化,推动海洋产业转型升级,海洋产业发展格局和发展路径正在发生新的变革。

1.5.3　国家政策与规划

2003 年 5 月,国务院印发《全国海洋经济发展规划纲要》(简称《纲要》),这是新中国成立以来,第一个指导海洋经济发展的重要文件。《纲要》明确提出海洋经济在国民经济中的比重进一步提高,形成特色海洋经济区域,逐步建设海洋强国。《国民经济和社会发展第十一个五年规划纲要》,对海洋工作做了专节部署,强调"强化海洋意识,维护海洋权益,保护海洋生态,开发海洋资源,实施海洋综合管理,促进海洋经济发展"。2008 年 2 月,国务院批准《国家海洋事业发展规划纲要》,提出海洋事业要加强对海洋经济发展的调控、指导和服务,提高海洋经济增长质量,壮大海洋经济规模,优化海洋产业布局,加快海洋经济增长方式转变,发展海洋循环经济,提高海洋经济对国民经济的贡献率。2008 年 10 月,国家海洋局、科技部联合发布了《全国科技兴海规划纲要(2008—2015 年)》,这是我国新形势新阶段对科技兴海工作的全面规划,是首个以科技成果转化和产业化促进海洋经济又好又快发展的规划,是指导中国科技兴海工作的行动指南。《国民经济和社会发展第十二个五年规划纲要》(简称"十二五"规划)对海洋工作做了专章部署,提出坚持陆海统筹,制定和实施海洋发展战略,提高海洋开发、控制、综合管理能力。"十二五"规划一个根本性的变化,就是明确海洋经济的发展已经成为国家的重要战略决策,将之提高到了前所未有的高度。2011 年 4 月,国家海洋局发布的《中国海洋发展报告(2011)》指出,"十二五"期间,我国将初步形成海洋新兴产业体系,支撑引领海洋经济发展,战略性海洋新兴产业整体年均增速将不低于 20%,产业增加值翻两番。2012 年 9 月,《全国海洋经济发展"十二五"规划》正式获批,确定了我国今后一段时期海洋经济发展的总体思路、发展目标和主要任务,是继 2003 年《全国海洋经济发展规划纲要》之后,再次推出的新一轮全国海洋经济综合性规划。2012 年 11 月,党的十八大报告提出:"提高海洋资源开发能力,发展海洋经济,保护海洋生态环境,坚决维护国家海洋权益,建设海洋强国。"2017 年 10 月,党的十九大作出了"坚持陆海统筹,加快建设海洋强国、建设现代化经济体系、经济转向高质量发展"的重要战略部署。

1.5.4 地方政策与规划

近年来,为了推动辽宁海洋经济创新驱动发展,提升科技的引领支撑作用,国家海洋局编制修订了《全国科技兴海规划(2016—2020年)》。因为海洋经济管理复杂,为了加强对全省海洋经济实施依法、有效、公平的管理,对省海洋法制、海洋产业管理机构、海洋开发和保护等方面先后颁布实施一系列法规措施,力求使辽宁省海洋经济管理工作实现有法可依、管理规范。

为加快辽宁省沿海经济带开发建设,保障辽宁沿海地区重大基础设施、重点产业项目和重点民生工程用海需求,辽宁省海洋与渔业厅公布了出台的10项海洋服务保障政策。这10项新政策将为全省保增长、扩内需的项目填海落户提供新的发展空间。新的用海政策内容包括:在符合节约集约用海的前提下,优先保证国家、地方扩大内需和沿海经济带开发重点建设项目的用海需求,鼓励围填海造地工程平面设计的创新,提倡人工岛式、多突堤式、区块组团式围填海。缩短海域使用、评审和海洋环评论证工作时间,提高海洋行政许可工作效率,海域使用论证单位从签约到正式提交海域使用论证报告书的时间,一般不得超过45个工作日,海域使用论证报告书的评审时间不得超过15个工作日。推进海岛合理开发利用,发展海岛特色经济,单位和个人可以按照规划开发利用无居民海岛,鼓励外资和社会资金参与开发利用。

1.5.5 财政政策

2011年4月6日,《全国海洋经济发展规划》要求加大政府财政对海洋经济发展的投入力度,并提出要重点投向海洋装备制造、海洋油气、船舶制造、海洋渔业、海洋运输、海洋生物医药、海水综合利用、海洋化工、滨海旅游等海洋产业领域。辽宁沿海市县各级政府要按照规划精神,利用辽宁省区位特征和优势,加强对海洋开发的统筹规划,按照市场经济规律,调整和优化财政支出结构,逐年增加对上述九大涉海产业扶持的力度与比例,推动海洋经济发展。

辽宁省不断加强对发展海洋经济的支持,加大政策和投入力度,逐步建立起财政扶持、金融支持、群众自筹、吸引外资等开放式、多元化的投融资机制,拓宽融资渠道等,积极扶持海洋经济的发展。辽宁海洋经济在财政政策支持下显现出明显的经济效果、生态效果和社会效果。

1) 投入水平逐年提高,推动海洋经济持续快速增长

辽宁省在2008年、2009年和2010年,连续三年分别投入9 000万元、1亿元、1

亿元支持渔业发展,不仅促进了海洋渔业的发展,也使海洋经济综合实力显著增强,在国民经济中的地位进一步突出;尤其是近十年以来,辽宁省海洋生产总值逐年上升,海洋经济总量占辽宁省生产总值的比重也在逐步增加,海洋各产业稳步发展。大连是我国北方重要的沿海港口城市,具有得天独厚的区位优势和海洋资源优势,海洋经济发展潜力巨大。在各级政府、财政及海洋渔业部门的指导和扶持下,海洋经济取得了骄人的效果。

2)财政加大了新兴海洋产业投入,海洋产业结构得到优化

辽宁省在支持海洋经济发展方面,根据国家和各省沿海海洋经济发展的战略,及时调整财政投入结构。一方面重视对传统产业如水产养殖、加工等产业的支持,使之优化升级,促进传统产业快速发展,如 2013 年丹东全市海、淡水工厂化养殖 48 万平方米,较上一年增长 20%;淡水网箱养殖 54 万平方米,较上一年增长 28.6%;高标准淡水池塘养殖 3.9 万亩,较上一年增长 2%;浅海滩涂养殖 62.2 万亩;海水港湾立体养殖推广面积 12 万亩。另一方面,也开始向战略性新兴海洋产业倾斜,培育和发展战略性新兴海洋产业,使海洋盐业、海洋油气、海水利用及海洋生物医药这些产业逐渐发展壮大,在海洋经济中的比重逐年增加。有力促进了海洋生物制药、海水综合利用等海洋战略性新兴产业做大做强,辽宁海洋经济布局和产业结构明显优化。

3)财政的扶持引导,提高了海洋科技开发与成果转化能力

"十二五"期间,辽宁省全面实施科技兴海,积极引导资金,资助科技兴海项目,先后完成了国家"863"、自然科学基金、国家海洋公益性行业专项等重大攻关项目百余项,获省级以上科技进步奖 50 余项。其中,自主研发的 CR-01 和 CR-02 6 000 米自治水下机器人、"蛟龙"号 7 000 米载人潜水器控制系统和各类型遥控水下机器人、CP300、CP400 自升式钻井平台等科技成果,达到国内领先、国际先进水平。大幅提高了海洋科技自主创新能力和海洋产业核心竞争力。

4)增殖放流投入逐年增加,经济效益显著

增殖放流是补充恢复渔业资源,修复水域生态环境,提高渔产力,转变渔业增长方式的一项有效措施。通过调查了解到,几年以来辽宁省加大了增殖放流的扶持力度,在渤海、黄海、碧流河等海域增殖放流,增殖放流的品种已达十多种,投入产出比基本维持在 1:10 左右,创造了巨大的经济效益、生态效益和社会效益。

5)渔业互保自身承保能力和风险保障水平显著提升

2008 年中央财政启动了渔业互助保险保费补贴项目,资金总额 1 000 万元,在辽宁、山东及江苏等七个沿海重点渔区开展。项目实施以来,效果良好,全国累计入保渔船 5.5 万艘,入保渔民 71 万人,收取互保费 5.06 亿元,首次突破 5 亿元大关,同比分别增长 42%、44% 和 53%,为广大渔民船东提供风险保障 700 亿元,实

现了超常规跨越式发展。渔业互保自身承保能力和风险保障水平显著提升,风险储备金大幅增加,具备了进一步拓宽服务领域和范围的条件。渔业互助保险项目成为沿海地区加强渔业安全生产、保障渔民人身财产安全、构建平安渔业、创建和谐渔区的重要抓手,切实解决了众多渔民的后顾之忧,为更好地促进海洋经济发展发挥了重要作用。

1.5.6　税收政策

从总体上看,目前我国并没有对涉海产业和地区出台过针对性较强的税收优惠政策,现有的一些政策基本也是零散的、通用的政策优惠,没有形成单独的政策支持体系。主要集中在产业税收优惠政策和地区税收优惠政策两方面。

涉海产业税收优惠政策主要有这几个方面。一是农业生产者(包括渔农民)销售的自产农业产品及农民专业合作社销售本社成员生产的农业产品免征增值税,增值税一般纳税人从农业专业合作社购进的免税农业产品,可按13%的扣除率计算抵扣增值税进项税额。二是对病虫害防治、农牧保险以及相关技术培训业务、水生动物的配种和疾病防治免征营业税。三是对采取"公司＋农户"经营模式从事农、林、牧、渔业项目生产的企业减免企业所得税。四是对企业从事远洋捕捞、农产品初加工、农、林、牧、渔服务业项目的所得免征企业所得税。五是企业海上油气生产设施弃置费可以税前扣除。六是销售利用海洋风力生产的电力实现的增值税实行即征即退50%的优惠政策。七是对部分重点船舶出口企业试点出口退(免)税"先退税后核销"办法。八是对境内单位或个人提供的国际运输劳务免征营业税。对台湾航运公司从事海峡两岸海上直航业务在大陆取得的运输收入,免征营业税;其从事海峡两岸海上直航业务取得来源于大陆的所得,免征企业所得税。九是对港口、航道占用耕地,减按每平方米2元的税额征收耕地占用税。十是纳税人承包荒山、荒沟、荒丘、荒滩土地使用权,用于农、林、牧、渔业生产的,免征契税。十一是对个人、个体户业主以及个人独资、合伙企业投资者从事捕捞业取得的"四业"所得暂不征收个人所得税。

涉海地区税收优惠政策主要有:一是在海南试行境外旅客购物离境退税和离岛旅客免税购物政策,并在完善监管制度和有效防止骗取出口退税措施的前提下,在洋浦保税港区实施启运港退税政策。二是2011年国务院批复同意给予横琴一系列优惠税收政策,这些政策主要包括:对从境外进入横琴与生产有关的货物实行备案管理,给予免税或保税;货物从横琴进入内地按有关规定办理进口报关手续,按实际报验状态征税;内地与生产有关的货物销往横琴视同出口,按规定实行退税;对横琴企业之间货物交易免征增值税和消费税;对横琴符合条件的企业减按15%的税率征收企业所得税;广东省政府按内地与港澳个人所得税负差额对在横琴工作的港澳居民给予补贴等。三是设立了上海外高桥保税区、洋山保税港区、天津滨海新区综合保税区、宁波梅山保税港区、重庆两路寸滩保税港区,享受"国外货物入区保税、国内货物入区退税、区内自由贸易"等特殊的税收政策。支持建设海南洋浦保税港区和海口综合保税区,支持江苏、辽宁、北部湾经济区、福建沿海在有条件的地区设立海关特殊监管区域,允许青岛前湾、烟台保税港区在海关监管、外汇金融、检验检疫等方面先行先试。四是 2007 年国务院对经济特区和上海浦东新区新设立高新技术企业实行过渡性税收优惠,上海浦东新区内在 2008 年 1 月 1 日(含)之后完成登记注册的国家需要重点扶持的高新技术企业,在上海浦东新区内取得的所得,自取得第一笔生产经营收入所属纳税年度起,第一年至第二年免征企业所得税,第三年至第五年按照 25% 的法定税率减半征收企业所得税。五是对在天津滨海新区设立的高新技术企业,减按 15% 的税率征收企业所得税,天津滨海新区内企业的固定资产(房屋、建筑物除外),可在现行规定折旧年限的基础上,按不高于 40% 的比例缩短折旧年限。天津滨海新区企业受让或投资的无形资产,可在现行规定摊销年限的基础上,按不高于 40% 的比例缩短摊销年限。六是 2009年、2011 年国务院分别规定,对注册在洋山保税港或东疆保税港区内的航运企业从事国际航运业务取得的收入,免征营业税;对注册在洋山保税港或东疆保税港区内的仓储、物流等服务企业从事货物运输、仓储、装卸搬运业务取得的收入,免征营业税;对注册在上海或天津的保险企业从事国际航运保险业务取得的收入,免征营业税。在完善相关监管制度和有效防止骗退税措施前提下,实施启运港退税政策,鼓励在洋山保税港或东疆保税港区发展中转业务。

1.6　辽宁海洋经济发展的海洋生态环境

1.6.1　海域基本情况

辽宁省海域位于我国海域的最北部,包括黄海北部和部分渤海海域。自鸭绿江口起,到辽冀分界线止,海岸线全长 2 920 公里,其中大陆岸线长 2 292.4 公里,海域(大陆架)面积约 15 万平方公里。

辽宁沿海地区属暖温带湿润—半湿润气候,海岸分为基岩、淤泥和沙砾海岸三种类型。沿岸直接入海的河流有 60 余条,其中河流流域面积大于 500 平方公里的有 19 条,经辽宁沿岸入海径流量多年均值为 297 亿立方米;沿海水深较浅,水温受气象条件影响较大;海水盐度近岸低于外海,年均为 30.84;潮汐类型复杂、多样,其中黄海北部沿岸和渤海海峡属正规半日潮,渤海海峡至辽西团山角附近为非正规半日混合潮,兴城市南部沿海属非正规混合潮,绥中沿岸为正规日潮;海浪以风浪为主,秋冬季盛行偏北向浪,夏季多偏南向浪,春、秋两季浪向多变;海流主要是黄海暖流形成的辽东湾环流和北黄海沿岸流。灾害性海况有海冰、风暴潮和台风浪。

辽宁海洋空间资源丰富,拥有岛礁 636 个,大小海湾 40 余处,沿海滩涂面积 2 070 平方公里,湿地面积约 2 100 平方公里,港址 60 余处;渔业资源种类繁多,拥有海洋岛和辽东湾两大渔场,全省海岸带和近岸水域已鉴定的海洋生物 520 余种,构成资源并得以开发利用的经济种类共 80 余种,包括鱼类、虾蟹类、头足类等经济生物资源及大量的海洋、滨岸和岛屿珍稀生物物种;滨海旅游资源门类齐全,著名的滨海旅游景区近百处,其中国家级风景名胜区 5 处,国家级森林公园 4 处,海洋自然保护区 11 处,海洋特别保护区 7 处,水产种质资源保护区 8 处,天然海水浴场 83 处;滨海和近海矿产资源丰富,石油、天然气和滨海砂矿储量大,其中辽河油田已探明石油储量 1.25 亿吨,天然气 135 亿立方米,滨海砂矿主要有金刚石砂矿、锆英石、金沙矿、石榴子石砂矿和沙砾石矿等,金刚石矿储量约占全国的一半;全省有六大盐场,晒盐面积 550 平方公里;海洋能的蕴藏量约为 700 万千瓦,约占全国海洋能蕴藏量的 0.67%。

1.6.2 海水质量

依据《2017 年辽宁省海洋生态环境状况公报》(简称《公报》),监测评价结果表明,2017 年,辽宁省辖海域海水环境状况基本稳定,符合第一类、第二类海水水质标准的海域面积约为 33 067 平方公里,占省辖海域面积的 80.1%。近岸海域沉积物质量保持总体良好态势。陆源入海排污口达标排放次数比率为 62%,比前一年上升了 8 个百分点。海水增养殖区综合环境质量总体趋好,优良比例达 100%。旅游休闲娱乐区及海洋保护区环境状况良好,总体符合海洋功能区环境质量要求。海水入侵和土壤盐渍化范围基本保持稳定。砂质海岸侵蚀长度较上年有所下降。辽宁红沿河核电站邻近海域海水和沉积物中放射性核素含量处于海洋环境放射性水平正常波动范围之内。

《公报》显示,2017 年辽宁近岸局部海域水体污染、生态受损等环境问题依然突出。大辽河口和普兰店湾海域出现劣于第四类海水水质。由鸭绿江、大辽河等河流排海的主要污染物量较上年明显增大,重点排污口对邻近海域海洋功能区生态环境产生了较为明显的影响。双台子河口和锦州湾典型海洋生态系统处于亚健康和不健康状态。

1.6.3 主要入海污染物

根据省海洋环境状况公报,我省海洋近岸海水主要污染物为无机氮、活性磷酸盐和石油类,近岸局部海域沉积物中存在石油类、滴滴涕、硫化物、汞、铬、镉、铜、锌和砷含量超标现象;约53.6%的入海排污口超标排放污染物,海水增养殖区环境质量状况基本能满足其功能要求;海水入侵范围基本呈现稳定趋势,土壤盐渍化范围变化不大;与历年相比,双台子河口和锦州湾生态系统中各种群数量、生物量均处于正常或较高水平。

1.6.4 海洋功能区状况

全省海洋功能区划依据《海洋功能区划技术导则》(GB 17108—1997)和《全国海洋功能区划》的分类体系和类型划分标准,根据全省沿海自然环境特点、自然资源优势、海域开发利用现状、环境保护及社会发展需求,将辽宁管辖海域划分为10个一级类型(港口航运区、渔业资源利用和养护区、矿产资源利用区、旅游区、海水资源利用区、海洋能利用区、工程用海区、海洋保护区、特殊功能区、保留区),28个二级类型,计837个功能区。其中,港口航运区214个,生物资源利用区251个,矿产资源利用区22个,旅游区74个,海水资源利用区38个,海洋能利用区7个,海上工程区78个,海洋保护区12个,特殊利用区54个,保留区95个。

1) 港口航运区

港口航运区是指为满足船舶安全航行、停靠,进行装卸作业或避风所划定的海域,包括港口、航道和锚地。港口的划定要坚持深水深用、浅水浅用、远近结合、各得其所和设施共享的原则,合理使用有限的海域。

2) 生物资源利用区

生物资源利用区是指为开发利用生物资源、发展渔业生产需要划定的海域,包括海水养殖区、增殖区和海洋捕捞。重点建设长海、东港、庄河、大洼、凌海、兴城等海洋渔业种苗基地;建设东港、庄河、凌海、大洼等滩涂贝类养殖基地;建设大连、丹东、营口等远洋渔业基地;建设沿海六市渔业出口加工基地。继续搞好长海、金州、旅顺口、庄河、普兰店、东港、老边、大洼、盘山等海珍品藻类增养殖基地建设。海水养殖区要重点保障大连大孤山半岛南端及凌水河口西部、长山群岛、兴城菊花岛、营口归州等沿岸海水养殖的用海需求。海水养殖区要处理好与其他用海活动之间的关系,避免相互影响。养殖水域要科学确定养殖密度,合理投饵、施肥、使用药物,执行不低于第二类的海水水质标准。增殖区是指为增加和补充生物群体需要而划定的海域,继续搞好以黄海北部海洋岛渔场为主的人工放流增殖基地建设,积极探索辽东湾、辽东半岛沿岸及部分海岛附近海域的渔业资源的增殖放流,形成全省放流增殖网络。

3) 矿产资源利用区

矿产资源利用区是指为勘探、开采海底矿产资源需要划定的海域,包括油气区和固体矿产区。油气区要重点保证正在生产的 4 个油田(锦州 9-3、锦州 20-2、锦州 20-1、绥中 361-1)及未来计划开发及在建的油田的用海需求;保证在辽东湾、黄海北部沉积盆地油气勘探的用海需求。海洋捕捞、海水养殖、盐业生产等活动要服从于油气勘探开发的用海需求;严格控制在油气开发区进行可能影响油气生产的活动;新建采油工程应加大防污措施,抓好现有生产设施和作业现场的"三废"治理。固体矿产区要根据不同矿种,采取不同的政策进行开采。保护性地开发利用海滨砂矿,严格控制海砂开采的数量、范围和强度,禁止在海洋自然保护区、防护林带和侵蚀岸段附近海域进行开采海砂活动。矿产资源作业区执行不低于第四类的海水水质标准。

4)旅游区

旅游区是指为开发利用滨海和海上旅游资源、发展旅游业需要划定的海域,包括海滨和海上风景旅游区及度假旅游区等。旅游区要坚持旅游资源严格保护、合理开发和永续利用的原则,立足于国内市场、面向国际市场,实施旅游精品战略,大力发展海滨度假旅游、海上观光旅游和涉海专项旅游。严格控制区内采矿和养殖等不利于旅游资源开发与环境保护的活动,加强重点滨海旅游区建设与生态环境建设;切实加强旅游资源保护;科学确定旅游环境容量,有效控制游客流量,促进旅游业可持续发展;重点保证大连海滨、旅顺口、金石滩、兴城海滨、丹东鸭绿江口、锦州大小笔架山、瓦房店仙浴湾、长海海王九岛、东港等国家及省市重点风景旅游区发展的用海需求。度假旅游区(包括海水浴场、海上娱乐区)执行不低于第二类的海水水质标准,海滨风景旅游区执行不低于第三类的海水水质标准。

5)海水资源利用区

海水资源利用区是指为开发利用海水化学资源或直接利用地下卤水需要划定的区域,包括盐田区、地下卤水区和海水利用区等。盐田区应鼓励盐、碱、盐化工合理布局,协调发展,相互促进;盐田布局以大连、营口海盐区为主,重点保证复州湾、营口等盐田建设,严格控制盐田区的海洋污染,原料海水质量执行不低于第二类的海水水质标准。地下卤水区的开发布局应与海盐和盐化工开发布局统一考虑,重点保证辽东湾地下卤水区的勘探开发用地。地下卤水开发应坚持以盐为主、多种经营的方针,重点提取海盐,充分利用晒盐后的苦卤资源生产钾、溴、镁等化工产品及深加工产品,达到综合利用、保护环境、增加效益的目的。海水利用区是指利用海水淡化以及用作冷却水、冲刷库场等的海域。海水淡化用水执行不低于第二类的海水水质标准,其他工业用水和生活用水区执行不低于第三类的海水水质标准。

6)海洋能利用区

海洋能利用区是指为开发利用海洋再生能源需要划定的海域。海洋能是可再生的清洁能源,其开发不会造成环境污染,也不占用大量的陆地,在海岛和某些大陆海岸有很好的发展前景。辽宁海洋能资源蕴藏量丰富,开发潜力大,应大力提倡和鼓励。海洋能的开发应以潮汐发电为主,适当发展波浪、潮流等发电。潮汐发电以老铁山水道、青云河口为主,潮流发电以大连北黄海沿岸为主;加快海洋能开发的科学试验,提高电站综合利用水平,开展万千瓦级潮汐电站建设技术研究和推广波浪、潮流发电实用技术。

7) 海上工程区

海上工程区是指为建设海上工程需要划定的海域,包括海底管线区、石油平台、围海造地、海岸防护工程、跨海桥梁及其他工程用海区。海底管线区指在大潮高潮线以下已埋(架)设或规划埋(架)设的海底通信光(电)缆和电力电缆以及输水、输油、输气等管状设施的区域。重点保障建设烟大火车轮渡用海。在工程用海区域内从事的各种海上活动,必须保护好经批准、已铺设的海底管线;禁止在区域两侧各 500 米内抛锚和底拖网作业;严禁在规划的海底管线区域内兴建永久性固定建设项目。海上石油平台周围及相互间管道连接区一定范围内禁止其他用海活动;平台本身应设置油水分离设备、排油监控装置、残废油回收装置和垃圾粉碎设备;采取有效措施,保护周围海域环境,执行不低于第四类的海水水质标准。严格控制围填海的数量和范围,对围填海项目要进行充分的论证,并提出防治地形、岸滩及海洋环境破坏后的整治对策和措施。对于港口附近的围填海项目,要充分利用港口疏浚物资源进行围填海。

8) 海洋保护区

海洋保护区是指为保护典型性、代表性的海洋生态系统,珍稀、濒危海洋生物的天然集中分布区,具有重要经济价值的海洋生物生存区域及有重大科学文化价值的海洋自然历史遗迹和自然景观需要划定的海域,包括海洋自然保护区、海洋特别保护区和重要经济鱼类保护区。海洋自然保护区的建设要依据《中国自然保护区发展规划纲要(1996—2010 年)》确定的原则和目标,新建浮渡河河口沙嘴、营口团山海蚀地貌等国家及省市级海洋自然保护区。海洋自然保护区应采取强制性保护措施,禁止进行砍伐、放牧、狩猎、捕捞、采药、开垦、烧荒、开矿、采石沙等活动;禁止在自然保护区缓冲区开展旅游和生产经营活动;在核心区和缓冲区从事科学研究及在实验区开展旅游和生产经营活动,应严格按有关规定执行;要严格控制自然保护区内的各项建设活动,确有必要的建设项目,要严格按照有关规定履行审批手续;在核心区和缓冲区不得建设任何生产设施;海洋自然保护区执行国家第一类海水水质标准。凡具有特殊地理条件、生态系统、生物与非生物资源及海洋开发利用特殊需要的区域,可以建立海洋特别保护区,采取有效的保护措施和科学的开发方式进行特殊管理。为保护辽宁重要经济鱼类和水产种质资源及其生存环境,在特定海域划出重要渔业资源保护区,保护产卵场、越冬场、幼鱼集中分布区和洄游通道及具有较高经济价值和遗传育种价值的水产种质资源。近期,要加强对辽东湾和黄海北部的产卵场保护区、越冬群体保护区和洄游通道的管理。未经批准,任何单位或个人不得在重要经济鱼类保护区内从事捕捞活动;禁止捕捞有重要经济价值的鱼类苗种和怀卵亲体;禁止在鱼类洄游通道建闸、筑坝和进行有损鱼类洄游的活动;进行水下爆破、勘探、施工作业,应采取措施,防止或减少对渔业资源的损害。

9) 特殊利用区

特殊利用区是指满足科研、军事、海洋排污和倾倒等特定用途需要划定的海域。科学研究实验区是指为进行科学研究实验、观察和示范需要划定的海域。确保绥中新立屯、营口归州沿岸等区域的科学实验的用海需求。在科学研究实验区内,禁止从事与研究目的无关的活动及任何破坏海洋环境本底、生态环境和生物多样性的活动;严格限制在实验区周边从事可能引起区内海洋生态环境发生明显变化的活动。军事区是指由于军事需要,在现已使用或者在区划的有效时段内,随着军事发展预期需要占用的岸段和水域。排污控制区和倾倒控制区是指为陆源排污或倾倒疏浚物、固体废弃物需要划定的海域。排污控制区包括入海河流河口、陆源直排口和污水排海工程排放口附近的海域。应当根据该区域及相邻水域的水动力条件,邻近海洋功能区的水质要求,接纳污染物的种类、数量等因素,进行科学论证后划定。排污控制区应远离海水养殖区、盐田纳水口、海洋自然保护区、重要经济鱼类保护区、海水浴场和滨海风景游览区。向海域排放陆源污染物,必须严格执行国家或地方规定的标准和有关规定。当前,已在海洋自然保护区、重要渔业水域、海滨风景名胜区设置排污口和倾倒区的,要限期治理。有条件的地区,应当将排污口深海设置,实行离岸排放。倾倒区要依据科学、合理、经济、安全的原则选划,合理利用海洋环境容量,做到经济效益、社会效益和环境效益的统一。要实施海洋倾倒许可证制度管理,限定倾倒的种类和数量,依法加强监督管理,保护海洋环境和渔业资源。加强海洋倾倒区环境监测、监视和监察工作,根据倾倒区环境容量的变化,及时做出继续倾倒或关闭的决定。近期,重点保证国家大中型港口和河口航道正常维护疏浚物倾倒的需要。

10) 保留区

保留区是指功能未定或者功能虽然确定但近期不能开发利用,为今后开发而保留的区域。保留区分为预留区和功能待定区。预留区指主导功能已经确定,但目前还不具备开发条件的区域;或资源已探明,但按国家计划目前不准备开发,作为储备资源的区域。功能待定期区指目前主导功能还未确定的区域。保留区应加强管理,严禁随意开发。应确保大连港、营口港、长兴岛潮汐通道、辽东半岛海底通道、庄河蛤蜊岛滩涂预留区的用海需求,对临时性开发利用,必须实行严格的申请、论证和审批制度。

1.6.5 环境灾害和突发事件

辽宁省海洋灾害种类多,包括风暴潮、海浪、海冰、赤潮、台风、海上大风和大雾,以及海平面上升、海水入侵、土壤盐渍化和咸潮入侵等。2011 年至 2015 年期间,辽宁因海冰、海浪、风暴潮等主要海洋灾害造成的直接经济损失达 10.07 亿元。

1.7 辽宁海洋经济发展的竞争环境

1.7.1 辽宁海洋经济发展的国外竞争环境

综观世界海洋经济的发展,目前全世界已经有 100 多个国家已经制定了详尽的海洋经济发展规划,澳、美、韩、日等主要海洋国家均从国家战略高度认识并推动海洋经济的发展,且取得了诸多成效,他们在统筹海洋产业协调发展,发挥海洋产业对国民经济的促进作用等方面,均值得中国借鉴。

1) 澳大利亚

澳大利亚位于南半球,拥有全世界最大的海洋管辖范围,其海洋经济区和大陆架面积相当于陆地面积的 2 倍,是一个真正的海洋超级大国,海洋产业极为发达,尤以海洋油气业和海洋旅游业最为突出。为了促进海洋经济和产业的快速发展,澳大利亚联邦政府及各州投入了大量财力物力,在海洋经济发展、海洋主权纠纷解决、海洋权益扩展、海洋资源开发管理、海洋生态环境保护等方面做了许多有益的尝试。澳大利亚十分重视海洋产业的可持续发展,注重环境的保护。政府提出海洋产业的发展必须以海洋环境保护作为前提,并根据不同海域的特点在环境承受能力的限度内对海洋进行综合开发利用。建立海洋生态保护区和环境质量监测体系,对重点海域环境实施定期跟踪监测。渔业管理部门还根据海洋渔业资源的状况制定可持续捕捞的政策,对捕捞时间和工具严格限制并科学管理,防止过度捕捞给渔业资源的可持续发展带来危害。

2) 美国

美国是一个海洋大国,拥有长达 22 680 公里的海岸线和 340 万平方海里的专属经济区,是世界海洋经济最发达的国家之一。其在促进海洋经济发展过程中的很多做法和经验,值得学习和借鉴。首先,政府在促进海洋经济发展过程中始终发挥着主导作用。为了促进海洋经济发展,美国政府出台了完善的法律法规,早在 20 世纪 60 年代,美国国会就通过了《海洋资源与工程开发法》,并成立海洋科学、工程和资源总统委员会,由总统直接负责对美国与海洋有关的问题和事务进行全面审议。美国政府还将海洋经济发展政策细化为区域政策,针对不同海洋和沿海区域的特点,采取不同的措施,以实现海洋经济发展的因地制宜、互补共赢和协同发展。同时,财政拨款始终是美国海洋经济发展的重要资金来源。据统计,美国政府每年用于海洋领域的财政预算高达 500 亿美元以上。其次,美国政府十分重视科技对海洋经济发展的支撑作用。美国政府针对不同区域海洋项目的发展重点,先后建立了多达 700 多个海洋研究所,财政对这些科研机构的年投资高达 300 亿美元。以这些实验室为依托,结合各区域的不同海洋资源和海洋环境,建立了大量的海洋产业园区。再次,美国完善的金融体系在支持海洋经济发展的过程中功不可没。在政府财政资金的大力支持和引导之下,美国已经形成了由政府、企业、金融机构、民间资本共同参与的海洋资金支持体系。早在 19 世纪中叶,美国政府主导建立了海洋投资基金,该基金由财政部、美联储、联邦存款保险公司等共同投资,目的在于为海洋经济和海洋产业发展提供多方位支持;美国政府就成立渔业委员会,专门负责提供海洋渔业补贴,他们采用低息贷款、专项养殖补贴等方式,对鱼类加工新技术的开发予以支持。最后,美国政府十分重视海洋环境、资源的保护和海洋经济的可持续发展。美国政府于 2000 年通过了《2000 海洋法令》,提出了 21 世纪海洋发展的新原则,即保护海洋环境、防止海洋污染,促进海洋资源的可持续利用。在该法令的指导下,美国政府不断加强海洋环境保护,进行沿海流域管理,对入海内陆河流域进行全境生态保护和污染治理,并以全美海洋保留地体系的形式,对国家重点海域予以保护,力求保证海洋生态系统始终处于健康、高生产力和可恢复状态,实现海洋经济的可持续健康发展。

3) 韩国

韩国的海洋经济发展始于 20 世纪 60 年代,80 年代进入快速发展阶段,经过多年发展,韩国已经形成了以海运、造船、水产和港口工程为支柱产业的海洋经济体系,是亚洲海洋经济最发达的国家之一。韩国的海洋水产业极为发达,其海洋水产量年约 350 万吨,是世界第七大水产国。据调研,韩国海洋水产业的高度发达主要得益于其远洋捕捞能力的增强,韩国建立了一支拥有近 800 艘船只的庞大远洋渔业队伍。同时,韩国十分重视海洋产品的深加工,其深加工水产品量占水产品总量的比重高达 50% 以上。韩国政府十分重视港口及临港工业园区的发展建设。韩国有大小港口近 1 500 个,以港口为中心,韩国政府建立了多个临港工业园区,涉及钢铁、石化、建材、电子、机械制造等多个产业。这些产业园区在带动海洋产业和陆地产业协同发展,带动地区经济发展方面,发挥了重大作用,如蔚山的汽车工业及仁川的石化工业等。

4) 日本

日本既是一个岛国,又是一个陆地资源极度匮乏的国家,为此,日本一直十分重视对海洋的开发和利用,从 20 世纪 60 年代以来就将经济发展的重心逐步转向开发海洋,提出"海洋立国"战略,并陆续采取了多项政策措施。首先,重视制定合理的海洋产业发展战略规划,并出台完善的海洋产业发展的法律法规。2007 年 4 月,日本通过《海洋基本法》,以法律法规的形式对日本海洋经济发展的整体规划加以规范。其次,日本在对海洋资源开发和利用的同时,十分注重海洋经济与腹地经济产业的互动和相互促进。日本政府结合腹地原有产业的发展状况,建立临港产业集聚区,形成"以大型港口城市为依托,以海洋产业为先导,腹地与海洋共同发展"的双赢局面。最后,日本政府十分注重鼓励私营资本对海洋经济的投入。例如,日本的关西空港产业园在建设过程中吸收了大量民营资本,成立了由中央政府、地方政府和民营资本共同参股的股份公司。吸引民间资本投资海洋经济,不仅使得海洋产业快速发展,还减轻了政府财政的负担、提高了财政资金的效益,也为民间资本找到了好的投资渠道,实现了多赢的局面。

1.7.2 辽宁海洋经济发展的国内竞争环境

我国沿海地区越来越重视海洋经济的发展,"蓝色经济""海洋中心城市"等已经成为经济政策的关键词。受此影响,海洋经济的区域竞争逐步加剧。在山东、浙江、广东、福建和天津"3+2"海洋经济发展试点区,以及 14 个海洋经济发展示范区的引领下,各沿海省市都对发展海洋经济愈加高度重视,都在通过发展海洋经济积极抢占战略高地。各沿海省市在推进海洋经济项目建设、现代海洋产业培育、科技教育支撑、政策机制创新等方面都采取了不少积极有效的举措,推进海洋经济发展的力度都非常大,形成了你追我赶的海洋经济发展格局。

1)山东省

山东省与辽宁省隔海相望,20 世纪 80 年代就一同开展"海上辽宁""海上山东"海洋战略的实施。山东省的海洋经济得以快速发展,综合实力明显增强,在于山东省政府高度重视海洋工作,并把发展海洋经济当作一项关系长远利益的战略性工程来对待。

山东省还一直强调依法治海的精神,海洋管理工作不断加强,海洋法制工作一直走在全国的前列,初步构建了较为科学、合理、规范的管理框架,从而使得海洋开发严谨有序。

近几年,山东省依靠海洋科技力量和众多海洋科研院所,大力发展海洋科技,使产业结构不断优化升级,新兴的以高科技为特征的海洋产业迅速崛起,新技术研究领域不断扩大:海洋药物保健品、海洋精细化工、沿海旅游、海水淡化及综合利用等。海洋科技成果向现实生产力转化能力不断提高,新研究成果的投入使用使山东省的海洋经济产业化规模不断扩大,已经成为一个独立的经济增长点。

2) 广东省

广东位于我国大陆最南端,是内陆通往港澳、东南亚、太平洋地区的主要通道,西有环北部湾经济区,东有台湾省、厦门经济区金三角,南临广阔的南海,区位条件优越。改革开放以来,广东省的社会经济发展取得了巨大的成就,整体经济实力雄厚,多年来一直居于全国前列,为海洋经济发展提供了很好的经济基础。另外,广东海洋科技力量比较雄厚,属地内拥有多家海洋科研机构,各类海洋科技人才约占全国的1/4,近年来广东省在海洋生物技术、海水综合利用技术、海岸带资源环境利用关键技术、海域地形地貌与地质构造探测技术、海洋疏浚泥资源化处理技术等高新技术研发方面取得了许多成绩,为海洋经济的快速发展提供了重要的人才智力保障。

近年来,广东海洋资源开发不断深入,海洋开发规模不断扩大,海洋经济总产值多年来一直处于我国沿海地区首位。以珠江三角洲经济区为龙头的广东海洋经济在全国海洋经济和广东沿海城市国民经济中均占有重要地位。海洋经济具有巨大的发展潜力,已成为广东省国民经济新的增长点。

3) 江苏省

江苏地处"一带一路"交汇点,是长江经济带、长三角区域一体化发展的重要组成部分。江苏省委、省政府高度重视海洋经济工作,省委十三届五次全会强调"大力发展海洋经济,充分发挥相关市县优势,隆起沿海经济带";2019年省政府工作报告明确提出"科学利用海洋资源,大力发展海洋经济"。海洋经济已成为江苏经济发展的重要增长极,海洋风能、海洋船舶、海洋工程装备、涉海产品及材料制造等实体经济基础好,涉海高校和科研机构众多,海洋科技研发能力较强。

江苏坚持陆海统筹、江海联动,推进港产城一体化发展,在形成海洋重大先进生产力布局上实现新突破,打造全国海洋先进制造业基地。大力提高海洋工程装备总装集成能力,打造海洋药物和生物制品的完整产业链条,加快发展海洋可再生能源利用业,积极提升海水淡化成套装备产业化水平,构建创新引领、富有竞争力的现代海洋产业体系。

4) 福建省

福建省海洋资源丰富,海岸线长且十分曲折,优良港湾众多。沿海给福建带来了丰富的海洋生物资源,不仅种类繁多且品质优良。数量较多的油气资源和地热资源,也具有很大的开发潜力。同时,福建省幅员辽阔,海岸类型众多,海洋旅游资源十分丰富。

福建省拥有优越的区位条件,地处上海港和南方大港之间,海运便利。福建省与台湾省之间仅隔一个台湾海峡,有着十分便利的海上交通。同时,福州是著名的侨乡,华裔众多,便于商贸的沟通往来,这些为福建省海洋经济的发展提供了极大的便利。

党中央国务院关心支持福建海洋经济发展,福建省也将海洋经济发展作为重点发展内容。2015 年 9 月,福建省远洋渔业发展促进会与福建海峡银行签订"远洋渔业综合授信合作协议",为远洋渔业企业提供 50 亿元总授信额度。同月,福建成立国内首支远洋渔业发展基金。各市政府也不断探索风险补偿、产业引导基金等财政资金引导金融支持海洋经济发展的体制机制。

本章参考文献

[1] Colgan C. S. Measurement of the Ocean and Coastal Economy:Theory and Methods [R]. National Ocean Economics Project of the USA,2004.

[2] Kildow J. California's Ocean Economy[R]. National Ocean Economics Program,2005.

[3] RASCL. Canada's Ocean Industries:Contribution to the Economy 1988—2000[R]. Prepared for the Economic and Policy Analysis Division,Department of Fisheries and Oceans (DFO),Ottawa,Ontario K1V1K8,2003.

[4] 包特力根白乙,郑吉辉. 渔业可持续发展研究之管见[J]. 大连海事大学学报(社会科学版),2011,10(4):10 - 13.

[5] 陈可文. 中国海洋经济学[M]. 北京:海洋出版社,2003.

[6] 陈万灵. 关于海洋经济的理论界定[J]. 海洋开发与管理,1998,15(3):3 - 5.

[7] 陈万灵. 海洋经济学理论体系的探讨[J]. 海洋开发与管理,2001,18(3):18 - 21.

[8] 都晓岩,韩立民. 海洋经济学基本理论问题研究回顾与讨论[J]. 中国海洋大学学报(社会科学版),2016(5):9 - 16.

[9] 董伟. 美国海洋经济相关理论和方法[J]. 海洋信息,2005(4):11 - 13.

[10] 国务院. 全国海洋经济发展规划纲要. 国发[2003]13 号,2003.

[11] 权锡鉴. 海洋经济学初探[J]. 东岳论丛,1986,7(4):20 - 25.

[12] 孙斌,徐质斌. 海洋经济学[M]. 青岛:青岛出版社,2000.

[13] 孙斌,徐质斌. 海洋经济学[M]. 济南:山东教育出版社,2004.

[14] 伍业锋. 海洋经济:概念、特征及发展路径[J]. 产经评论,2010(3):125 -131.

[15] 徐敬俊,韩立民."海洋经济"基本概念解析[J]. 太平洋学报,2007,15(11):79 - 85.

[16] 徐质斌,牛福增. 海洋经济学教程[M]. 北京:经济科学出版社,2003.

[17] 杨金森. 发展海洋经济必须实行统筹兼顾的方针[M]// 张海峰. 中国海洋经济研究. 北京:海洋出版社,1982.

[18] 张耀光. 试论海洋经济地理学[J]. 云南地理环境研究,1991,3(1):38 - 45.

[19] 中华人民共和国国家质量监督检验检疫总局，中国国家标准化管理委员会. 海洋及相关产业分类：GB/T 20794—2006［S］. 北京：中国标准出版社，2007.

[20] 蒋铁民. 中国海洋区域经济研究［M］. 北京：海洋出版社，1990.

[21] 孙义福，苟成富，范作祥. 山东海洋经济［M］. 济南：山东人民出版社，1994.

[22] 王铁民. 建设"海上山东"系列报道之一 建设"海上山东"：一个睿智而重大的战略决策［J］. 走向世界，1995(2)：12－13.

[23] 何宗贵，尤芳湖. 海上山东研究［M］. 北京：海洋出版社，1997.

[24] 王玲玲，殷克东. 我国海洋产业结构与海洋经济增长关系研究［J］. 中国渔业经济，2013，31(6)：89－93.

[25] 王跃伟，陈航. 辽宁省滨海旅游发展战略研究［J］. 海洋信息，2010(2)：28－32.

[26] 刘强，鲁亚运，原峰. 中国海洋经济增长省际差异及收敛性研究［J］. 资源开发与市场，2020(8)：1－13.

[27] 李顺德. 中国海洋产业结构与海洋经济增长的关系研究［J］. 山西农经，2020(11)：30－31.

[28] 王志文. 加快浙江海洋产业结构优化升级［J］. 浙江经济，2020(5)：74－75.

[29] 廖民生，刘洋. 新中国成立以来国家海洋战略的发展脉络与理论演变初探［J］. 太平洋学报，2019，27(12)：88－97.

[30] 刘广东，于涛，蒋鹏. 我国东北地区海洋经济的区域协同发展［J］. 海洋开发与管理，2018，35(12)：22－27.

[31] 林昆勇. 学习习近平总书记关于海洋事业的重要论述［J］. 理论建设，2018(6)：5－10.

[32] 左传长，张建民. 海洋强国"3345"战略构想［J］. 中国发展观察，2018(24)：36－37.

第二章

辽宁传统海洋产业创新发展研究

21 世纪以来,辽宁省传统海洋产业发展迅速,主要传统海洋产业总产值在绝对量上保持了快速增长的趋势。2005 年,辽宁省传统海洋产业总产值为 1 200 亿元,与"九五"期末相比,年递增 19.1%,占全省生产总值的 9.4%。2010 年,辽宁省传统海洋产业总产值达到 3 008.6 亿元,同比增长 77.3%。2015 年,辽宁省传统海洋产业总产值为 5 208.3 亿元,同比增长 25.01%,占全省生产总值的 14.1%。截至 2017 年,辽宁省传统海洋产业总产值达到 5 700 亿元,同比增长 14.6%,占全省生产总值的 15.1%[①]。

2.1 辽宁海洋渔业创新发展研究

2.1.1 辽宁海洋渔业发展现状与新业态

1)辽宁海洋渔业发展现状

辽宁省三面临海,海域地理位置优越,渔业资源种类丰富。海域中富含 200 多种鱼类,100 多种藻类,70 多种可直接利用的经济鱼类,为海洋渔业的发展奠定了良好的基础。2016 年辽宁海洋渔业产值为 838.04 亿元,占农业产值的 14.5%。渔民人均纯收入为 17 693.36 元,远洋捕捞产量为 28.55 万吨,水产品总产量达到 18.79 万吨,渔业经济总量稳步增长,综合实力显著增强。2016 年辽宁省海洋渔业各产业产值如表 2-1 所示。

表 2-1　2016 年辽宁省海洋渔业各产业产值(单位:万元)

第一产业		第二产业		第三产业	
渔业产值	8 380 403	渔业工业和建筑业	3 073 161	渔业流通和服务业	3 122 635
海水养殖	4 275 690	水产品加工	2 557 808	水产流通	2 365 175
淡水养殖	1 672 513	渔用机具制造	108 090	水产运输	325 354

---

① 数据来源于《辽宁统计年鉴》。

第一产业		第二产业		第三产业	
海洋捕捞	1 617 217	渔用饲料	180 486	休闲渔业	356 908
淡水捕捞	83 522	渔用药物	10 212	其他	75 198
水产苗种	731 461	建筑业	170 037		

数据来源:《2017中国渔业统计年鉴》。

2）辽宁海洋渔业发展新业态

近年来,随着海洋生态环境的恶化以及渔业资源的衰退,捕捞效益严重下滑,依靠传统渔业为生的海洋渔业经济收益持续减少,渔业业态创新已成为实现我国海洋渔业产业转型升级必由之路。我国农业部于2016年5月4日出台《关于加快推进渔业转方式调结构的指导意见》,提出加快转变渔业发展方式,调整渔业产业结构,其中首次提及积极发展垂钓、渔事体验等多种休闲业态。同年10月,国务院常务会议通过《全国农业现代化规划(2016—2020)》,再次强调发展创意休闲农业等新业态。

为进一步加快海洋渔业发展,推动渔业转型升级,辽宁省海洋渔业厅制定发布了《辽宁省休闲渔业"十三五"发展规划》。规划提出"十三五"期间,辽宁省将规划鸭绿江流域休闲渔业产业区、辽东半岛休闲渔业度假区、辽河口休闲渔业园区、辽西滨海休闲渔业度假区、内陆淡水休闲渔业区、中部水族观赏休闲渔业区六大休闲渔业区域,打造休闲垂钓、渔事体验、都市渔港、海底观光、精品购物、渔俗节庆、水族观赏、特色餐饮、渔俗文化、渔业科普十大休闲渔业品牌等新兴业态,丰富渔业产品供给。

在一系列政策指引下,辽宁海洋渔业新业态培育有了较大突破,休闲渔业已成为海洋渔业延长产业链条、渔民增收致富的新途径。目前,大连长海县凭借独特的区位优势和资源优势举办大型海钓比赛,以休闲海钓体验、群岛观光、极品海鲜品尝、商贸交流等活动,扩大了"小长山乡—中国海钓第一岛"的品牌效应,推动休闲渔业规模化发展,提升了"国际生态岛"的知名度和美誉度。按照国家级休闲渔业标准,大连长海县获得国家级休闲渔业示范基地称号的企业已达七家。长海县以国家、省、市休闲渔业示范基地建设为依托,大力发展了渔业旅游综合开发、海上垂钓、渔业体验、渔家休闲民俗等多种形式的休闲渔业,打造了适应不同层次、不同需求的休闲渔业基地。其中大连五虎石海珍品有限公司、大连长海林阳水产有限公司和大连广鹿岛彩虹滩旅游服务有限公司将传统渔业、养殖业与服务业相结合,发展集休闲、垂钓、体验、观光、美食、文化为一体的综合性渔业基地,具有明显的休闲渔业特色,为辽宁省休闲渔业的可持续发展起到了引领和示范带动作用。

2.1.2 辽宁海洋渔业发展问题分析

1）海洋经济体制存在缺陷

一直以来,辽宁海洋渔业的经济体制主要遵循着"低、小、散、弱"的发展原则,而随着发展进程的僵化,这一体制暴露出了明显的缺陷,无法促进海洋渔业经济的发展。改革开放以后,海洋渔业的经济体制也实现了改革与转变,从集体统一的经营模式转化为股份公司经营体制。从规模经济的角度来看,股份公司具备了保证规模与抵抗风险等重要优势。而随着进一步发展,这一经济体制也凸显出很多问题:首先法律主体地位尚不明确,国家没有制定相关的规范法规来促进渔业经济的发展;并且在社会化生产程度不断变低的情况下,个体渔民趋向于分散,无法达成集体生产统一的协调,使水产品在交易当中难以形成有效的谈判力,进而使海洋渔业发展面临着较大的经营风险[1]。

2）水产品精深加工不足

从近几年发展态势来看,水产品加工量比例不到总产量的二分之一,其中淡水产品不足5%。水产品加工技术含量低,生产设备老化,加工品仍以低价值冷冻和冰鲜水产品为主,高附加值产品少。水产品精加工发展滞后,规模型龙头企业少。目前,水产品的加工和保鲜多以冰、速冻方式为主,大量的水产品不加工或仅简单加工便进入销售,加工率低,未充分发挥水产品的经济价值,尤其是对低值鱼虾的综合利用程度低。

3）产业化程度有待加强

当前辽宁海洋渔业发展方式较粗放,生产经营较分散,生产组织化和行业组织化程度较低,规模化组织化和产业化程度不高,生产组织方式以一家一户分散经营为主。海洋渔业管理的协调机制不健全,分散管理、各自为政现象存在,难以形成规模发展合力。

4）支撑服务体系薄弱

由于财政投入相对较少,辽宁海洋渔业科技力量薄弱,设施装备老化,基础设施建设落后,不能适应现代海洋渔业的要求。如捕捞渔船船型小,养殖池塘老化,路电网等配套实施不健全,机械化装备水平低,制约着辽宁海洋渔业生产能力的提高。

5）经济结构性矛盾突出

受欧债危机的影响,辽宁远洋渔业、水产品对外贸易受到阻碍。海洋渔业生产经营者进入新的高成本、高投入阶段,养殖者投融资能力和市场竞争力不强,增产易增收难,提高海洋渔业比较收益、保护渔民生产积极性、增加渔民收入难度加大。大多数渔民文化素质偏低,经营意识差,难以及时得到完整、准确的市场信息,导致产品结构趋同。

6) 资源环境受到破坏

由于资源环境的压力,近海资源衰退的态势短期内难以扭转。突发性的水生环境事件和由此引发的各种社会矛盾增多。随着城镇化、工业化进程的加快,港口建设、海洋海岸工程建设、工业开发等活动对养殖水域滩涂、捕捞水域大量征用和侵占,渔业环境和水域污染日益加剧,养殖水域滩涂不断被挤占,渔业生产空间大幅萎缩,提高水产品质量难度加大,对渔业可持续发展形成严重阻碍。

7) 渔业养殖方式粗放

辽宁渔业养殖品种繁育研究相对落后,"精品培育"有待进一步开发;养殖水域布局随意,对浅海、滩涂利用程度较低;海水养殖业没有达到高效、生态和科学的目标。辽宁内陆渔业欠发达,内陆养殖与海水养殖没有协调发展,同时目前渔业养殖的方式还较为粗放,新技术和自动化技术没有广泛应用;虾、扇贝、鲍鱼、海带等由于养殖水域环境恶化,均受到不同程度病害的威胁,且危害品种越来越多。

8) 渔业资源利用过度

从渔业产业结构看,辽宁海洋渔业三产产值比由 1999 年的 48.15∶30.52∶21.33 转变为 2016 年的 57.49∶21.08∶21.42。可见,一产比重过大且有续增之势,而二、三产业比重却偏小,三产结构愈加走向不合理。因而,渔业经济发展过度依赖于一产,使得渔业这一典型的资源型产业过度利用水生生物资源以及海面、滩涂等水域资源,不仅使资源环境约束趋紧,也挤压了渔业可持续发展的"有余"空间。同时,辽宁渔业一产内存问题严重,海参、鲍鱼等海水养殖特色产业因夏季水温的升高、北参南养的冲击以及消费市场的疲软而迈步艰难。

9) 水产品质量存在安全隐患

近些年,辽宁产地水产品样品抽检检测合格率相对较高。然而,抽检的区域覆盖面窄、涉及环节少、样次有限,并且抽检品种局限于虾、海参、大菱鲆等少数产品。另一方面,省内水产品质量安全追溯体系依然处在试运行阶段,纳入企业少,并且追溯品种仅为海参、大菱鲆和红鳍东方鲀等少数产品。因而,在水产品全程供应链体系中,无论是养殖、捕捞生产环节的农兽药残留超标、微生物污染、寄生虫污染、环境污染等引发的质量安全问题的监控,还是加工制造环节的菌落总数超标、大肠菌群超标等微生物污染引发的质量安全问题的监控,还有鲜活水产品的市场交易、企业销售和餐饮服务环节的禁用药物如孔雀石绿、硝基呋喃代谢物、氯霉素等引发的质量安全问题的监控,都存在着很多潜在风险,进而可能威胁公众"舌尖上的安全"。

10) 水产品国际竞争力较弱

目前,辽宁渔业生产、加工和管理方式所制定的标准、规范与国际标准及惯例尚有一定的差距,渔业生产、加工和管理方式不完全符合国际市场标准的要求;渔业产品质量的监督检测机制不健全,质量安全问题比较突出。整体技术设备落后,技改经费投入较少、机械化和自动化程度较低、海洋开发基础薄弱、渔业基础设施投入不足、制度创新滞后、政府宏观调控不到位等,造成了现代渔业发展的阻碍。

2.1.3 辽宁海洋渔业竞争力与发展潜力

1) 资源种类丰富

辽宁省附近海域渔业资源构成非常丰富,达到 80 多种。其中,鱼类资源 30 余种,虾类资源 9 种,底栖贝类 20 多种,等等。全省海域中的毛虾、海蜇等资源,是全国闻名的独有品种,养殖面积达到了 1 800 平方公里。辽宁省拥有着海洋岛与辽东湾两大渔场,其中有着居全国范围前列的优势资源,如鲍鱼、扇贝、海参等;同时,海带、大连紫海胆等资源是辽宁省的特色资源。

2) 产业结构不断优化

辽宁海洋渔业主要由海洋捕捞、海水养殖和内陆养殖三方组成。近年来海水养殖业发展速度较快,产业结构不断优化、调整,在调整海洋渔业产业结构和适应消费者水产品的需求方面发挥着举足轻重的作用,已发展成拉动辽宁沿海地区海洋经济增长的主要力量。海洋捕捞与海水养殖产量的比例逐步趋于平衡,养殖、捕捞两大类产品的产量日趋合理。

3) 远洋捕捞业快速发展

近年来辽宁远洋渔业发展稳步提升,外派远洋渔船数量不断增多,远洋捕捞规模扩大。2014 年韩国专属经济区管理水域渔船 603 艘,中朝西海岸民间渔业合作渔船 397 艘。2015 年外派渔船 423 艘,开展了南极磷虾资源深捕,中韩入渔渔船 597 艘,作业区域达到 16 个国家、地区和三大洋公海区域。2016 年,原省海洋与渔业厅与省发改委联合争取国家远洋渔船造船补贴 1 400 万元。全省获得农业部批准远洋企业 27 家,执行远洋项目 18 个,外派远洋渔船 347 艘。

4) 水产品出口呈上升势头

辽宁以振兴东北老工业基地和"一带一路"建设为战略契机,开拓出口新兴市场,全省水产品出口实现稳步提升,出口市场达到一百多个国家,辽渔国际水产品市场被评为国家级水产品批发市场。其中大连、丹东水产品出口增速较快,营口、盘锦等地区水产品出口规模呈现平稳增长势头。

5) 渔业潜力巨大

辽宁省在拓展国外市场时,逐渐完成了从半成品出口到精深加工成品出口的重要转变。在发展的进程中,重点成立了水产品加工产业带与加工园区,其中包括总产值超过 5 000 万元的企业。当前,国际层面对辽宁省水产品已经有了较高的信誉值。在欧美市场中,辽宁省企业加工出口的鱼片产品,比国内其他省份的同类产品售价要高几十美元,在未来的发展中仍有着巨大的潜力。

2.1.4　辽宁海洋渔业创新发展模式

随着科技创新和绿色养殖业的快速发展,现代海洋渔业生产必须走产业融合发展之路,实现海洋渔业生产与加工流通、休闲旅游、科技教育、文化体育和健康养生等产业深度融合,延伸产业链条,形成多主体参与、多业态打造、多要素发力、多模式推进、多机制联结的渔业产业融合发展体系。

1) 产业融合,协调发展

基于省情和渔情,辽宁渔业应提质增效第一产业、升级增值第二产业、大力增进第三产业,并继续推进渔业三产深度融合发展。在产业链层面,辽宁渔业产业发展不能片面地强调产业内部的某一个环节,而是要从全产业链视角,全方位完善渔业产业政策,保障水产品加工、物流、仓储等流通环节与养殖、捕捞等生产环节有机无缝对接并协调发展。同时,在保障渔民公平分享经营收益的前提下,加速培育全产业链经营模式,进一步促进三产融合发展。在供需层面,近些年辽宁水产品供大于求明显,一方面要通过适度调减海上养殖面积,促进省域水产品由供大于求向基本平衡格局转变;另一方面,要挖掘省域水产品消费潜力,加快水产品加工业和流通业升级转型,完善渔业产业链上游、下游之间的利益联结机制,推进水产品产加销一体化和三产融合发展体系的完善。

2) 探索新型养殖道路

在探索新型养殖道路的方向时,可以借助相关海洋科学技术来对海洋养殖进行科学管理,并使用海洋生物工程等手段,合理地对浅海进行开发。在“耕海牧渔”的方式下,有计划地对海洋生物资源进行培育与养护,构建符合现代理念的海上农场,积极推广“渔旅融合”“渔光互补”“康养渔业”等发展模式,在使得社会生产需求得到满足的同时,也可以使海洋生态平衡得到维持与保证,建立起和谐的海洋生态环境,以此来推动海洋渔业的可持续发展进程。

3) 创新驱动,培育动能

创新是推进供给侧结构性改革的第一动力,辽宁海洋渔业应从经营理念创新、科学技术创新和经营体系创新层面去发掘驱动力。摒弃以往“重生产、轻效益,重产量、轻质量”的老观念,树立“生态优先、绿色发展”的新理念,适度调减省域水产品产量并使其稳定,关注渔业发展的质量和效益。同时,要树立信息化思维理念,推进渔业“互联网＋”发展模式,引领省域传统渔业全面转型。依托大连海洋大学、辽宁省海洋水产科学研究院等高等院校和科研院所推进渔业科技创新,充分发挥科技创新在渔业提质增效转型升级、完善水产品流通体系、促进渔业三产融合发展中的支撑和引领作用,促进“科技强渔、绿色兴渔”,提升渔业综合效益和国际竞争力。夯实渔业渔村基础设施条件和现代物质装备能力,加快渔业组织形式和经营方式创新,积极培育新产业、新业态和新型渔业经营主体,推进广大渔民创业创新,催生渔业产业发展新动能。

4) 绿色发展,转变方式

牢固树立绿色发展理念,学会善待渔业资源、善用渔业资源,推行渔业资源集约利用方式,扭转与水域生态不和谐局面。要利用省域水产品供给充足而处于供大于求的有利时机,推进水产品生产区域调整,引导水产品生产向优势产区集中,部分生态脆弱区坚决退出水产品生产,适度调减不适宜或过度开发利用的水产养殖区域的养殖面积。加快转变水产品生产方式,由以养殖面积扩张和片面追求产量为主的粗放式发展向以提质增效为主的集约式发展转变,推广生态养殖、健康养殖、无公害养殖技术,减轻水产养殖业的自家污染,提升渔业绿色供给能力,使省域渔业走上资源节约、环境友好、产出高效、产品安全的可持续发展轨道。充分挖掘和利用渔业的多功能性,开发和培育渔业领域的新产业、新业态和新产品,振兴省域休闲渔业与渔村旅游,实现渔业生产、生活、生态"三生"的共赢,促进渔业经济效益、社会效益和生态效益的和谐统一。

2.2 辽宁海洋船舶工业创新发展研究

2.2.1 辽宁海洋船舶工业发展现状与新业态

1) 辽宁海洋船舶工业发展现状

海洋船舶工业是为航运业、海洋开发及国防建设提供技术装备的综合性产业,对钢铁、石化、轻工、纺织、装备制造、电子信息等重点产业发展和扩大出口具有较强的带动作用[2]。辽宁海洋船舶工业主要分布在大连、葫芦岛、盘锦和营口等沿海城市,其造船业的发展在中国造船业区域布局上具有十分重要的战略地位[3]。截至 2018 年,辽宁拥有规模以上船舶工业企业 64 家,已打造大连湾、旅顺开发区、葫芦岛龙港等船舶及海工装备总装基地,形成集造船、修船、海洋工程装备、游艇制造、船舶配套为一体的上下游互动的海洋船舶产业集群。

(1) 造船完工量

在造船完工量方面,从造船完工量(数量)来看,2003—2010 年,辽宁海洋船舶工业造船完工量呈现波动上升的趋势,2010—2018 年出现小幅回落(图 2-1)。从与我国沿海 11 省市的横向对比来看,2003—2018 年,辽宁造船完工量(数量)始终低于全国沿海 11 省市造船完工量(数量)的平均水平,但从 2011 年开始,辽宁造船完工量(数量)与全国沿海 11 省市平均水平的差距呈逐渐缩小的趋势。

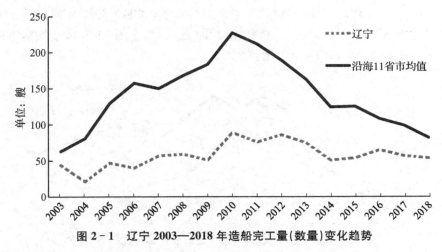

图 2-1　辽宁 2003—2018 年造船完工量(数量)变化趋势

从造船完工量(载重量)来看,2008—2011 年,辽宁造船完工量(载重量)呈现波动上升的趋势(图 2-2),自 2011 年开始进入下降通道,从 2011 年的 917.8 万载重吨下降到 2018 年的 458.6 万载重吨,下降幅度为 50.03%。从与全国沿海 11 省市横向对比来看,辽宁造船完工量(载重量)始终占比较明显的优势,特别是在 2011 年较全国平均值高出 259.6 万载重吨。辽宁造船完工量(数量)低于全国平均水平,而造船完工量(载重量)高于全国平均水平,表明辽宁省造船企业承接订单多为载重量较大的船舶。

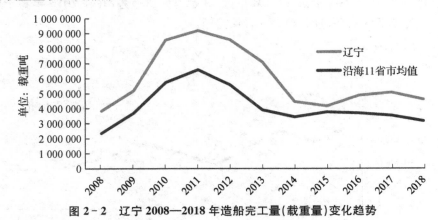

图 2-2　辽宁 2008—2018 年造船完工量(载重量)变化趋势

(2) 手持船舶订单

2003—2008 年,辽宁手持船舶订单(数量)呈现波动上升的态势(图 2-3),并在 2008 年达到峰值 255 艘,随后持续下滑,至 2013 年降至 104 艘,2013—2018 年订单有所回暖。从与全国沿海 11 省市的横向对比来看,辽宁手持船舶订单(数量)

仅在 2003—2004 年高于全国沿海 11 省市平均水平,2004—2018 年始终低于全国沿海 11 省市平均水平,但辽宁手持船舶订单(数量)与全国 11 省市平均水平的差距呈不断缩小的趋势,2018 年仅相差 28 艘。

图 2-3　2003—2018 年辽宁手持船舶订单(数量)变化趋势

从手持船舶订单(载重量)来看,2008—2018 年,辽宁手持船舶订单(载重量)总体呈波动下降的趋势(图 2-4),从 2008 年的 3 185.2 万载重吨下降至 2018 年的 1 335.4 万载重吨,降幅为 58.07%。从与全国沿海 11 省市的横向对比来看,2008—2012 年辽宁手持船舶订单(载重量)超过全国沿海 11 省市平均水平,具有一定优势。虽然 2013 年辽宁手持船舶订单(载重量)低于全国沿海 11 省市平均水平,但 2014 年辽宁手持船舶订单(载重量)开始呈反超趋势,并在 2016 年高于全国沿海 11 省市平均水平,且此趋势一直保持至今。

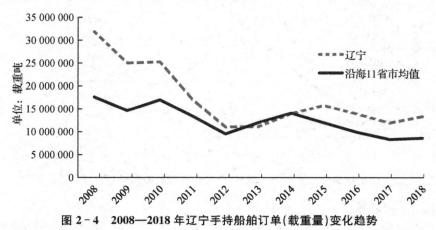

图 2-4　2008—2018 年辽宁手持船舶订单(载重量)变化趋势

(3)新增船舶订单

在新增船舶订单方面,从新增订单(数量)来看,2003—2007 年,辽宁新增船舶订单(数量)呈波动上升趋势,并在 2007 年达到峰值 168 艘;2007—2009 年,受金融危机影响,辽宁新增船舶订单(数量)持续下降至 2009 年的最低值 12 艘,此后辽宁新增船舶订单(数量)呈波动上升趋势(图 2-5)。从与全国沿海 11 省市的横向对比来看,2008—2018 年,辽宁新增船舶订单(数量)虽然始终低于全国平均水平,但两者的差距不断缩小,2018 年仅差 3 艘。

从新增订单(载重量)来看,2008—2018 年,辽宁新增船舶订单(载重量)总体呈波动下降的态势(图 2-6)。从 2008 年的 1118.1 万载重吨下降至 2018 年的 474.5 万载重吨,降幅为 57.56%,其中 2016 年新增船舶订单(载重量)为历史最低值 37.1 万载重吨。与全国平均水平相比,辽宁新增船舶订单(载重量)没有明显优势。

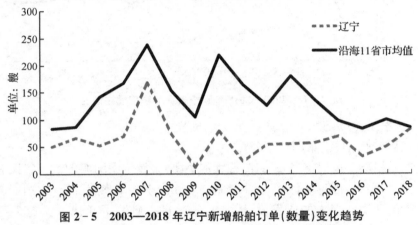

图 2-5 2003—2018 年辽宁新增船舶订单(数量)变化趋势

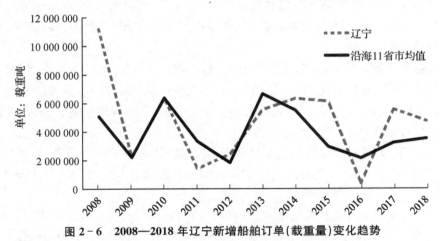

图 2-6 2008—2018 年辽宁新增船舶订单(载重量)变化趋势

(4) 造船基础设施

在造船基础设施(万吨以上船台、船坞)方面,2003—2018 年辽宁造船基础设施数量呈波动上升趋势(图2-7),在2007年达到峰值23个。与全国沿海11省市相比,2008年以来,辽宁造船基础设施数量始终低于平均水平,但差距有所收窄。

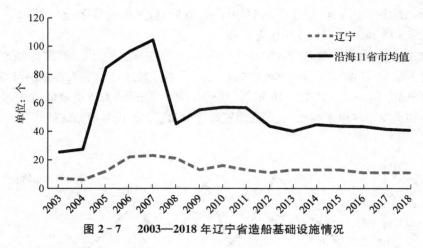

图2-7　2003—2018年辽宁省造船基础设施情况

2)辽宁海洋船舶工业重点企业发展现状

(1)大连船舶重工集团有限公司

大连船舶重工集团有限公司(简称大船集团)隶属于中国船舶重工集团有限公司,始建于1898年,拥有国家级企业技术中心和由中国工程院院士、中国船舶设计大师领衔的1 100多人的研发设计团队,先后自主研发了6代8型超大型油轮(VLCC)、1～2万标准箱大型集装箱船、300～400英尺自升式钻井平台等国际先进水平的各类船舶和海洋工程产品,每年承担国家工信部、发改委、科技部等多项重大科研项目。

大船集团现已形成军工、民船、海洋工程、修船、重工五大产业板块,可以承担超大型散货船、成品油轮、化学品船、三十万吨级超大型油轮、万箱级以上集装箱船、大型液化天然气(LNG)船、乙烷乙烯运输船、高科技远洋渔船等各吨级、各种类船舶的设计建造任务。

2018年,大船集团完成工业总产值205.2亿元,实现主营业务收入230.5亿元,利润总额8.3亿元,造船完工量292.3万载重吨,新承接订单263.4万载重吨,年末手持订单826.2万载重吨①。

(2)大连中远海运川崎船舶工程有限公司

大连中远海运川崎船舶工程有限公司(大连中远海运川崎)成立于2007年7

---

① 数据来源:大连市工信局《2019年上半年海洋船舶工业情况报告》。

月,是原中远造船工业公司与日本川崎重工业株式会社、南通中远川崎船舶工程有限公司合资兴建的大型造船企业,陆域面积 188 万平方米,水域面积 166 万平方米,岸线长度 1 955 米,总建筑面积 44 万平方米,现有员工 2 500 余人,其中技术管理人员超过 300 人。

大连中远海运川崎主要建造 2 万 TEU 大型集装箱船、1.5 万 TEU 集装箱船、大型散货船、大型原油船、40 万吨矿砂船(VLOC)、6 200 汽车运输船(PCC)和液化天然气(LNG)船等大型高性能远洋船舶,年造船能力可达 300 万载重吨,年钢材加工量可达 40 万吨。

2018 年,大连中远海运川崎完成工业总产值 21.0 亿元,实现主营业务收入 20.6 亿元,实现利润 0.3 亿元,造船完工量 81.3 万载重吨,新承接订单 63.0 万载重吨,年末手持船舶订单 223.6 万载重吨①。

(3)大连中远海运重工有限公司

大连中远海运重工有限公司(简称大连中远海运重工)成立于 1992 年 9 月,为中国远洋海运集团旗下中远海运重工有限公司所属的骨干船厂,占地面积 120 万平方米,岸线总长 3200 米,坞容总量 61 万吨,拥有国家级技术中心、修造船码头 11 座、船台 2 座、200 吨门式起重机多台以及现代化的管材、钢材、涂装等厂房和其他配套设施。

大连中远海运重工拥有矿砂散货石油三用船、汽车滚装船、超大型油轮、大型矿砂船、浮式生产储油卸油装船(FPSO)等多种特殊船型的修理和改装能力,FPSO 改装实力已达到国际一流水平。

2018 年,大连中远海运重工完成工业总产值 26.0 亿元,实现主营业务收入 25.1 亿元,利润总额亏损 4.1 亿元,造船完工量 38.8 万载重吨,新承接订单 31.0 万载重吨,年末手持船舶订单 51.1 万载重吨②。

3)辽宁海洋船舶工业新业态

为主动创造市场需求,辽宁海洋船舶工业重点企业紧跟世界海洋工程技术发展趋势,将智能创造作为推动海洋船舶工业转型升级的突破口,积极开展新型船舶和海工产品研究。如大连船舶重工集团有限公司,结合相关国际法规和公约,为应对 2020 年全球限制硫化物排放的规定,针对主力船型完成符合硫氧化物排放要求的解决方案进行研究论证,聚焦 17.5 万立方米 Mark Ⅲ Flex 型 LNG 船,开展超大型油船(VLCC)、巨型油船(ULCC)、远程 3(LR3)概念船型研发;大连中远海运重工有限公司应用坞墙浮态整体横移技术,完成 30 万吨级浮船坞"大连"号加宽改

---

① 数据来源:大连市工信局《2019 年上半年海洋船舶工业情况报告》。
② 数据来源:大连市工信局《2019 年上半年海洋船舶工业情况报告》。

造;大连船用推进器有限公司,开展工艺攻关解决了 Kappel 型调距桨叶片易出现叶片弥散夹渣的铸造缺陷问题,完成 18.7 万载重吨船消涡鳍产品首制,采用 3D 打印技术完成了首只直径 2 米的大侧斜螺旋桨制造。

2.2.2 辽宁海洋船舶工业发展问题分析

1) 市场环境不断恶化,船舶企业融资难、用工难

当前辽宁海洋船舶工业受航运市场持续低迷和船东经营业绩恶化的影响,新船价格大幅下降,首付款比例大幅降低,延期交付导致回款难度大幅增加,船企建造过程需要垫付大量资金。同时部分金融机构对船舶企业融资仍然采取"一刀切"做法,缩减造船企业保函总量、不予开立船舶预付款保函或延长开立周期的现象时有发生,船舶工业企业融资难、融资贵等问题时有发生。新一代年轻人因船厂作业环境差、危险系数大、技能要求高等原因不愿进入船舶行业,高校毕业生和高级船舶专业人才及熟练技工流失现象严重,海洋船舶工业"招工难、留人难、用工贵"问题也逐渐突出。

2) 新船需求结构发生改变,手持船舶订单持续下降

近年来,全球新船订单结构由传统的散货船、油船、集装箱船三大主流船型向五大主流船型均衡发展,LNG 船和客船(含豪华邮轮)订单需求大幅增长。辽宁海洋船舶工业以散货船、油船和集装箱船建造为主的生产模式虽能保持一定的国际市场份额,但产品结构与世界船舶市场发展趋势并不相匹配。同时受世界经济复苏放缓、国际贸易争端加剧等因素影响,全球新承接船舶订单量大幅下降,全球手持船舶订单在 2019 年下降至不足 2 亿载重吨。加之上海、江苏、山东等地区的海洋船舶工业不断发展壮大,辽宁海洋船舶工业持续承压,手持船舶订单、新承接订单持续下降。

3) 船舶配套产业本地配套率低,尚未形成规模

辽宁虽已形成大连湾、旅顺开发区、葫芦岛龙港等船舶及海工装备总装基地,同时在沈阳、鞍山、营口、锦州、丹东等地分布着规模不一的中小型修造船厂、船舶配套企业,但辽宁船舶配套产业发展仍较为滞后,船舶配套产业规模较小,本地配套率低,配套产业产值占全国船舶配套产业产值比重较低,落后于上海、江苏、浙江等地区。辽宁现有的船舶配套产品主要是内河船的船用推进系统以及船用钢板等辅助配套产品,配套出口远洋船的产品及其他关键配套设备大部分需从国外进口。关键技术依赖国外、本土配套能力不足已成为制约辽宁海洋船舶工业由大到强的重要瓶颈。

4) 自主创新、设计能力不足,整体竞争力较低

当前,全球船舶工业在市场机制和产业发展周期的共同作用下正在加速整合,

逐渐形成新的竞争格局。韩国启动大宇造船海洋并购方案,日本业务联合日本今治造船与日本联合造船,意大利与法国联手建立 NAVIRIS 合资公司等。而辽宁海洋船舶工业自主创新、设计能力仍然不足,在"双高"船型、海洋工程装备、基础共性技术和系统集成等方面与世界先进水平仍有较大差距,中小企业发展受限,全球竞争力较低。

2.2.3　辽宁海洋船舶工业竞争力与发展潜力

1) 科技开发水平不断进步

辽宁海洋船舶工业企业重视科技创新,以技术创新引领市场需求,加大高技术船舶及海洋工程重大技术装备力度,积极申请船舶行业科技项目立项,争取科技部支持。尤其是大连船舶重工集团有限公司依托技术创新建造了全球首艘安装风帆装置的 30.8 万载重吨超大型原油船"凯力"轮;大连中远海运重工有限公司研制了 11.3 万吨绿色、环保、节能的阿芙拉型原油船,大连船舶重工集团海洋工程有限公司研制的海洋石油 982 半潜式钻井平台,辽宁陆海石油装备研究院有限公司研制的钻具智能移动排放系统设备,以及渤海装备辽河重工有限公司研制的 GW - AH1500 自动化钻机,获得国家首台套重大技术装备保险补贴;渤海船舶重工集团有限公司共组织申报行业标准 32 项,集团标准 3 项,发布行业标准 4 项,涉及无损检测、焊接、化工、电气等专业技术领域;由渤海船舶重工集团有限公司牵头,联合 12 家单位申报的"多领域厚板、中厚板激光及激光电弧复合焊接技术应用示范"项目获得国家科技部立项支持。

2) 结构调整、转型升级步伐不断加快

辽宁省相关部门为促进海洋船舶工业结构调整和转型升级,编制印发了《辽宁省建设具有国际竞争力的先进装备制造业基地工程框架实施方案 》(辽委办发〔2018〕8 号),将高技术船舶和海洋装备工程列为重点发展领域,提出主要抓好海洋核动力平台项目实施建设,提高船用设备装船率,提升船舶建造质量和效益,鼓励海洋船舶工业企业加强科研投入,加强新产品开发,并从船舶设计、采购、生产、质量、安全等方面统筹规划,加大数字化、网络化、智能化建设力度,加快船舶工业转型升级和提质增效,同时聚焦民船建造、海工装备、修拆船、游艇、船舶配套等五大领域,积极主动去产能,切实提高辽宁海洋船舶工业核心竞争力和可持续发展能力,推进其向创新驱动模式转变。截至 2018 年底,辽宁省共有 23 家船舶企业建立了省级以上企业技术中心或工程研究中心,其中渤海船舶重工有限责任公司、大连船舶重工集团有限公司、大连华锐重工集团股份有限公司、大连中远海运重工有限公司等 4 家船舶工业企业拥有国家级企业技术中心。

3）行业管理日趋规范

辽宁积极落实国家智能制造发展行动计划,按照智能制造发展规划和智能制造工程实施指南的要求,在船舶和海洋工程装备领域开展智能制造试点示范工作,依据国家《船舶行业规范条件》《海洋工程装备(平台类)行业规范条件》《高技术船舶科研项目管理暂行办法》(工信部联装〔2009〕699号)、《船舶行业规范企业监督管理办法》等有关规定对海洋船舶工业企业开展年度监督检查,并加强对相关企业的规范管理工作,保障有关项目的顺利推进。

2.2.4　辽宁海洋船舶工业创新发展模式

1）成立专门海洋金融机构,实现精准融资

鼓励辽宁有条件的银行业金融机构设立海洋船舶工业的金融服务中心或特色专营机构,对辽宁经营状态良好、产品技术含量高的海洋船舶工业企业采取"一企一策"的审批方式,有针对性地对有需求的海洋船舶工业企业提供融资支持。同时尝试建立定向的扶植船舶工业发展的政策性金融机构,提供专业化的金融服务。

2）建立海洋船舶工业科技人才高地,缓解用工压力

加大海洋船舶工业相关专业的教育和人力资源开发,重点加强企业家人才、科技领军人才、中高端技能人才等"三类人才"的教育和培养,吸引和培育一大批有经验和影响力的复合型创新创业领军人才和团队投身辽宁海洋船舶工业的发展。改革海洋船舶工业企业现有用工模式,采取增加工人数量、提高工人待遇、改善工作环境、加强工人技能培训体系等措施留住工人,并通过提升信息化水平和推进智能制造相关技术的应用,缓解当前紧张的用工形势。

3）推动船舶工业企业兼并重组,加快产业结构升级

推动辽宁海洋船舶工业企业的兼并重组,全面推动"处僵治困""去亏损""压减"等工作,整合及共享资源,实现海洋船舶工业集群化发展。依托《辽宁省建设具有国际竞争力的先进装备制造业基地工程框架实施方案》(辽委办发〔2018〕8号),完善海洋船舶工业的产业政策体系,扶持多种所有制形式的国内外中小船舶配套企业的发展。积极创造条件,承接日韩、欧洲船舶工业的产业转移,探索建立中外船舶与海洋工程产业园区。

4）建立科技成果产权激励机制,提高自主创新、设计能力

强化船舶工业创新过程中的市场需求导向和企业的创新主体作用,推动市场、企业、政府在创新过程中的良性互动,形成有效的创新激励机制,增强创新主体的创新动力,改进科研成果转移、转化的模式,提高成果的落地率和转化率,提升创新的供给质量。支持大连船舶重工集团有限公司、大连中远海运川崎船舶工程有限公司等辽宁海洋船舶工业的骨干企业联合大连理工大学等高校建设国家级研发中

心,提高对液化天然气船、大型集装箱船、超大型原油船、大型重载滚装船、特种海工船等高科技、高附加值船舶及海工产品的自主设计生产能力。

5)开拓船舶及海工装备新需求,打造船舶与海洋高端装备基地

围绕《辽宁省建设具有国际竞争力的先进装备制造业基地工程框架实施方案》(辽委办发〔2018〕8号),促进海洋船舶工业与旅游、渔业、风电等可再生能源、深海空间和矿物资源开发等领域的结合,拓展细分市场,主动创造需求,激发市场活力。加快承接国内外船舶制造、装备制造、高新技术等产业升级转移,形成国家临港船舶工业产业集群。

2.3　辽宁海洋油气业创新发展研究

2.3.1　辽宁海洋油气业发展现状与新业态

1)辽宁海洋油气业发展现状

辽宁省海洋油气业于20世纪90年代开始发展,目前仍处于传统的生产阶段。根据《中国海洋统计年鉴》的统计数据,2016年辽宁省海洋原油产量为54.92万吨,海洋天然气产量为2 278万立方米。近年来辽宁沿海经济带围绕海洋油气资源开发和深海海洋工程需求,充分利用科技创新引领新旧动能转换,着力建设大连、盘锦世界级石化产业基地。

2)辽宁海洋油气业新业态

随着海洋油气勘探新技术的不断应用和日臻成熟,全球已进入深水油气开发阶段,海洋油气勘探开发已成为全球石油行业主要投资领域之一。国家"一带一路"和"中国制造2025"等战略为深水业务提供了良好的发展空间,海洋油气业出现了许多创新变化。为进一步加快海洋油气业发展,结合辽宁实际,辽宁省人民政府出台了《辽宁省工业八大门类产业科技攻关重点方向》(辽政办发〔2016〕136号),提出围绕海洋油气资源开发装备开展关键技术攻关,开展高性能能源与储能等关键技术研究,研制中高端自升式及半潜式钻井平台、大型浮式海洋液化石油气混合冷剂压缩机组等,推动产业迈向中高端。在一系列政策指引下,辽宁海洋油气业新业态培育有了较大突破,实现了与云计算、大数据、物联网等新兴业态的有效融合,实现了智能化发展。

2.3.2　辽宁海洋油气业发展问题分析

具体分析我国海洋油气资源的开发,其面临的障碍主要有两个:第一是我国的海洋油气资源开发虽然有突破,但是深水油气资源开发整体技术和西方相比依然

存在着较大的差距,这种差距使得我国的深水海洋油气资源开发效率和速度较慢,这影响了海洋油气 的整体产量。第二是我国的海洋国土面积广大,但是在南海以及东海存在着权益争端,这些问题得不到解决,具体的研究开发就无法稳定和持续,这也是我国当前深水海洋油气资源开发无法实现规模化的原因。

1)海洋油气资源勘查不足

辽宁虽然拥有较为丰富的海洋油气资源,但并未参与油气勘探开发活动,对管辖海域的资源情况了解较少,未实际掌握海洋油气资源勘查及开发的相关成果和数据,监督管理尚不完善,严重影响了海洋油气资源开发的积极性。

2)产业规模小

与国内发达地区相比,辽宁海洋油气产业规模总体较小,尚处于粗放型的初级阶段。油气产业结构不甚合理,油气产品技术水平总体偏低,油气初级储存能量过剩,油气产品深加工能力不足,导致本地产品品种偏少、附加值偏低,未形成有效产业链。此外作为配套产业的园区基建、仓储、物流、水电、贸易等领域还处于初级阶段,发展滞后,建设水平较低。

3)自主创新能力不足

辽宁海洋油气业企业自主创新能力不足,往往着眼于短期初级产品储存与中转需求,产品科技含量不高,竞争力不强,主要加工原料依靠外供,难以深度挖掘和培育市场,缺乏发展后劲。

2.3.3 辽宁海洋油气业竞争力与发展潜力

1)地域区位优势

辽宁省地处东北地区最南端,有东北老工业基地作为海洋经济发展腹地,工业基础完善。辽宁与日本、韩国、朝鲜和俄罗斯远东地区相邻,是东北亚重要的国际贸易中心,海洋贸易交流便利。同时辽宁省也是多条国际航线和海洋运输线的必经之地,独特的位置决定了辽宁省将在我国与东北亚各国海洋油气业的合作中发挥不可替代的作用。

2)良好产业基础

辽宁油气产业经过多年发展,已初步形成了具有一定规模的油气化工产业带和产业集群。同时基建、港口、商储、电力、电信、互联网、金融等配套设施发展较快,为辽宁建成海洋油气资源综合开发与服务基地奠定了基础。

3)市场潜力大

辽宁处于发展海洋经济的关键时期,在推进工业化、信息化、新型城镇化进程中,油气产业作为基础产业,发展空间巨大。同时辽宁积极推动油气产业结构调整,高质量、高附加值、高技术含量的油气产品占比逐渐提高,高端产品市场前景广阔。

2.3.4　辽宁海洋油气业创新发展模式

基于辽宁海洋油气业现状、存在的问题以及竞争力与发展潜力的分析,辽宁应该大力发展油气中下游产业,完善产业布局和结构,加强研发,深度挖掘市场,实现海洋油气业绿色、健康、可持续发展。

1) 规范海洋油气开发管理

抓住国家油气改革的机会,建立省部级的沟通协调机制,争取油气开发的监督管理权限。同时,与油气企业加强沟通,探索"政＋企"合作的新模式,实现辽宁在海洋油气开发过程中的"知情权"和"参与权",并逐步推进资源开发利益的重新分配。

2) 完善全产业链

充分利用好优惠政策和灵活制度,加大基础设施建设和相关配套产业的发展力度,鼓励生产高科技、高附加值产品的海洋油气深加工企业落户辽宁,完善和延伸产业链,提升产业园区整体竞争力。

3) 加大供给侧改革力度

以供给侧结构性改革为契机,加大研发新产品,鼓励油气产品深加工,培育和开拓新市场。借助生态立省的机遇,大力发展清洁能源,加快推进海洋油气在燃气发电、城市燃气、工业燃料、化工用气、交通燃料、储冷及冷能利用、天然气分布式能源等领域的高效、科学利用。

4) 发展深水油气业

发展深水油气业是未来辽宁省重要的资源接替领域之一,发展深水油气资源对保障未来辽宁油气供给安全意义重大。应尽快制定深水油气资源发展战略,同时积极利用国际合作平台推进海外业务,进一步拓展深水油气开发项目国际化运营能力,为未来参与我国南海和周边海域深水油气开发奠定坚实基础。

5) 数字化转型

数字化转型是海洋油气业发展的必然趋势。海洋油气勘探开发具有高投入、高风险的特征,只有加快推进数字转型,大幅度提高作业效率,降低开发成本,高质量推进深水和边际油气资源开发,才能在低油价的市场下赢得竞争。应进一步加强资源整合,以国家重大专项为抓手,加强石油公司、互联网公司、科研机构和高校间的多学科、多领域、多层面的"政用产学研"结合,加快推进油气数字化转型,抢占未来竞争制高点。

6) 海洋油气与海上风电协同发展

实现海洋油气与海上风电的协同发展可以有效提高能源利用效率,降低开发成本,减少二氧化碳和空气污染物的排放。当前,辽宁正面临能源结构转型的关键挑战,加快发展海上风力发电,对调整辽宁能源结构,推进能源生产和消费革命,构建清洁低碳、安全高效的能源体系具有重要的现实意义。应统筹规划海洋空间利用和海上能源资源统一开发,协同发展海洋油气和海上风力发电产业。

2.4 辽宁海洋盐业创新发展研究

2.4.1 辽宁海洋盐业发展现状与新业态

1)辽宁海洋盐业发展现状

海洋盐业是指海水晒盐和海滨地下卤水晒盐等生产方式和以原盐为原料,经过化卤、蒸发、洗涤、粉碎、干燥、筛分等工序,或在其中添加碘酸钾及调味品等加工制成盐产品的生产活动。辽宁作为我国四大海盐生产基地之一,拥有悠久的海盐生产经营历史和优越的自然地理条件。辽宁海洋盐业生产方式不断变革,已从以往低效的海水摊晒转向了如今高效的卤水摊晒,形成了以纯碱和氯碱为龙头的两碱及其下游产品开发并存的盐化工产业结构。总体上看,辽宁海洋盐业已经建立起一套包括科研、设计、检测、地下卤水勘探、发电、盐化工和设备制造等部门组成的较为完善的制盐工业体系。当前,辽宁海洋盐业稳步发展,年海盐产量基本保持在 150 万吨左右[①]。

2)辽宁海洋盐业发展新业态

为落实党中央、国务院决策部署,推进盐业体制改革,实现盐业资源有效配置,进一步释放市场活力,促进行业健康可持续发展,国务院于 2016 年提出《盐业体制改革方案》。随着盐业体制改革进一步深化,相关政策措施进一步完善,辽宁海洋盐业兼并重组力度进一步加强,市场优胜劣汰效应进一步显现。未来会加快形成以大型企业为主导、有特色的小型企业为补充的良性竞争的崭新局面。同时,也会在盐产品的全系列、多品种、宽覆盖上下功夫,在产品标准、质量管理、创新研发方面发力,力求让老百姓"少吃盐,吃好盐"。辽宁未来盐业的品牌产品不仅仅针对高端或低端特定人群,而是为所有消费者提供服务。既提供能够引领消费时尚的高质量产品,也满足大众基本需要,既保证在中心城市不断推出新产品,也会对边远地区起到保障基础需要的作用。

---

① 数据来源:《中国海洋统计年鉴》。

2.4.2　辽宁海洋盐业发展问题分析

1) 企业组织结构和资源配置不合理

辽宁海洋盐业企业存在"多、小、散、弱"的粗放型经营状况,现有制盐企业都是以中小企业为主,企业组织结构不合理,企业规模偏小,产业集中度低、经济效益差,整个行业缺乏核心竞争能力。而海盐产业发展较好的一些地区往往大型企业较多,生产规模较大,管理层次较多,拥有一定市场影响力的品牌,因此辽宁海洋盐业核心竞争力落后于其他地区。

2) 工艺技术、装备总体水平不高

近几年来,虽然辽宁海盐产量有所增加,但是制盐后形成的大量苦卤难以处理、应用基础研究滞后于生产发展的需要,操作技术落后、装备总体水平低等问题仍然没有得到有效解决。生产技术及装备水平相对薄弱,产品质量难以持续提高,产品同质化现象严重,卤水资源浪费严重,节能减排压力较大,导致行业资源利用率低,整体竞争力落后,经济效益差。一定程度上制约了辽宁海洋盐业的发展。

3) 产品结构单一,市场空间狭小

辽宁海洋盐业的固态原盐占盐产品总量的绝大部分,属于保健盐、调味盐系列,产品品种单一,低水平重复建设严重,低档次、低附加值产品过剩,高档次、高附加值产品不足。渔盐、畜牧盐、公路化雪、工业和民用水处理用盐及液体盐的生产、销售量占比较少。总体上看,辽宁海盐产业品种结构和市场开发程度不高,海盐产品精深加工不够,缺少高附加值盐产品。

2.4.3　辽宁海洋盐业竞争力与发展潜力

1) 海水资源丰富,盐度较高

海盐是海水经晒制成以氯化钠为主要成分的产品。辽宁海岸线东起鸭绿江口,西至山海关,濒临渤、黄二海,为海洋盐业的发展提供了丰富的物质来源。辽宁沿海海水平均盐度30.84‰,海水盐度较高。其中,辽东半岛南端沿岸,因无大河入海,海水盐度偏高于其他地区,其盐度为32‰以上。此外,辽宁滩涂广阔,土质优良,盐田面积大,为发展海洋盐业提供了重要基础。同时,辽宁地处中纬地带,沿海地带属暖温带湿润季风气候区,蒸发量大,日照时间长,降水量、蒸发量、气温、日照时数等为海洋盐业日常生产提供了有利条件。

2) 历史基础好,生产经验丰富

辽宁海洋盐业开发较早,其中,营口盐场建于1730年,已有290多年的历史;锦州盐场于1642年开始兴建,历史悠久;大连盐场已有150多年的历史。由于海盐开发、生产历史悠久,盐工们积累了丰富的生产管理经验,且在工艺上不断创新,

为今天辽宁海洋盐业的发展提供了基本的技术基础,因此辽宁海洋盐业产业基础相对较好,实力较强,有广阔的发展前景。

3) 交通发达,集输运条件好

辽宁沿海城市众多,港口密集,是我国东北唯一的沿海省份,也是我国近代开埠最早的省份之一。作为东北地区通往关内的交通要道和连接欧亚大陆桥的重要门户,辽宁交通运输业发达。铁路、公路、水路运输十分便利,同时辽宁拥有9个民航机场,在全国各个省市排名并列第7,这些都为辽宁海洋盐业发展提供了集输运的有利条件。

2.4.4 辽宁海洋盐业创新发展模式

1) 打造产学研用新平台

围绕企业技术创新和人才发展战略,不断优化科技人才结构,集纳全球高端创新资源,深入推进产学研合作,全力打造科技人才集聚高地。选派优秀年轻科技人才参与重大工程、重要项目、重点工作,加强对青年科技人才培养。加强产学研和科技成果运用,与大连理工大学、东北大学、辽宁大学、大连海事大学等省内知名院校开展重大技术合作,同时,应加强与国外公司的合作,研发一些先进技术,通过市场化、国际化的研发机制,集纳行业顶尖的研发资源。重点发展海盐精细化工,加强系列产品开发和精深加工。推进"水—电—热—盐田生物—盐—盐化"一体化,形成一批重点海洋化学品和盐化工产业基地。

2) 秉承绿色发展新理念

当前,绿色发展已经成为全球环境和经济领域一种趋势和潮流。辽宁海洋盐业应秉承绿色发展理念,科学规划原盐生产布局,加快盐田改造。重点发展海洋精细化工,加强系列产品开发和精深加工。深入研究市场发展方向、行业创新动态,创新生产工艺,引进先进设备,推动企业转型升级。坚持绿色制碱,延伸产业链,通过持续研发国际先进的生产技术,不断用引领型的先进产能淘汰过剩落后产能,进一步延伸产业链,走出一条自主创新之路。

3) 探索"互联网十"新途径

辽宁海洋盐业集团应认真贯彻落实国务院办公厅《关于推进线上线下互动加快商贸流通创新发展转型升级的意见》(国办发〔2015〕72号)和省政府《关于大力发展电子商务加快培育经济新动力的实施意见》(辽政发〔2015〕77号),积极探索"互联网十盐业"新途径,加快信息化与传统产业的深度融合,推动生产、管理和营销模式变革,全面提升企业管理、销售经营、供应链等各个环节的互联网化和智能化水平,加速推进海洋盐业向互联网化转型升级。

4）创新循环经济新模式

发展循环经济,既是经济发展的内在需求,也是推进新型海盐化工产业转型的具体体现。辽宁海洋盐业集团应加快推进传统井矿盐生产的转型升级,大力实施岩盐资源综合利用和循环经济技术创新,实现产业转型升级和绿色可持续发展的重要战略,着力发展盐硝联产、盐电联产、盐钙联产和盐碱联产,形成企业内部的循环经济发展格局,实现经济效益和社会效益的"双赢",走出一条特色发展之路。

2.5　辽宁海洋化工业创新发展研究

2.5.1　辽宁海洋化工业发展现状与新业态

1）辽宁海洋化工业发展现状

2018 年,在工业产品产量方面,全省纯碱产量 44.6 万吨,烧碱产量 76.3 万吨,原油产量 1 039.9 万吨,原盐产量 75.5 万吨,化学原料药产量 4.4 万吨,氮肥 33.1万吨,乙烯产量 176.2 万吨。在工业产值方面,全省石油天然气开采业实现工业总产值 303.6 亿元,石油加工、炼焦和核燃料加工业实现工业总产值 5 079.3 亿元,化学原料和化学制品制造业实现工业总产值 1 741.7 亿元[①]。

2）辽宁海洋化工业发展新业态

从目前的海洋化工行业具体发展来看,其方向为绿色化。所谓的绿色化包括了三方面的内容:第一是产业的绿色化。海洋化工行业绿色改造和转型升级将深入推进,能耗高、污染重的化工产品比重将逐步下降,不断形成资源节约和环境友好的产业结构。第二是管理的绿色化。海洋化工企业安全生产管理将不断强化风险管控和隐患排查治理工作,推进先进的装备设施和提升自动化控制水平,危险化学品重特大事故将得到有效遏制,化工行业安全生产形势持续稳定。第三是运行的绿色化。海洋化工产业的发展涉及多个运行环节,采用物联网、风险防控数据平台等新技术做好智慧监管工作,保证环节的绿色性,这样可以更好地将化工行业发展的环境进行改变。简言之,实现了运行、管理和生产的绿色化,有利于促进海洋化工行业与经济社会的协调发展。

2.5.2　辽宁海洋化工业发展问题分析

1）产业结构性矛盾仍然存在、产业基础有待进一步提升

产业结构的合理化对产业竞争的影响非常大,辽宁海洋化工产业的结构不够

---

① 数据来源:《辽宁统计年鉴 2019》。

合理,国有企业所占比例较大。一是民营企业的经营发展规模是以中小型为主,发展特征是带动性弱、关联度较大,企业构成的数量少,投资较为分散,生产集中程度低,产业的整合能力相对较弱;二是传统产业需要进一步优化升级,新兴产业发展不足,石油加工产品以成品油为主,产量占原油加工量的60%以上,炼化一体化程度仍然较低,乙烯产量比重较低,化学工业发展仍然滞后。三是产业发展方式方法与当前发展新形势、新任务还有差距,需进一步转变发展理念,追求新技术,适应新要求。海洋化工产业不仅仅是原料、生产以及需求地的点线联系,还应当建立完整的产业体系。从纵向看,辽宁海洋化工的上、下游产业仍比较薄弱,上下游产业关联性不强。

2) 科技创新能力不足,科技成果转化率低

尽管辽宁具有很强的海洋产业研究能力,但是依然无法满足当前海洋化工产业资源的开发和使用需求。辽宁在海洋化工方面的研发投入普遍不高,规模以上石化企业的研发投入远低于全国平均水平,导致企业原始创新能力不强,在海洋技术方面的研究成果较少。当前,辽宁海洋盐化工业的产品种类缺乏,研发新产品速度较慢。海洋化工科技水平仅仅局限在海洋化工科学产业中,其他和海洋化工科学密切联系的相关领域中的科技创新能力较弱。此外,很多海洋化工民营企业发展缺乏自主知识产权,高端产品技术主要从国外引进,关键领域核心技术缺失严重,在激烈的市场竞争中不占据有利的地位,并且在创新经营管理体制上的积极性较低。

3) 发展资金不足

资金作为产业发展的巨大推动力对产业经济发展起着重大作用,任何产业的发展都需要资金的支撑。处在不同发展时期的海洋化工产业对金融资源具有不同的融资需要、方式以及风险程度。辽宁很多海洋化工企业是新兴的发展企业,起步较晚,行业机制不健全,资本不充足。此外,一些中小企业的融资平台不够,资金缺位情况频发,在发展中经常遇到各种瓶颈,没有足够的资金去吸引更多的人才,由资金不足导致的人才、技术的匮乏使辽宁很多海洋化工中小企业面临着诸多困难。

4) 科技人才资源匮乏

要把辽宁建设成为世界级海洋化工产业基地就特别需要大力培养人才,而目前辽宁人才的发展还无法满足海洋化工产业由传统的劳动密集型向技术密集型转变的需求。发展海洋新型产业需要人才的保证,尽管辽宁海洋技术具有一定的基础条件,但是真正可以从事海洋化工产业技术的专业人才还是非常短缺,可以从事海洋新型产品市场的研究和营销人员及经济技术情报分析的研究人员也较少。当前,辽宁海洋科研技术力量很多,但是科研机构很多都属于国家部委管理,并且科研机构横向发展,缺乏纵向的传递联系,海洋科技平台建设不足。从整体发展水平

上来看,辽宁从事海洋经济的科技人员严重缺乏,科技人员队伍薄弱,并且人才发展结构不完善,无法满足海洋经济的发展。由于科技水平的限制,辽宁的海洋化工产业的整体水平较低,海洋化工产业依然停留在粗放型、低效益、浅层次的阶段。如辽宁海洋化工资源的开发,以基础化工产品为主,从海水中可提取的别的有价值的产品少。

2.5.3　辽宁海洋化工业竞争力与发展潜力

1) 大连市

大连是海盐的重要生产基地。大连盐化集团有限公司是大连市属国有独资企业,位于大连市金普新区复州湾,占地140余平方公里,是久负盛名的全国四大海盐场之一、中国轻工业制盐行业十强企业、国家信用体系评价 AAA 级企业。集团公司下设分公司和子公司18个,从业人员2 000人,资产总额50亿元,连续多年上缴税金总额居于大连市前列。大连盐化集团有限公司已经打造了海水制盐、海水化工等产业板块,是中国东北地区最大的海水资源综合利用企业。未来大连盐化集团将继续秉承绿色发展理念,实施“产业+”规划,打造海盐、海水化工、海洋生物资源综合开发、海盐文化旅游“4+N”产业板块,延伸海水制盐、海水养殖、海水化工、海盐文化旅游产业链条。同时,大连也是世界级的石化产业基地。大连福佳·大化石油化工有限公司是全国首家民营控股的联合芳烃石化项目,项目总投资近200亿元人民币,主要产品包括对二甲苯、邻二甲苯、苯、轻石脑油、液化气、氢气等,年产值约260亿元,年贡献利税约25.6亿元,现PX(二甲苯)年产量140万吨,占据国内9.72%的市场份额,是全国最大的PX(二甲苯)生产企业之一。福佳·大化已经与全球三十多个国家和地区建立了贸易合作,业务拓展到美国、英国、挪威、法国、日本、韩国、俄罗斯、中东、澳洲等全球三十多个国家和地区,已与英国石油(BP)、壳牌、中石化、埃克森美孚等多家世界五百强企业及国家级石油企业建立了长期战略合作伙伴关系。恒力石化(长兴岛)产业园为响应国家号召以及落实中央振兴东北政策的重要举措,形成“从一滴油到一匹布”全产业链发展,恒力集团于2010年向上游进军,在国家七大石化产业基地之一的大连长兴岛投资1 500亿,主要覆盖石化产业、炼化产业、化工产业三个业务领域。产业园始终以建设“最安全、最环保、内在优、外在美”的世界一流石化园区为目标,主要建设1 200万吨/年对苯二甲酸项目、2 000万吨/年炼化体化项目和150万吨/年乙烯等项目。产业园全部投产后,将实现年产值3 000亿元,利税650亿元,为新一轮东北振兴及民族工业高质量发展贡献力量。

2) 盘锦市

作为辽宁省全力支持建设的世界级石化及精细化工产业基地、全国最大的高等级道路沥青和全系列润滑油基础油生产基地、全国最大的合成橡胶产业基地及全国最大环氧乙烷及其衍生物、1,4-丁二醇、苯酐增塑剂的生产基地,目前拥有辽东湾新区石化及精细化工产业国家级经济技术开发区一个,盘锦精细化工产业开发区、辽宁新材料产业经济开发区和盘锦高新技术产业开发区化工园区三个省级经济技术开发区,拥有北方华锦集团、盘锦北方沥青燃料有限公司、盘锦浩业化工有限公司、盘锦北方沥青股份有限公司等重点企业。其中辽东湾新区石化及精细化工产业园区以石油化工为重点,发展润滑油基础油、化工原材料、高性能材料和精细化工等石油深加工产品,构建乙烯、丙烯、碳四、芳烃四大产业链,是国家新型工业化产业示范基地、国家级经济技术开发区、国家园区循环化改造示范试点、2019年中国化工园区30强。截至2018年底,全市石化企业年原油加工能力达到2 800万吨,有大小石化企业315家,总资产约1 800亿元,从业人数3万人。

　　未来,盘锦依托雄厚的产业加工能力、便利的交通条件、完善的石化产业发展和配套基础设施、较强的石化产业集群发展效应,向世界一流石化产业基地对标对表,沿着一体化、精细化、高端化、差异化、绿色化方向,全力推进项目建设、产业链建设、配套体系建设。进一步做大产业规模,推动石化产业向园区化、炼化一体化、装置规模化、产品高端化、管理现代化发展格局转变。争取到2025年,原油一次加工能力要达到4 000万吨以上/年,石化产业布局趋于合理,产品结构逐步优化,化工园区日渐成熟,一体化规模不断壮大,全面建成世界级石化产业基地。进一步做长产业链条,围绕大项目建设引进一批上下游行业龙头企业和高水平企业,重点打造以乙烯、丙烯、碳四、芳烃为源头的四大产业链。进一步优化国际化人才保障,加强与科研机构和高等院校的合作,建设具有国际水准的石化及精细化工产业研发和技术中心。进一步完善石化产业发展的金融服务支持。

　　3)营口市

　　石油化工产业是营口的重要支柱产业,对支撑营口战略性新兴产业,改造和提升传统产业,拉动国民经济平稳较快增长都具有重要作用。营口石油和化工产业经过多年的发展,已经初步形成了以仙人岛经济开发区、沿海产业基地冶金石化重装备区、老边区、大石桥经济开发区为重点发展区域,以精炼石油产品、聚丙烯催化剂、抗氧剂、三聚氯氰、润滑油、工程塑料、聚酰亚胺七大门类为主要发展方向的产业发展格局。2018年,全市规模以上石化企业88家,全年实现工业总产值243.79亿元,占全市比重13%;规模以上工业增加值58.72亿元,占全市比重12.9%;实现利润总额11.74亿元,占全市比重8.1%;实现利税18.32亿元,占全市比重

8.1%；全市化工产业签约项目共计 37 个,总投资额 719.85 亿元①。

2018 年 10 月 30 日,营口市人民政府发布《营口市人民政府关于推进营口盘锦两市协同发展的实施意见》,指出推动石化产业协同发展。不断壮大辽宁沿海经济带"大连—营口—盘锦"主轴石化产业,积极推进将辽东湾石化产业基地和仙人岛石化产业基地纳入长兴岛(西中岛)石化产业基地拓展区。依托辽东湾石化产业基地燃料型炼厂上游原料资源和营口仙人岛能源化工区港口及仓储优势,共同打造化工新材料和精细化工产业集群。推进营口市辽宁胜星石化有限公司等企业与盘锦北燃公司、中国兵器北方华锦等企业合作共赢,带动内陆石化产业提质增效。

4）锦州市

锦州地处环渤海地区重要位置,工业实力较强,交通体系发达。锦州市沿海经济带已经形成了以腹地为支撑,以港口为依托,腹地、港口、园区联动的发展态势。目前石化及精细化工产业集群初具规模,已为锦州沿海经济带发展奠定了坚实基础。石化及精细化工产业集群以经济技术开发区石化产业及储运基地、汤河子钛化工基地、大有精细化工基地等石化及精细化工产业区为依托。现有规模以上企业 30 余户,年销售收入近 500 亿元,龙头企业有锦州石化、锦州钛业、中北石化、辽宁嘉合精细化工、北京东方雨虹、天盛漆业等。成品油及有机化工、化学新材料等高端石化产品,以及复合剂、长链苯磺酸、氟碳醇、防水涂料、无灰分散剂、抗氧剂、钛白粉等精细化工产品行销全国各地。

锦州以锦州石化及精细化工产业集群为核心,充分发挥地区资源条件、产业基础、石油储备基地和港口优势,加大项目引进力度,不断完善精细化工产业链;依托辽宁嘉合 C4(丁烷)综合利用、辽宁天合润滑油添加剂、锦州钛业氯化法金红石型钛白粉、锦州石化石油针状焦等重点企业及产品,重点发展高性能聚烯烃材料、稀土顺丁橡胶、硅橡胶、溶聚丁苯橡胶等化工新材料,做精异丙醇、汽油加氢催化剂、氟碳醇、全氟聚合物、润滑油添加剂等精细化工产业,建成国内重要的石化和精细化工产业集群。

5）葫芦岛市

2018 年,葫芦岛石油化工产业完成工业总产值 404.7 亿元(占规上工业的46.4%)②,未来葫芦岛市依托企业搬迁改造升级,突出聚氨酯产业特色。充分利用国家支持老城区危险化学品搬迁改造政策,实现搬迁企业扩能改造和产业升级;整合石油化工和氯碱化工资源,利用方大锦化及北方锦化所提供的原料优势,建设集约化和规模化、特色鲜明的聚氨酯产业基地。

---

① 数据来源:营口市人民政府官网。
② 数据来源:葫芦岛市人民政府官网。

2.5.4 辽宁海洋化工业创新发展新趋势

1) 调整加速

完整的石油和化学工业产业链,从原材料起始到市场终端大体上可分为初级产品开采业、基础石化工业、一般化学工业、高端化学工业、化工新兴边缘和交叉行业五个产业结构层级。随着发达国家市场逐步成熟和产业技术进步,世界化学工业正进行新一轮的产业结构调整和转型升级,因此,需要加快提升自主创新能力,不断提升产业结构层次。一方面,资源导向性的部分产业集中度不断提高,如能源、生物质、化学矿转化等;另一方面,客户导向性的部分在产品种类上越分越精细、越来越差异化,如新型功能材料、电子化学品、膜材料、纳米材料和催化剂等。国际跨国化工企业从未中断过产业结构的调整。如20世纪70年代大规模向精细化工调整,而21世纪以来,世界各国,特别是石油化工大国和著名跨国公司产业结构调整的步伐明显加快,在产业第四级和第五级上的投入越来越大,抢占未来行业技术制高点的竞争也越来越激烈。在政府推动下,化工巨头分别加速向材料科学、生命科学、环境科学产业转移。同时,各国纷纷实施石化原料多元化战略,从而导致全球主要区域化工行业发展分化加剧。中国将成为全球石化产业新增产能和需求的主要驱动力和最大增长点,辽宁作为我国主要的化工产业基地,《石化产业规划布局方案》明确了辽宁省在国家炼油、乙烯、芳烃项目联合布局中的定位,提出继续推动中国兵器辽宁华锦乙烯改扩建工程,优化中国石油大连石化原油资源配置,将大连长兴岛(西中岛)石化产业基地列为重点建设的七大石化产业基地之一,为辽宁省石化工业调整加速带来新机遇。

2) 业务聚焦和兼并重组

跨国化工企业不断进行着业务整合和优化,逐步退出低附加值、高污染的传统化工领域,为提高竞争力放弃非核心业务,向着更专业化方向发展,进一步加强在某一领域的优势地位,例如精细和专用化学品或制药、保健、农业等以生物技术为基础的生命科学新领域。为了加强业务聚焦,企业之间的兼并联合重组一直会是跨国企业重要发展战略之一。发达国家的企业会停止或减少本土的化工生产,转向在资源国家或具有市场发展潜力的地区投资;而新兴经济体的部分企业则会反其道而行之,寻求更多的海外发展机会,在发达国家寻求并购对象。在发达经济体对全球一体化支撑变弱的背景下,新兴经济体的海外发展之路对这些地区的企业显得尤为重要。未来辽宁省应该顺应全球化工产业发展新趋势,加快聚焦核心业务,以大型化工企业牵头进行联合重组,将辽宁打造成为世界级石化产业基地。

3）创新驱动和绿色驱动

科技创新是产业发展最重要的推动力，也是核心竞争力。未来化工行业更加重视科技创新，积极创新开发新一代的化工技术。除了固有的对低消耗、零排放、原料灵活三大追求以外，未来化工科技创新重点在于交叉和边缘学科上的进展。更加注重化学与生物学结合，促进医学、农业和可再生资源的开发和利用；更加注重催化、分离以及信息技术相关的化学反应和过程强化技术；更加注重纳米科学、光学、电学及叠加的新材料科学技术；更加注重在材料化学中将机械加工和化学结合起来解决问题，增材制造用化学解决机械问题。产品高端化和差异化发展成为重要趋势。全新产品出现的难度越来越大，发达经济体企业越来越多将研发重点放在延展现有产品功能或配合使用上，以化工新材料和专用化学品为代表的功能性化学品经过快速发展，在包装材料、汽车轻量化、电子化学品、建筑材料、新能源等领域形成高端和功能化学品海量的产品组合。现在这个变化趋势将逐渐传递给发展中的新兴经济体，创造出更高的价值和更多的市场机会。产品创新固然重要，但结合产品组合和服务为一体的解决方案仍是获得最高利润率的模式。领先跨国化工企业在创新发展和结构调整的理念上，大多追求上下两端重点（成本优势和技术优势）。全球化工行业还努力从"末端治理"向"生产全过程控制"转变，实现绿色低碳、循环发展。同时为节能减排、保护环境提供先进的解决方案和技术产品，无论是传统的"三废"处理和提高能源资源使用效率，还是减少和治理温室气体排放，化工行业都将大有可为。从总体上看，跨国公司在今后10年创新发展的重点，都在行业技术结构层次的高端化上，都紧紧围绕生命科学、化工新材料、化工新能源、专用化学品和环保技术等方面，加速原始创新和特色创新，努力实现工业技术新突破，努力开创占据未来竞争制高点的新优势。未来，辽宁省石化产业需不断加强技术创新能力，加快新产品研发和科研院所科技成果转化速度，进一步提高自主创新能力，提高科技成果本地转化率，突破制约产业发展的瓶颈。

4）与信息技术深度融合

化工已经和生物工业、环境工业、服务业、金融业相互融合已久，新的趋势是和信息产业进一步深层次融合。化工专业化电商、化工行业互联网、产业互联网正在逐渐推进和深入。化工企业在 ERP（企业资源计划）、MES（制造执行系统）等各种系统集成实施应用，化工与互联网的融合也逐渐从在线化和数据化向智能化演变。从欧美发达国家提出"工业 4.0""再工业化"战略，到中国大力推进的"互联网＋""中国制造 2025"，化工企业不断借助互联网和信息技术的深度应用重塑产业链。行业共识认为，面对国内外新一轮工业革命的洗礼以及国内企业信息化建设现状和趋势，化工行业打造以"四链融合"（产融价值链、产业价值链、生态价值链、企业制造价值链)、技术融合、数据融合、安全融合和创新融合为特征的智慧企业成为必然方向。本质上,数字化是创新驱动的一部分,但是它的重要性在于:数字化领域将取代产品创新和解决方案,成为化工企业下一阶段的竞争主战场,领先化学企业如巴斯夫等将数字化作为企业顶层战略实施,正积极拥抱数字化浪潮。数字化不仅仅降本增效,而且新的业务模式、技术开发模式和组织模式正在不断涌现。

2.6 辽宁传统海洋产业创新发展的保障措施

2.6.1 思想保障

统一目标,培育现代海洋产业创新发展理念。立足辽宁省现实基础和发展潜力,结合国家传统海洋产业发展规划和原则,明确辽宁省发展传统海洋产业的战略思想、发展目标和重点任务。本着创新发展理念,调整和完善辽宁省传统海洋产业布局,坚持高端、高质、高效的产业发展战略,推进海洋渔业、海洋船舶工业、海洋油气业、海洋盐业和海洋化工业创新发展,打造优势海洋产业、骨干支柱产业、新兴高端海洋产业的鼎足发展新格局。面对新一轮沿海开发开放的新局面,转变传统发展思维模式,重点培育现代海洋产业创新发展理念,广泛开展现代海洋产业知识的宣传普及工作,统一思想认识,从创新发展的角度认识海洋,充分理解传统海洋产业的多元价值。

2.6.2 组织保障

充分发挥政府在产业升级和创新发展中的引导作用,以及市场在资源配置方面的基础性作用。建立健全辽宁省传统海洋产业发展工作领导小组,及时解决规划实施、土地占用、基础设施和公共服务设施建设、项目实施、资金融通、与周边区域协调等方面的问题,实现科学决策、规范管理、高效服务。建立支持传统海洋产业创新发展考核机制,实行严格考核,着重考察企业投资环境改善程度、经济增长方式转变程度、产业结构升级程度,以及自主创新能力增强程度等指标,根据考核结果进行奖罚。出台具有特色的企业聘用制管理办法,形成竞争择优、充满活力的用人机制,调动各级干部干事创业积极性、主动性、创造性。组织专业人员对海洋渔业、海洋船舶工业、海洋油气业、海洋盐业和海洋化工业定期检查验收,负责总结、推广创新产业管理和发展模式以及各个产业的统计和信息分析、上报等工作。

建立传统海洋产业发展工作领导小组,领导负责,协调解决传统海洋产业发展过程中的重大问题,监督检查重大产业事项进展和落实情况,落实各项重点工作,细化工作措施,对接运作项目,着力推进重大政策、重点项目、重要资金的落实,及时解决传统海洋产业创新发展出现的困难和问题,确保各项工作落到实处。

2.6.3　规划保障

加强传统海洋产业规划指导,进一步完善海洋产业发展规划体系,强化各级各类规划的衔接配合。加强对传统海洋产业结构调整关键领域和薄弱环节的规划指导,尽快组织编制海洋船舶工业、深海油气资源勘探开发、海水养殖等领域专项规划。强化海洋主体功能区规划和海洋功能区划对传统海洋产业的指导与约束,引导海洋传统产业创新发展,研究制定传统海洋产业发展指导目录,促进海洋产业结构优化升级。

依据海洋生态环境保护规划、辽宁省海洋功能区划、辽宁海岸带保护和利用规划、辽宁海洋产业经济区总体规划,做强传统海洋优势产业。在辽宁省主体功能区规划、辽宁省海洋主体功能区规划等规划指导下,把握传统海洋产业规划与海洋空间规划、海洋产业创新发展的关系,明确不同海域主体功能定位,优化和规范近海开发活动,推进形成陆海统筹、人海和谐的开发格局。紧紧抓住国家实施东北老工业基地新一轮全面振兴、"一带一路"建设、京津冀协同发展等重大战略的机遇,对海洋产业结构进行战略性调整,推进辽宁省海域综合发展,积极实施海陆一体化开发战略,做到传统产业支持新兴产业、新兴产业带动传统产业,形成海洋产业组合优势。

2.6.4　要素保障

科技保障。加大科技投入,构建具有海洋科技优势的海洋创新技术研究体系,以科技带动海洋产业,提高海洋高技术对海洋经济的贡献率。大力组织开展海洋科技与经济的对接活动,进一步推动产学研结合,加强海洋科技开发企业与省内外科教单位的联系与合作,加快海洋科技成果的转化。围绕海洋渔业、海洋船舶工业、海洋油气业、海洋盐业和海洋化工业进行科技攻关,提高海洋产业科技含量,促进产业优化升级。建立一批服务于海洋产业发展的科技支撑和服务平台,为海洋领域关键技术突破,促进海洋产业发展提供重要支撑。

资金保障。投入专项资金,增加辽宁省政府对传统海洋产业的投入,有计划、分步骤地扩大财政资金的投入规模,对于重大技术装备企业、重点建设工程和重大技术装备的技术进步项目,以及关系国民经济和国防安全、企业难以独立完成的重大技术装备,设立专项配套资金给予支持。加强引导,广泛吸引社会投资,引导社会资金流向,鼓励企业增加对海洋新兴产品的研究开发投入,放宽市场准入领域,改善融投资服务环境。鼓励银行、担保、创业投资等机构对海洋新兴产业优先支持。拓宽融资渠道,发挥信贷政策与财税政策、间接融资与直接融资协同作用,鼓励金融机构加大对基地内企业和项目的信贷资金投放力度。支持符合条件的涉海中小企业发行中小企业集合债券和集合票据，鼓励优秀企业上市融资。

基础设施保障。坚持科学引领、系统规划，统筹交通运输、能源供给、信息服务、水源保障、防灾减灾等重大基础设施建设，全面加强海洋基础设施保障能力。加快推进海洋基础设施建设，完善公益服务体系，推动辽宁实现海洋经济发展过程中，海洋经济效益、社会效益和环境效益三者的有机统一。全力推动海洋交通、海洋港口、海洋能源、海洋供水等基础设施的建设与完善。

第一，加强海洋交通基础设施建设，推动海洋产业高质量陆海统筹发展，做好海湾、海岸、海岛三者陆海衔接基础设施建设工程。首先，推动海湾基础设施建设，以太平湾、大窑湾、大连湾等主要海湾为依托，重点建设太平湾港区港口、大窑湾北岸航运中心、大连湾国际客运滚装中心等核心功能区。其次，推动海岸保护与基础设施建设，顺延黄渤海两岸形成"V"形海岸开发保护带，加大海岸线保护与修复力度，加快广鹿岛生态岛礁建设项目—拦沙防波堤工程建设。最后，加快海岛基础设施建设，提高长海县、长山群岛、长兴岛各港务处船舶码头设施供应、旅客候船和上下船设施供应、港区内货物装卸、仓储设施供应能力。

第二，节能减排，推进海洋新能源城市建设。首先，积极协调推进核电项目，继续建设辽宁红沿河核电二期工程2台百万千瓦级压水堆核电机组，落实500千伏红沿河核电送出工程，做好庄河南尖核电厂址保护工作，保障核电安全生产。其次，开发利用新能源和可再生能源，加快推进庄河150万千瓦海上风电场的建设和华能辽宁清洁能源有限责任公司大连瓦房店风电场48兆瓦建设，重点支持分布式光伏、农光互补、渔光互补等光伏电站项目，加快余热利用、热泵、太阳能光热、海上风电等节能环保项目建设。最后，增强石油储备能力，加快推进铁大线（鞍山—大连段）原油管道安全改造工程，保障能源供应安全。

第三，做大做强海洋信息产业，加快智慧海洋建设。辽宁要抓住海洋信息产业发展的机遇。海底观测网是"透明海洋"工程的重要内容，可对海洋进行实时原位观测，具有观测连续性强的优势，将实现海洋调查方式根本性变革。当前，我国主要海洋城市都在推进海底观测网建设，由此带来基站、光电缆、接驳盒、传感器、水下机器人等巨大的市场空间。伴随着海洋牧场建设，自升式、半潜式、漂浮式等各类平台、海上多功能平台、大型智能深海网箱、海洋探测观测设备等海洋牧场装备的市场需求将不断攀升。辽宁信息产业发展基础雄厚，应以海洋信息产业带动传统产业升级改造，发展数字海洋经济，推动海洋智慧城市建设。

人才保障。深入实施"创新引领"战略，加快培养集聚各类创新人才，激发人才创新活力。依托新区高校、科研院所和重点企业，大力引进一批"高精尖"海洋产业创新人才。促进院校按传统海洋产业创新发展需求制定人才培养规划、专业设置、培养目标和质量标准,确保人才培养质量,为其发展提供坚强的人才支撑和广泛的智力支持。培育引进世界海洋科技前沿勇于创新的技术带头人以及能够组织重大科技攻关项目的专家,推动优秀创新人才群体和创新团队的形成与发展。建立创新平台,促进人才与项目、技术、资本高效对接,激发高层次海洋产业人才的创新、创造和创业热情,服务传统海洋产业创新发展。

2.6.5　政策保障

营商政策。围绕辽宁省传统海洋产业创新发展,着力在完善制度、改进方式、转变作风、优化服务、提高效率下功夫,通过持续深化审批制度改革,构建高效便捷的政务环境、公平公正的执法检查环境、平等竞争的市场环境和约束有效的监督环境,形成公开透明、公平公正、诚实守信、便捷高效的营商环境,为辽宁省传统海洋产业创新发展保驾护航。

税收政策。进一步梳理、整合各种税收优惠政策,加强海洋功能区划对投资项目的统筹和引导,拓宽融资渠道,依据海域使用金减免的有关规定,积极落实减收和免收海域使用金的优惠政策。对投资规模较大的工程项目,可分期缴纳海域使用金。对于确实急需,海洋科技含量又高的一些产业化项目,可优先考虑由国家项目配套拉动。从事海洋类技术转让、技术开发及相关的技术咨询、技术服务业务所取得的收入,按规定享受企业所得税优惠。新引进传统海洋产业创新企业,享受房产税、城镇土地使用税和地方水利建设基金相应减免等优惠政策。鼓励海洋企业加大科技投入力度,符合条件的海洋企业实际发生的新技术、新产品、新工艺研究开发费用享受税收优惠。

科技政策。成立海洋产业技术创新研究院,集聚全省政、产、学、研、金、介等创新要素,以开发海洋资源、发展海洋产业、保护海洋生态环境、维护海洋权益为目标,加快构建开放、协同、高效的海洋科技创新体系。把增强自主创新能力作为科学技术发展和调整产业结构的基点,实施海洋高新技术产业带动战略,改造和提升传统海洋产业,加快海洋高新技术的引进、消化和吸收。实施人才战略,建设一支高素质的科技创新队伍,重点引进具有高级职称和研究生学历的高素质人才,充分发挥拔尖人才在企业中的重要作用。建立海洋科研协调机构,打造海洋科技创新平台,发展政府、科研机构和产业部门三位一体的联合开发体制,鼓励发展海洋新兴产业,特别是重点支持切合辽宁"两个基地"建设、海洋资源开发及相关产业长远发展、海洋资源环境保护的重大海洋科技攻关和科研项目,提高海洋产业发展的科技含量。

本章参考文献

[1] 官玮玮. 辽宁海洋渔业可持续发展对策研究[J]. 现代农业研究，2019(10)：37-40.

[2] 刘学航，邓剑波. 船舶制造业国际转移影响因素研究：韩国经验及对我国的启示[J]. 商场现代化，2010(3)：86-88.

[3] 程颖，雷磊. 辽宁省海洋船舶制造业发展的条件和布局分析[J]. 经济研究导刊，2012(9)：164-166.

[4] 陈凯. 辽宁沿海经济带发展研究[D]. 大连：东北财经大学，2011.

[5] 姜昳芃，蔡静. 辽宁滨海旅游业可持续发展对策研究[J]. 资源节约与环保，2018(6)：115-117.

[6] 官玮玮. SWOT 矩阵分析辽宁海洋产业发展路径[J]. 科技经济市场，2018(1)：72-73.

[7] 李代红. 辽宁省渔业的新兴产业与传统产业耦合分析与评价[D]. 大连：大连工业大学，2017.

[8] 于跃洋. 大连海洋旅游现状分析及对策研究[D]. 桂林：广西师范大学，2017.

[9] 吴文勇. 辽宁省海洋产业发展与经济增长关系研究[D]. 沈阳：辽宁大学，2013.

[10] 辽宁省人民政府发展研究中心课题组，白翎，朱军课. 辽宁海洋经济蓄势待发[J]. 辽宁经济，2012(2)：78-86.

[11] 张耀光，刘锴，刘桂春. 海洋渔业产业发展模式研究：以大连獐子岛渔业集团为例[J]. 经济地理，2009，29(2)：244-248.

[12] 张晋青. 辽宁省海洋运输业发展研究[J]. 资源开发与市场，2010，26(9)：817-820.

[13] 赵伟. 辽宁省海洋经济发展研究[D]. 大连：辽宁师范大学，2008.

第三章
辽宁现代海洋服务业发展对策研究

3.1 辽宁海洋旅游业发展研究

随着我国旅游产业的持续快速发展,海洋旅游业迎来发展的热潮,滨海城市旅游、海岛生态旅游、海洋文化旅游、邮轮游艇旅游等海洋类主题旅游需求增长快速,产业规模不断扩大,使其成为带动海洋经济发展的重要增长点。辽宁省作为东北地区唯一的滨海省份,优越的地理位置、独特的海洋旅游资源、特色的海洋文化、丰富的海洋旅游产品,为其海洋旅游业发展提供了有利条件。结合辽宁省海洋旅游业发展现状,本章从辽宁省海洋旅游业发展现状和形势出发,研究辽宁海洋产业新型业态模式,聚焦产业发展中存在的问题,分析辽宁海洋旅游业发展的重点领域,并提出未来发展和政策建议。

3.1.1 辽宁海洋旅游产业发展现状

近年来,辽宁海洋旅游业在优越的区位条件及独特的海滨资源条件支持下,得到了快速发展[1]。根据《辽宁统计年鉴 2019》的统计数据(表 3-1),至 2018 年,滨海地区饭店数量达到 246 家,占全省饭店总量的 36.66%;有旅行社 840 家,占全省旅行社总量的 56.41%①。2018 年,辽宁滨海地区共接待入境旅游人数 148.72 万人次,实现旅游外汇收入 88 157 万美元,分别占全省(14 个省辖市)总量的51.69%和50.68%;接待国内旅游人数 25 461 万人次,实现国内旅游收入 2 779 亿元,分别占全省的 45.30%和52.89%②。海洋旅游业已成为辽宁国民经济、海洋经济和服务业中发展最快、最为活跃的产业之一。

---

① 数据来源:《辽宁统计年鉴 2019》。
② 数据来源:《辽宁统计年鉴 2019》。

表 3-1   2018 年辽宁海洋旅游业发展数据

地区	入境旅游人数(万人次)	旅游外汇收入(万美元)	国内旅游接待人数(万人次)	国内旅游收入(亿元)	饭店数(座)	旅行社(家)
滨海地区	148.72	88 157.00	25 461.00	2 779.00	246.00	840.00
全省	287.70	173 958.00	56 211.40	5 254.80	671.00	1 489.00
滨海地区占全省比例(%)	51.69	50.68	45.30	52.88	36.66	56.41

数据来源:《辽宁统计年鉴 2019》。

3.1.2 辽宁海洋旅游产业发展形势与新业态新模式

1)辽宁海洋旅游产业发展形势

(1)海洋旅游主导地位快速增强

在海洋经济的产业门类中,海洋旅游产业占据着重要位置,海洋旅游产业已经成为国民经济的重要产业或支柱产业。从 2013—2018 年辽宁旅游业发展指标来看(图 3-1),自 2015 年开始,辽宁省滨海地区国内旅游收入和旅游外汇收入均超过全省旅游收入的 50%,为辽宁旅游产业发展做出了巨大贡献。可见,海洋旅游产业在辽宁省旅游业发展中的主导地位日益突出,且从发展趋势上看,其贡献度不断增加。

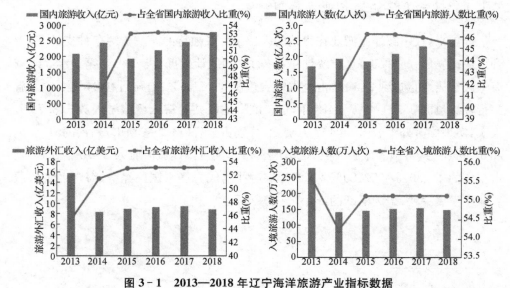

图 3-1   2013—2018 年辽宁海洋旅游产业指标数据

数据来源:《辽宁统计年鉴 2014—2019》。

（2）海洋旅游网络关注逐渐提高

辽宁沿海经济带由其所处地理位置决定拥有广大的腹地城市,作为东北地区的重要组成部分和开放前沿,与东北腹地的互动发展逐渐增强,相互影响。随着近年来辽宁沿海经济带的发展,交通条件的改善,辽宁滨海地区,尤其是以丹东为核心的东部区域,旅游产品开发不断完善,旅游产品类型日益丰富,海洋旅游产品的需求不断提升,辽宁海洋旅游日益成为关注热点。

利用百度指数,以"海洋旅游＋辽宁"为关键词搜索了2014—2018年的辽宁海洋旅游网络关注度,从图3-2、图3-3可以看出近年来辽宁海洋旅游网络关注度逐渐升高,尤其是随着4G网络技术的应用,基于移动网络终端的网络关注度提升显著,这表明辽宁滨海旅游需求日益增长,海洋旅游市场潜力巨大。

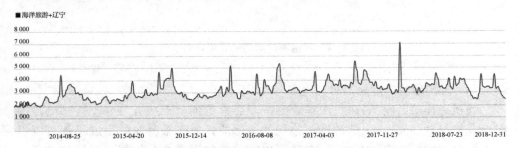

图3-2　基于移动网络＋PC网络端的辽宁海洋旅游的百度指数变化

数据来源:根据百度指数搜索获取,参见:http://index.baidu.com/v2/index.html#/。

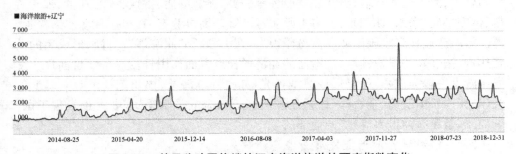

图3-3　基于移动网络端的辽宁海洋旅游的百度指数变化

数据来源:根据百度指数搜索获取,参见:http://index.baidu.com/v2/index.html#/。

（3）海洋旅游消费需求明显升级

以"旅游＋海洋"为关键词获取百度指数可以看出(图3-4),2015年之前,海洋旅游需求随着季节变化存在较大幅度波动态势,而从2016年开始季节性波动逐渐减弱。这种变化趋势说明游客对于海洋旅游产品的需求已由受自然环境影响较大的观光游览活动转向了深度休闲体验性活动,海洋旅游消费需求层次明显升级,表现出明显的休闲化与体验化、散客化与自助化、个性化与多样化、品质化与中高端化等趋势。海上运动、低空旅游、邮轮旅游、潜水旅游等深度体验性海洋旅游产品的市场需求越发旺盛;海岛休闲度假、海洋康养旅游、海洋生态旅游、海洋研学旅游等新业态发展潜力巨大;海洋文化主题公园、海洋文化创意基地、海洋文化旅游小镇、海洋文化休闲渔村、海洋文化艺术节事等逐步成为投资热点。

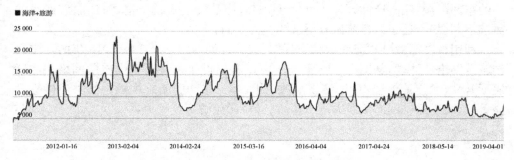

图 3-4 我国海洋旅游的百度指数变化

数据来源:根据百度指数搜索获取,参见:http://index.baidu.com/v2/index.html#/。

(4)海洋旅游产业格局日益完备

通过海洋旅游精品打造、海洋旅游产业要素培训,"十二五"期间,辽宁海洋旅游产业格局日益完备,大旅游产业格局初步形成。海洋旅游业的发展不仅可以满足人民日益增长的海洋文化需求,还可以带动其他海洋产业发展。海洋旅游活动范围涉及近海、深海、大洋的广泛区域,海洋旅游产业活动需要依托滨海配套基础设施建设、海上交通运输、海洋旅游服务等领域,涉及酒店、餐饮、滨海别墅、邮轮游艇、休闲游船、潜水、休闲垂钓、海上娱乐运动等等诸多业态,其产业带动能力极强。海洋旅游产业在辽宁旅游业所占份额很大,在引领新的旅游消费时尚、形成新的消费热点、拓展新的投资领域、创造新的经济增长点方面作用日益显著。目前辽宁滨海旅游发展较为成熟,已经形成海滨观光(如盘锦红海滩、锦州笔架山等)、海滨度假(如大连长山群岛、金石滩、棒棰岛度假区等)、海滨休闲娱乐(如大连发现王国、老虎滩、圣亚海洋世界等)等产业部门。

2)辽宁海洋旅游产业发展新业态新模式

伴随着大众旅游时代到来,旅游者需求倍增,旅游产品组织形式、出游方式、内容类型、服务形式等出现了许多创新变化,旅游业态创新已成为实现我国旅游产业转型升级必由之路[2]。国务院办公厅《关于促进全域旅游发展的指导意见》(国办发〔2018〕15号)明确提出加大旅游产业融合开放力度,提升科技水平、文化内涵、绿色含量,增加创意产品、体验产品、定制产品,发展融合新业态。2018年11月,文化和旅游部出台《关于提升假日及高峰期旅游供给品质的指导意见》(文旅资源发〔2018〕100号),提出加大旅游新业态建设,着力开发文化体验游、乡村民宿游、休闲度假游、生态和谐游、城市购物游、工业遗产游、研学知识游、红色教育游、康养体育游、邮轮游艇游、自驾车房车游等 11 个旅游新业态。

为进一步加快旅游业发展,推动旅游业转型升级,结合辽宁实际,中共辽宁省委办公厅、辽宁省人民政府办公厅出台了《关于进一步加快旅游业发展的实施意见》(辽委办发〔2018〕84 号),意见中提出创意开发研学旅游、森林养生、主题公园、邮轮游艇、体育休闲、低空飞行、精品民宿、自驾露营等新兴业态,丰富旅游产品供给。在一系列政策指引下,辽宁海洋旅游新业态培育有了较大突破。邮轮游艇游取得了较大进展,2015 年,大连港集团启动了国际邮轮中心建设,并于 2016 年 7 月正式开港运营,成为国内为数不多的国际邮轮始发港之一,标志着大连邮轮港建设取得重要进展[3]。自驾车房车游持续升温,辽宁滨海大道的建成通车,使辽宁沿海交通条件得到极大改善,同时这条沿海公路又将辽宁沿海六市连接成旅游观光带,驾车、休闲、观海成为自驾游客的首选主题[4]。此外,环渤海帆船拉力赛、低空飞行体验、康体养生养老、特色主题公园等旅游新业态项目也加快在全省布局。

3.1.3　辽宁海洋旅游产业发展问题分析

1) 海洋旅游发展空间有待扩展

从近三年发展态势来看,国内外游客数量上升缓慢,旅游收入和旅游人数占全省比例基本保持平稳,且有下降趋势。时间序列数据表明,海洋旅游吸引力和产业发展能力一定程度上缺乏上升动能。未来发展需要从资源开发、供给侧改革、海洋文化品位、海洋旅游产业创收能力等方面深入发掘,扩展发展空间。

2) 海洋旅游品牌影响仍然较弱

与长江三角洲和珠江三角洲相比,辽宁海洋旅游业的开发相对薄弱。通过百度指数将辽宁与山东、上海、浙江、广东等海洋旅游业发达地区相比较,潜在游客的搜索指数较低,在我国滨海地区中其影响力和长江三角洲和珠江三角洲相比有较大差距。目前,辽宁沿海经济带海洋旅游产品的开发在国内国际上尚未形成一定的影响力及品牌效应[5]。

3) 海洋旅游配套供给相对滞后

辽宁当前的海洋旅游资源开发状态难以形成高层次、持续性的旅游活动,尤其是营口、锦州、葫芦岛、盘锦、丹东等地区的海洋旅游活动仍然以观光为主,挖掘资源内涵的深度不够,品位不高[6];旅游设施不配套,交通、通讯、吃住、娱乐、疗养等方面的服务与设施滞后。

4) 海洋旅游产业结构亟待升级

辽宁海洋旅游发展仍处在初级阶段,除滨海旅游外,海上、深海、远海旅游等较高层次的海洋旅游类型发展远远落后,旅游吸引力远达不到世界级海洋旅游目的地的水平。海洋旅游过度依赖观光游览业,海洋旅游文化产业没有深度挖掘,造成海洋旅游呈现季节性强、消费档次低的特点。近年来,虽然海岛度假、邮轮旅游、海洋运动旅游、海洋文化旅游等一定程度上拉动了海洋旅游经济的发展,但仍存在供给不足等问题,海洋旅游形式、产品相对单一,基础设施建设标准较低,旅游与文化、历史的联系不够紧密,旅游吸引能力不足,整体上海洋旅游产业亟待升级。

3.1.4 辽宁海洋旅游产业发展条件分析

1) 有利条件

(1) 区位条件优越

辽宁沿海经济带所包含的主要城市为大连、丹东、锦州、营口、盘锦、葫芦岛等,地处环渤海地区重要位置和东北亚经济圈的核心地带,较强的工业实力和较为发达的交通体系在环渤海和东北亚经济圈中占有重要地位。与日本、韩国、朝鲜、蒙古、俄罗斯贸易往来频繁,已经发展成为东北地区对外开放、进行旅游贸易的重要门户,同时也是欧亚大陆通往太平洋的重要通道。交通方面,辽宁沿海经济带拥有东北地区最发达、密集的综合运输网络,辽宁滨海大道将沿海六市紧密地联系在一起。大连港、营口港、丹东港等主要港口,拥有 100 多个万吨以上泊位,同世界 160 多个国家和地区通航,是东北地区唯一的出海通道。此外,还有烟大轮渡、50 多条国内航线和 20 多条国际航线,沈大、哈大、丹大等高速铁路干线,沈大、丹大等多条高速公路,大连、锦州、丹东三个航空港,使辽宁沿海经济带的交通运输线路四通八达,区位优势日益凸显[7]。

(2) 资源优势突出

辽宁沿海丰富的旅游资源,旖旎的海滨风光、宜人的滨海气候,使其成为中外旅客避暑、度假、休闲的胜地(表3-2)。辽宁海域(大陆架)面积 15 万平方公里,其中近海水域面积 6.4 万平方公里。陆地海岸线东起鸭绿江口,西至绥中县老龙头,全长 2 292.4 公里,占全国海岸线长的 12%,居全国第 5 位;拥有海洋岛屿 266 个,面积 191.5 平方公里,占全国海洋岛屿总面积的 0.24%,岛屿岸线全长 627.6 公里,占全国岛屿岸线长的 5%①。主要岛屿有外长山列岛、里长山列岛、石城列岛、大鹿岛、菊花岛和长兴岛等,是中国海岛数量较多的省份之一。由于海岸类型、海岸与海域地质地貌、海水动力条件及历史文化积淀等诸多因素的差异,其海洋旅游资源具有鲜明的地区特点[1]。

---

① 数据来源:http://www.ln.gov.cn/zjln/zrgm/。

表3-2　辽宁省主要海洋旅游资源

地区	旅游资源
大连	长山群岛国际旅游度假区、发现王国、金石滩高尔夫、金石滩度假区、白石湾浴场、大连老虎滩海洋公园、棒棰岛风景区、星海湾、傅家庄海滨风景区、圣亚极地海洋世界、海王九岛、石城岛、旅顺口风景区、万忠墓、蛇博物馆、日俄监狱旧址博物馆、旅顺军港和世界和平公园等
营口	仙人湾海滨、仙人岛风景区、望儿山风景区、天沐温泉、大辽河口、西炮台遗址和楞严禅寺等
盘锦	红海滩、双台子河口自然保护区和辽河碑林等
锦州	笔架山风景区、辽沈战役纪念馆、北普陀山等
葫芦岛	兴城古城、兴城温泉、兴城海滨、菊花岛、碣石、九门口水上长城、永安长城和龙潭大峡谷等
丹东	鸭绿江风景名胜区、东港滨海湿地自然保护区、大孤山风景名胜区、虎山长城、抗美援朝纪念馆、獐岛、大鹿岛、小岛、河口风景区等

数据来源:《辽宁省旅游发展总体规划(2008—2020)》。

（3）市场基础良好

辽宁沿海地区是本省经济发达地区,地区生产总值占全省50%以上,较为发达的经济为海洋旅游业的发展提供保障(表3-3)。辽宁沿海经济带所处的东北亚地区,是全球经济发展最快的区域之一,也是最具发展潜力的区域,在全球经济发展中发挥重要的作用,周边俄罗斯、韩国、日本等国经济发达,是辽宁重要的入境旅游客源国。在国内客源市场中,通过百度指数人群画像功能分析,对辽宁海洋旅游网络关注最高的区域为东北、华东区域;按省份划分中,除本省外,排名在前五的省份为:广东、北京、江苏、浙江、山东;城市网络关注排名中,除本省城市外,排名在前五的为:北京、上海、成都、广州、杭州。可以看出,辽宁海洋旅游的国内旅游客源地主要集中在环渤海、长三角、珠三角等经济发达、消费水平较高的区域,为辽宁海洋旅游产业发展提供了良好的客源市场基础。

表3-3　2018年辽宁沿海地区经济发展水平

地区	生产总值（亿元）				人均生产总值（元）
	总产值	第一产业	第二产业	第三产业	
大连	7 668.48	442.70	3 241.58	3 984.20	109 644
丹东	816.74	136.35	249.60	430.79	34 193
锦州	1 192.41	180.18	416.82	595.41	39 211
营口	1 346.72	102.57	597.69	646.46	55 295

地区	生产总值(亿元)				人均生产总值（元）
	总产值	第一产业	第二产业	第三产业	
盘锦	1 216.58	96.78	616.21	503.59	84 602
葫芦岛	812.78	123.57	343.62	345.59	32 012
合计	13 053.71	1 082.15	5 465.52	6 506.04	—
辽宁省	25 732.85	2 033.30	10 510.41	13 189.14	58 008
沿海地区生产总值占全省比重(%)	50.73	53.22	52.00	49.33	—

数据来源：《辽宁统计年鉴2019》；备注："—"表示无数据。

（4）战略机遇凸显

自党的十八大报告首次提出实施海洋强国战略以来，以习近平同志为核心的党中央对建设海洋强国做出了一系列重要部署，解决了当前我国海洋发展面临的诸多重大现实问题。党的十八大以来，我国加快海洋资源供给侧结构性改革，着力解决海洋经济发展不平衡、不协调、不可持续等问题。海洋新产品、新技术、新服务等新型业态不断涌现，海洋经济向质量效益型加速转变，总体呈现稳中有进、稳中有好、稳中有优的良好发展态势。在党的十九大报告中，习近平总书记明确要求"坚持陆海统筹，加快建设海洋强国"，海洋旅游业在调整海洋产业结构、提高海洋经济效益、推动海洋经济向质量效益型转变方面，将发挥重要作用。进入"十三五"发展时期，我国经济发展潜力巨大，经济发展方式加快转变，经济长期向好基本面没有变，新的更大的发展机会和增长动力正在加速孕育。此外，新一轮东北振兴和"一带一路"建设、京津冀协同发展、长江经济带建设等重大国家战略同步实施，也必将使辽宁海洋旅游业的发展动能和优势得到充分释放。

2）不利条件

（1）海洋旅游活动季节性强，地区发展差异明显

受到我国法定节假日、辽宁沿海地区气候和海洋旅游产品的影响，辽宁海洋旅游活动表现出非常明显的季节性，在每年5月1日劳动节和10月1日国庆节期间，会形成两个旅游小高峰。6至9月时间段，由于辽宁滨海地区气候舒适且和在校学生暑假假期重叠，形成了每年的暑期旅游高峰时段。每年10月至来年4月期间，由于东北地区气候寒冷，游客数量极少。但由于近两年冬季海洋旅游产品的深入开发和持续的旅游消费宣传引导，百度指数的季节差异在逐渐缩小。从各地的百度指数对比来看，大连最高，其次为丹东，而营口、盘锦、锦州、葫芦岛网络关注度很低，区域间网络关注度差异显著。从2018年旅游业发展数据来看，辽宁海洋旅游业高度集中在大连和丹东两地，其余地区占份额较小（图3-5）。

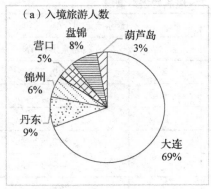
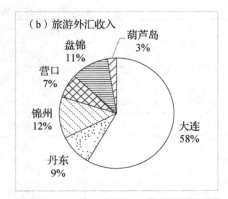
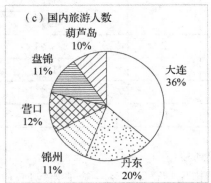
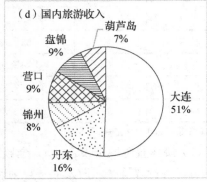

图3-5 辽宁沿海地区旅游业发展指标

数据来源:《辽宁统计年鉴2019》。

(2)海洋旅游资源开发度低,区域竞争能力不强

长久以来,东部沿海地区一直都是我国旅游业发展的重点区域,各省市海洋旅游资源特色鲜明,竞争优势突出,品牌影响较大。如青岛依靠崂山蓬莱的山水风景,别样风情的异邦建筑群和名闻天下的海洋旅游节,正在树立海洋文化名城的形象;舟山的"普陀海天佛国"与沈家门海鲜市场也体现出其独特的城市魅力;而深圳则具有较为完善的人工景观。辽宁海洋旅游在我国11个滨海省市中,海洋旅游产业开发程度较低,仍多为传统的"3S"(Sun,Sea,Sand)型产品,缺乏特色,参与性活动的开发度不高,缺少精品,海洋旅游业发展相对落后。2018年,接待入境过夜旅游人数仅为广东的7.68%,旅游外汇收入仅为广东的8.48%(表3-4)。在旅游资源优势突出的情况下,辽宁市场竞争力低于沿海地区平均水平,充分说明辽宁海洋旅游业在竞争中处于劣势。

表 3-4　2018 年我国滨海地区入境旅游接待情况

省（市）	入境过夜游客		国际旅游收入	
	排名	数量（万人次）	排名	数量（万美元）
辽宁	8	287.70	8	1 739.58
天津	11	58.96	9	1 109.85
河北	10	98.86	11	646.67
山东	6	422.00	4	3 292.82
江苏	7	400.85	3	4 648.36
上海	2	742.04	2	7 261.39
浙江	5	430.13	7	2 595.79
福建	4	513.55	5	2 828.21
广东	1	3 748.06	1	20 511.74
广西	3	562.33	6	2 777.73
海南	9	126.36	10	770.52

数据来源：《2019 中国统计年鉴》。

（3）海洋旅游城市整合性弱，全域统筹规划缺位

由于各行政区域旅游发展各自为政，旅游市场整合缺乏统一管理和规划，旅游开发随意性较强，各市的旅游呈现重复性、低品质、多零散、小规模开发状态。打造特色辽宁滨海旅游城市群的力度不足。由于各市发展相对独立，整合性不强，缺乏统一的规划，各地区都主打滨海旅游的发展使得绵长的滨海旅游资源割裂，丧失特色，造成资源浪费，不利于沿海经济带旅游资源及滨海旅游城市群的整合。

3.1.5　辽宁海洋旅游产业发展的重点领域

依据国家《"十三五"旅游业发展规划》《全国海洋经济发展"十三五"规划》《国务院办公厅关于促进全域旅游发展的指导意见》（国办发〔2018〕15 号）、中共辽宁省委省政府《关于进一步加快旅游业发展的实施意见》（辽委办发〔2018〕84 号）、《辽宁省旅游业发展"十三五"规划》等政策文件，有关我国海洋旅游业和辽宁海洋旅游业发展的总体部署和意见，辽宁海洋旅游产业发展的重点领域主要集中在以下几个方面：

1）积极推进避暑休闲度假产业

以东戴河、长山群岛度假区、红海滩—辽河湿地为重点引领区域，充分利用辽宁沿海避暑气候优势，融合温泉、滨海、海岛、湿地等优质避暑资源，着力开发海洋避暑旅游产品，集中全省力量重点打造长山群岛国际避暑度假旅游区、东戴河海滨避暑休

闲度假区,推动建设一批避暑度假目的地,着力培育海岛避暑、海滨避暑、湿地避暑等旅游产品,重点开发海滨避暑休闲区、海岛避暑度假基地和湿地避暑公园。

2)大力促进海洋产业融合发展

推动海洋旅游产业与海洋生态环境保护、现代渔业、海洋装备制造业、海洋文化产业融合,紧密结合美丽海岛、海岸海岛治理、湿地保护利用、海洋牧场、海洋文化等工作,促进海洋旅游产业融合发展。发挥辽宁海洋工业优势,大力发展邮轮游艇、汽车房车、户外装备、环保厕所、旅游新型环保建筑材料等旅游制造业,培育海洋旅游装备产业集群。推动海洋旅游产业与海洋文化融合,打造具有东北特色的海洋渔业生产文化、民俗文化、宗教文化等主题文化旅游示范区。以文化旅游资源特别是红色旅游资源为载体,创建国家级社会主义核心价值观培训基地和青少年学生夏令营、冬令营教育基地。

3)重点培育海洋旅游新兴业态

推动旅游与交通、环保、国土、海洋、气象融合发展。依托滨海大道及其辐射的生态和文化资源优势,优先推进辽宁滨海大道自驾车旅游精品线建设,加快建设滨海自驾车房车旅游营地和自驾车风景廊道,打造世界级自驾游精品线路;积极开发辽宁近海邮轮航线,加快邮轮母港建设,发展邮轮游艇旅游、远洋观光旅游;加快开发高端医疗、康复疗养、休闲养生、海上禅修等健康旅游;大力发展帆船竞技、海上垂钓等休闲体育旅游。

4)全力推动陆海统筹协调发展

做好海洋旅游产业与辽宁陆域旅游的区域统筹,协调海洋旅游资源与陆地资源的关系,加强政策引导与支持,实现海陆资源互补,推动辽宁海洋旅游与温泉、冰雪、节庆、生态乡村、美食、户外运动等丰富的旅游资源有机组合,构建海岛—海岸—温泉—冰雪—古迹(历史)—美食旅游模式,形成发展合力,凸显地方特色。特别是在冬季,要适时推出冬季特色游项目,解决海洋旅游的季节差问题。

5)积极探索军民融合创新模式

积极探索海洋旅游领域军民融合发展,紧紧围绕建设海洋强国和建设世界一流海军的国家战略,统筹安全和发展、军用与民用、战时与平时、当前与长远的需求,重点推动基础设施融合、力量发展融合、行动协同融合和科技创新融合。在民用航空、军事文化等领域推动军民融合深度发展,推进大连、葫芦岛军民融合特色产业基地建设,打造海军国防特色旅游功能区和海军主题文化旅游区,从而形成国防军事科技与教育、文化、旅游诸产业深度融合的发展模式。开发低空旅游、军事文化主题公园、红色爱国主义教育基地、军事体验训练营等海洋旅游新业态。

6）集中打造海洋旅游产业集聚区

以高 A 级旅游景区、国家级旅游度假区、旅游综合体为依托，以集群化、产业化为发展方向，集中打造休闲度假功能强、管理服务品质好、国际化程度高、产出规模大、经营效益显著的海洋旅游产业集聚区。结合各地区位条件和资源优势，重点发展大连金石滩—长山群岛旅游产业集聚区、丹东鸭绿江旅游产业集聚区、大连滨海度假旅游产业集聚区、营口滨海温泉旅游集聚区、葫芦岛海滨旅游产业集群区、辽河口红海滩湿地休闲度假产业集聚区、锦州滨海旅游产业集群区、丹东大孤山—北黄海温泉—大鹿岛旅游产业集群区、葫芦岛觉华岛旅游产业集群区。

3.1.6　辽宁海洋旅游产业发展战略及对策建议

1）发展战略

围绕党中央、国务院对东北旅游产业定位的总体要求和辽宁省委省政府对辽宁旅游产业发展的统筹规划，从区域发展全局出发，统一规划，整合资源，凝聚全域旅游发展新合力，陆海融合、产业融合、军民融合为海洋旅游发展提供新动能，依托海洋、海岛优质资源，以海洋休闲度假为主线，大力推进"旅游＋"，深化供给侧结构性改革，全方位打造以海洋避暑休闲旅游、滨海自驾旅游、海洋休闲体育旅游、海洋文化旅游、邮轮游艇旅游、远洋观光旅游、海洋康养旅游等为产品支持的海洋旅游产业综合体，把辽宁滨海地区建设成为"世界知名生态休闲旅游目的地"。

2）政策建议

（1）统筹区域发展，打造海洋旅游发展整体优势

按照辽宁省构建"一圈两带一区"的旅游产业布局，重点打造以大连市为龙头，紧密连接丹东、锦州、营口、盘锦、葫芦岛市的沿海旅游带，依托滨海大道，要围绕打造海洋旅游整体形象的要求，积极进行产业结构调整，积极进行海洋旅游产业结构调整，重点开发具有区域比较优势的旅游资源及其产品，跨区域组合包装海洋旅游线路，打造辽宁海洋旅游发展的整体优势[8]。

（2）整合旅游资源，提升海洋旅游创新发展能力

围绕休闲度假、研学、养老、健康等大众化旅游消费市场需求，以辽宁特有的"滩、海、岛、港、渔"五大海洋要素，整合创新旅游业态和旅游产品，寻求自身的市场定位与文化定位，坚持精品化战略，深入挖掘产品的历史底蕴与文化内涵，开发特色旅游产品延伸产业链条，培育旅游消费热点，扩展旅游消费空间。积极发展自驾游、体育赛事游、邮轮游艇游、展会节庆游等新型旅游业态，提升海洋旅游业创新发展能力。

（3）培育旅游品牌，增强海洋旅游产品竞争实力

鼓励各地区创建国家级旅游产业区，培育知名旅游品牌，打造系列旅游精品。

持续培育精品线路、精品景区等特色旅游品牌。支持打造"浪漫之都,时尚大连""山海福地,锦绣之州——锦州"等城市旅游目的地品牌。打造鸭绿江精品旅游带、东戴河海湾旅游度假带、辽西古文化旅游带、辽河口红海滩湿地休闲度假区、大医巫闾山观光度假区等区域旅游品牌,增强海洋旅游产品竞争实力。

（4）创新产品开发,深化海洋旅游业供给侧改革

狠抓重点旅游项目建设,创新开发海洋旅游产品,优化旅游产品供给结构,在观光、度假产品基础上,构建包含海洋文化旅游、体育竞技旅游、科普教育旅游、民俗旅游、海岛及远洋探险旅游、豪华邮轮旅游、潜水观光旅游、节事旅游、商务会议旅游等多种旅游的立体产品格局[9]。推动海洋旅游与相关产业融合发展,积极促进"旅游＋文化""旅游＋生态""旅游＋渔业""旅游＋体育"的深入融合,推动海洋旅游传统业态转型升级,深化海洋旅游业供给侧结构性改革。

（5）健全管理体制,优化海洋旅游发展营商环境

深入贯彻落实以习近平同志为核心的党中央对东北老工业基地振兴发展和营商环境建设做出的重要批示,贯彻落实《辽宁省优化营商环境条例》。加强海洋旅游的法制建设,营造公平公正的法治环境。强化行政管理队伍建设,夯实从业人员培养机制,加强廉政建设和软环境建设,建立长效工作机制。做好海洋旅游产业发展的规划和管理,强化服务意识,完善政务管理,推进简政放权,提高行政审批、投资审批效率,全面提升市场监管能力。规范行政执法检查、涉企收费等政府行为,保护企业合法经营,切实减轻企业负担。强化政府招商引资服务功能,平等对待各类市场主体,完善政府守信践诺机制,维护企业合法权益。

3.2　辽宁海洋交通运输业发展研究

3.2.1　辽宁海洋交通运输业发展现状、形势与新模式

1）辽宁海洋交通运输业发展现状

辽宁是中国东北地区唯一的沿海省份,南濒浩瀚的渤海与黄海,大陆海岸线东起鸭绿江口,西至辽冀海域行政区域界线,沿海城市众多,港口密集,交通发达。港口作为海洋交通运输的最基本要素,其分布与运行状态综合反映了海洋交通运输业的发展状况与问题[10]。

辽宁省港口位于东北地区的最南端,东接朝鲜,北近俄罗斯,南望日本、韩国,处于东北亚地区的中心位置,是东北三省和内蒙古东部地区内外贸易最便捷的海上通道。辽宁省现有大连港、营口港、丹东港、锦州港、盘锦港、葫芦岛港六

大港口。

2019 年,辽宁省港口累计货物吞吐量达 86 124 万吨,集装箱吞吐量达 1 689 万 TEU(国际标准箱单位)。其中,丹东港货物吞吐量为 5 669 万吨,同比增长 56.3%;大连港货物吞吐量为 36 641 万吨,同比增长 104.3%;营口港货物吞吐量 为 23 818 万吨,同比增长 64.4%;盘锦港货物吞吐量为 4 756 万吨①。

(1)大连港

大连港是我国北方港口中最接近国际主航线的港口,又因地处欧亚大陆的中心位置,因此在环渤海经济圈中占有核心地位。大连港距离经济实力雄厚的邻国日本、韩国较近,并且与美国、加拿大等著名港口结为友好港[11]。大连港地处东北亚经济圈中心,港阔水深,不淤不冻,是中国北方面向太平洋、走向世界的海上门户。随着大连东北亚国际航运中心建设和辽宁沿海经济带开发开放上升为国家战略,大连港集团呈现快速发展的态势。现已拥有集装箱、原油、成品油、散矿、粮食、煤炭、滚装等现代化专业泊位 100 多个,万吨级以上泊位 70 多个,实现了世界上有多大的船,大连港就有多大的码头,集装箱码头可靠泊 3E 级 1.8 万 TEU 集装箱船舶,内外贸集装箱班轮航线 100 余条,航线网络覆盖国内外 100 多个港口,是东北地区重要的集装箱枢纽港,外贸集装箱吞吐量占东北口岸的 97%。2006 年 4 月,大连港集团控股的大连港股份有限公司在香港联合交易所成功挂牌上市。2010 年 12 月 6 日,大连港股份有限公司成功回归 A 股市场,并实现了大连港集团港口物流业务的整体上市,成为国内首家同时拥有 A+H 双融资平台的港口类上市公司。2019 年,大连港货物吞吐量为 36 641 万吨,同比增长 104.3%。

(2)营口港

营口港对外开埠于 1861 年,现有营口、鲅鱼圈、仙人岛、盘锦、绥中五个港区,整体区位优势突出,地处丝绸之路经济带和海上丝绸之路的交汇区及"京津冀协同发展"与"东北老工业基地振兴"两大战略区的结合部,是国家"一带一路"倡议中既在"带"上又在"路"上的港口,是丝绸之路经济带东线在中国境内的最近出海口,是承接中欧物流运输重要的中转港,也是环渤海经济区的重要枢纽港[12]。

营口港货物吞吐量排名全国沿海港口前十位,资产规模在辽宁省属国有企业中排名第一。现有外贸直航航线 4 条,分别是东南亚航线、日本关东航线、韩国釜山航线、韩国仁川航线。另有通过天津、大连、宁波、上海中转世界各地的外贸内支线 4 条。外贸直航航线和外贸内支线合计可达到每月 50 班次以上。现有的内贸集装箱航线已覆盖中国沿海 30 个主要港口,运量占东北港口的 2/3。2015 年 9 月

---

① 数据来源:中国交通运输部实时数据 http://www.mot.gov.cn/shuju/,本节下文中各港口 2019 年吞吐量数据均来自该信息源。

3日,营口港与俄罗斯铁路股份公司在习近平总书记和普京总统的共同见证下签署了合作备忘录,将营口港"TEU"战略推向了新的高度。营口港将通过"TEU"战略,实现由过去的"终点港"向"一带一路"的中转港转变。2019年营口港货物吞吐量为23 818万吨,同比上一年增长64.4%。

（3）丹东港

丹东港位于我国大陆海岸线最北端,是我国东北东部地区唯一出海通道,也是国家"一带一路"建设北方起点,已与日本、韩国、美国、巴西、俄罗斯等全球100多个国家的港口开通了海上货物运输业务[13]。丹东港现有3个港区,大东港核心港区、浪头港区、一撮毛港区。共有泊位53个,其中,有粮食专业化泊位4个,客货滚装泊位1个,10万吨级煤炭、矿石自动化泊位2个,集装箱专业化泊位6个,其余为具备多种功能的散杂货泊位。最大泊位为30万吨级自动化矿石泊位。在已建成使用的泊位中,有18个为5万吨级以上泊位。2019年,丹东港货物吞吐量为5 669万吨,相比上一年同比增长56.3%。

（4）锦州港

锦州港按照总体规划,自然海岸线长4.4公里,港口规划区域56.3平方公里,其中陆域24.3平方公里,水域32平方公里。码头岸线总长140 18米,共分5个港池,可建52个泊位。截至2017年底,锦州港共有生产性泊位23个,其中万吨级以上泊位21个,最大泊位水工结构为25万吨级。整个港区从东到西形成石化作业区、粮食及件杂货作业区、集装箱作业区、油品作业区、通用散杂货作业区、专业化散货作业区和预留发展区。航道等级为5万吨级双向、25万吨级单向航道,设计通过能力近2亿吨。2017年,港口建设累计完成投资7.37亿元,重点建设了锦州港油品罐区(二期)工程,共完成货物吞吐量10 510.97万吨,外贸进出口货物吞吐量完成1 170.49万吨,集装箱运输完成121.77万TEU。2019年,锦州港口岸吞吐量同比增长3.5%,连续3年突破亿吨大关,位于全国沿海港口排名第23位;全年实现营业收入703 261万元,同比增长18.76%。

（5）盘锦港

盘锦港位于松辽平原南部,辽河入海口,港口背依盘锦市和辽河油田、渤海,是东北地区的出海门户之一。盘锦港直接腹地为盘锦市及盘锦市周边地区,间接腹地为辽宁中西部地区。目前盘锦港主要以油品、集装箱、散杂货、件杂货等货物运输为主,2017年港口完成吞吐量3 448万吨,集装箱运输41.7万TEU。2019年,盘锦港货物吞吐量为4 756万吨。

（6）葫芦岛港

葫芦岛港总体规划34个生产泊位,计划年吞吐量1亿吨。目前拥有500吨级以上泊位32个,其中货运泊位17个,舾装泊位8个,客运泊位7个,全港综合设计通过能力 2 984 万吨/年,客运设计通过能力 50 万人/年。港口公共基础设施和集疏运体系基本满足港口生产需求,葫芦岛港一港四区中,已形成柳条沟港区和绥中港区两个规模化港区,为我国东北地区、蒙东地区新增两条下水通道。

2) 辽宁省海洋交通运输业发展趋势

(1) 港口与城市规划、建设与布局一体化

港城发展的相互交融,推动临港产业成为城市产业主体的新发展模式。港口与城市的空间布局、战略定位,逐渐由早期的"以城兴港"或"以港兴城"转变为港口与城市的一体化,并集中反映在港口与城市的规划、建设与布局的协同化发展。

(2) 港口与经济腹地呈现围绕港口协调化发展局面

港口日益成为其所辐射区域外向型经济的决策、组织与运行基地[14]。港口不单是物流中心,现在已成为区域乃至全球的信息中转站。区域内的产业布局、信息网络、人才供应以及各种软硬件快速向港口积聚,同时政策法规也不断向港口倾斜,从而实现了港口与经济腹地呈现出围绕港口协调化发展的局面。需要指出的是,这种经济协调发展的动向,在拥有广阔陆向经济腹地的港口所在区域中,表现得尤为明显。

(3) 相邻港口竞合并存,但主要为竞争

港口是运输的关键节点,港口发展需要依靠港口网络的涌现作用。因此,港口需要依靠合作才能有效提高运输效率。但相邻港口之间仍然以维护本地经济利益为主。其表现最明显者,即各港口所在的城市或所直接辐射的陆向经济腹地,都在集中力量发展其本区域的港口,并尽可能使本地区的物流量经由本区域的港口去处理,从而避免或减少经由其他地区港口处理的中转量。

(4) 港口功能定位从"多元化"转向"基地化"

随着信息化的进步,导致以往并行分散、主次混合的"多元化"港口功能定位,开始在技术的驱动下朝着集生产、运输、经贸和服务于一身的新功能定位方向转变,即港口已开始跳出传统意义上的以处理客货物流为主要功能的框架,发展成为整合处理各种经济活动和信息的基地。

(5) 港口建设进一步深水化、大型化和无人化

随着船舶运载能力以及自动化技术的不断提升,港口建设呈现出进一步深水化、大型化和无人化的态势。目前排名全球前 30 位的集装箱港口中,已有 20 个以上具有 15 米以上的深水泊位,10 万吨级以上的集装箱码头、20 万吨级以上的干散货码头以及 30 万吨级以上的原油码头。另外,人工智能以及现代信息技术的不断发展,推动了港口逐渐由早期的半自动化转变为全自动化,并朝着无人化方向快速发展。

(6) 地理布局上主辅相配、层次分明的网络化

以全球性或区域性国际航运中心的港口为主体的、以地区性枢纽港和支线港

为辅助的港口网络已经或正在形成。通过行政管理、产权纽带、联盟经营等多种渠道结成的"组合港",正在成为世界各地港口界着力探讨和施行的热点。

（7）管理信息化、控制智能化、位移高效化和生态绿色化

港口日益成为其所在城市的公共信息平台,以现代数码、定位信息和网络技术为支撑,各类可以对物质流、商务流、金融流、人才流进行主动、有效实时监视和处理的控制系统已纷纷亮相;新一代具有更大外伸距、起吊力和纵横运动速度的专门港机已开始投入运营,在港城的海陆开发与建设中,先进的环保技术与生态技术也得到了空前的重视和应用。

3）辽宁海洋交通运输业发展新业态新模式

（1）港口信息化

辽宁省致力于推进港口数字化进程,注重通过现代信息技术和人工智能技术等应用,提升港口运营效率与服务水平[15]。一是建立完善的信息化基础设施。利用局域网、云计算、移动终端设备、物联网、GIS、视频监控系统等,为港区、码头、堆场及港口物流等数字化、网络化管理提供基础支撑。二是建立港口运营管理CITOS系统,实现信息系统指令与码头机械设备控制功能的无缝衔接,使各种港口资源高效、合理地分配和调度。三是建立互联互通的信息平台 Portbase System,继续加强腹地运输网络优势,整合相关港口服务,打通港口价值链上下游环节的数据流,促进政府职能部门、航运公司、物流企业、金融和法律服务机构等一起高效运作。四是建立港口大数据中心,实现港口价值链信息资源集中统一管理,开展基于大数据的基础建设、生产管理、客户服务、市场预测等创新应用,为相关方提供及时、准确、标准化的数据服务。

（2）港口智能化

通过现代信息技术、自动化技术、智能化机械设备等应用,辽宁省港口运营走向智能化、柔性化水平[16-17]。为应对劳动力成本攀升、港口空间资源相对有限、运营成本上升的挑战,智能化集装箱码头逐渐取代传统港口。通过大数据、物联网、智能控制、智能计算等技术手段,强化了码头前沿水平运输作业、堆场内作业、道口进出等全过程的自动化、一体化控制。通过现代科技的深度融合应用,提高了码头运营效率和柔性水平。

（3）运输网络融合

辽宁省开始重视腹地运输网络的优化完善,打造便捷、安全、高效、可靠的港口集疏运体系,大力发展内陆多式联运[18]。外通综合交通网络（水路网、高速公路网和铁路网）与各城市连接,覆盖了主要市场和工业区;内连各港区码头,衔接临港工业区和港口所在市区。铁路线路直接延伸至港口作业区,实现海铁联运无缝化衔接。发达的腹地运输网络,有力保障了港口的集聚效应和扩散效应。

3.2.2 辽宁海洋交通运输业发展问题分析

1）腹地工业制约港口物流发展

沿海港口不仅承担了东北地区绝大部分外贸物资的运输任务,也是腹地石化、钢铁等主导产业发展的重要依托[19]。港口的发展主要以腹地经济为动力,辽宁港口的临港工业动力来源于腹地区域的原材料加工,所以临港工业受腹地资源类型、资源丰富程度的影响很大,这决定了加强沿海港口联合与合理分工,走一体化发展的道路是必然选择。同时,港口产业加快发展,是东北地区优化产业布局的重要依托。近年来,由于辽宁腹地经济发展缓慢,地区产业对港口发展的推动作用不断弱化,致使腹地工业制约着港口物流的发展。

2）盲目追求吞吐量导致港口恶性竞争

国内港口普遍存在着单纯追求吞吐量的现象,以提高吞吐量作为经济发展的政绩。而港口竞争基本处在低端竞争态势,很多港口为了单纯追求货物吞吐量,不惜采取杀价竞争的策略[20]。相互杀价行为虽然推升了部分区域的货物吞吐量,但港口利润并没有同比提高,这些竞争策略变成了行政措施而非市场措施。辽宁 6 港整合有利于消除区域内港口的低端恶性竞争,形成辽宁港口整体发展的优势,同时整合已成为当前世界港口的一种发展潮流。在港口为适应船舶大型化而规模越来越大的今天,港口之间的这种整合显得十分重要,既有利于整合各方竞争力的提高,也有利于港口资源的充分利用和合理配置。

3）各自为政阻碍港口资源整合进程

港口资源是沿海各区域最大的优势资源。实践证明,区域港口一体化不但能提升港口自身的形象和地位,也为区域经济的发展和城市的发展注入强大动力[21]。尽管如此,但在实际操作中,港口整合还面临诸多难题。"腹地型"经济决定一体化,与我国京津冀地区、福建、广东等其他沿海地区"市场型"的港口不同,辽宁沿海港口多属于"腹地型"。辽宁省港口将形成以大连和营口为龙头共同发展的竞争态势。因此,大连将整合锦州、葫芦岛、丹东等港口资源,而营口港将整合盘锦等周围小港口,大连和营口将形成优势互补、区别发展的港口群。而由于各港口技术和管理水平参差不齐,想达到优化整合、布局合理的港口物流发展,存在一定难度。

3.2.3 辽宁海洋交通运输业发展条件分析

1）有利条件

（1）具有得天独厚的区位优势

辽宁濒临渤海与黄海,处于东北亚的核心区域,背靠广袤的工业腹地,有 6 座沿海城市,港口密集、交通发达,是我国东北唯一的沿海省份,是我国近代开埠最早的省份之一,也是东北地区及内蒙古东四盟连通世界的海上门户。辽宁沿海经济带拥有整个东北地区作为其腹地范围。东北地区地处东北亚核心地带,由东北三省与内蒙古东四盟市组成,是我国最早形成并在结构上相对完整的大经济区。东北地区资源丰富且地域组合条件好,综合交通运输网络发达,是以石油化工、钢铁、矿冶机电设备、交通运输设备制造为主导产业的全国最大的重工业基地,工业体系完善、行业门类齐全、配套性好、专业性强,同时拥有众多竞争力较强的大中型企业。另外,东北地区也是重要的粮食、原木及畜产品生产基地。

(2)沿海与腹地经济发展强势

辽宁沿海作为中国目前最具发展潜力的区域之一,自辽宁沿海经济带上升为国家战略以来,沿海六个沿海城市在国家金字招牌下开发开放速度明显加快,各项经济指标增幅明显走在全国前列,这让港口的开发建设和临港产业得以迅速发展。而且东北与内蒙古等内陆腹地的强势发展也为港口和临港产业的大规模建设起到了有力支撑。

(3)具有超前谋划的基础建设

在交通运输方面,目前已形成了以港口为门户,铁路为动脉,公路为骨架,民用航空、管道运输、海上运输相配套的四通八达的综合立体交叉运输网。在临港园区建设方面经过多年建设,各地基本形成了各自特色鲜明、基础设施完备的园区体系。辽宁沿海经济带在产业发展方面,基础条件十分优良。辽宁沿海经济带是辽宁重要的工业集聚区,也是国家新型产业基地之一,具备承接国际国内产业转移的能力,也是推进辽宁省产业结构优化升级的重要组成部分。辽宁沿海经济带造船、机床、内燃机车、成套设备等装备制造业较为发达,具备较强的国际竞争力;石油化工、冶金等原材料工业在国内具有重要地位;石油、电力等能源工业也初具规模,同时也具备依靠自主创新发展高新技术产业的基础和潜力。大连地区包括花园口经济区、长兴岛临港工业园区等在内的"两区一带"装备制造业集聚区已经初具规模,具备承接国际产业转移、带动区域发展的能力,是沿海经济带开发建设的核心区域。营口地区主要以发展冶金、石化、装备制造等产业为主,并配套和发展产业延伸项目,临港产业格局也基本形成。

(4)区域政策优势显著

近年来,国家从全国产业结构升级、优化布局以及区域协调发展角度,将振兴东北等老工业基地作为发展重点,并给予了一系列的优惠政策。一是国家对振兴东北老工业基地给予的政策倾斜,这些政策给辽宁沿海扩大对外开放创造了良好的政策环境,这使得东北亚区域合作日渐深入,外资、民资北上趋势日益凸显;二是辽宁沿海经济带上升国家战略后好的政策接踵而来,这包括了财税增量返还、免收涉企行政性收费、金融支持、下放经济管理权限,以及拓展融资渠道、人才引进、创新管理体制、改善软环境等方面的优惠政策措施。三是国家一系列的产业振兴规划的出台为沿海的产业发展指明了方向。在一系列特殊政策吸引下,国内外知名企业和各路资本抢滩辽宁沿海的速度明显加快。一大批重点产业项目正加紧向临港布局,港口和临港产业已经步入了发展的黄金时期。

2)不利条件

(1)产业集聚程度较低

辽宁临港产业的发展滞后于港口建设,而且所形成的临港产业目前规模还不够大、集中度不高,许多项目产业层次偏低。这些年来落户在各园区的许多项目与港口关联度并不强,产业链条还很短,缺少依赖港口的重特大项目,在参与国内外的竞争能力上也不是很强。

(2)季节性的影响较大

辽宁的港口除了几个深水港口受冬季冰冻影响较小外,其他港口都有冰封期,这无形中使港口的运能受到一定的影响,而且也会大大增加港口运行的成本。

(3)全球不确定因素复杂

全球性的金融危机虽然已经过去,但全球金融体系仍然十分脆弱;进出口贸易虽然大幅上扬,但针对我国的贸易保护主义措施开始增多;国内外市场需求虽然空间较大,但港口和临港产业体系还不够科学,等等。这一系列不确定因素都对发展中的辽宁港口和临港产业构成潜在威胁。

(4)资金与人才的瓶颈制约较大

港口和临港产业的基础建设不仅时期较长,而且所需启动资金也较大。在当前加速建设时期,能否有效突破资金瓶颈是关系未来发展的关键。再者由于我国沿海区域港口和临港产业的快速发展,也造成了相关专业人才的短缺,尤其是高端人才更是凤毛麟角。

3.2.4 辽宁海洋交通运输业战略及对策建议

1)发展战略

全面贯彻落实党的十九大精神,继续统筹推进"五位一体"总体布局和"四个全面"战略布局,牢固树立新发展理念,积极融入"一带一路"建设和京津冀协同发展,主动适应经济发展新常态,深化供给侧结构性改革,坚持以强化弱项、补齐短板为主攻方向。坚持以陆海统筹为基调,促进港城融合,推进智慧港口建设,着力优化临港产业,坚守生态底线,提高港口综合韧性水平,切实提高交通运输发展质量和效益,充分发挥综合交通运输体系在经济社会发展中的支撑作用,为辽宁振兴发展和全面建成小康社会提供交通运输保障。

2）政策建议

（1）合理确定集装箱港口规模，促进科学发展

科学规划集装箱港口发展，合理引导港口资源。集装箱港口应统筹建设进度和建设规模，提升岸线资源的利用率，走内涵式发展道路，增强港口发展水平和竞争力。目前，我国沿海、内河集装箱港口建设热情依旧，片面追求港口规模、盲目扩张的现象较为突出，港口企业效益下滑。因此，如何合理控制集装箱港口建设力度，维持吞吐能力适度超前，保持码头公司合理盈利水平、促进集装箱港口科学发展是集装箱企业亟待解决的问题。在保持港口合理建设规模的关键问题上，可借鉴国外港口调整政策的启示，确定合理的"击发点"机制。

（2）加强技术改造和信息化建设，促进效率提升

加大技术改造力度，充分发挥现有设施设备能力，坚持应用先进技术与淘汰落后工艺并举的集装箱港口发展方向。技术改造以货源和船型变化为依据，适应新货种、新工艺以及船舶大型化要求，提高装备机械化、自动化等整体技术水平，减少能耗，提高作业效率；鼓励老港区技术改造，提升设备效能，改进装卸工艺流程；新建港口在优化装卸工艺流程基础上，选用低能耗、高效率设备。加强信息化改造和建设。完善集装箱港口的电子口岸平台和电子数据交换系统，建立覆盖港区生产流通和仓储运输企业的网络平台，实现企业与管理机构的信息互联，形成港口与港口、港口与海关、港口与货主、港口与承运人连接的有机整体。同时，不断完善港口内部办公系统、管理信息系统和其他信息系统，在港口内部业务流程之间以及与业务伙伴之间做到信息共享和交换。

（3）加快发展港口物流业，提升港口物流水平

加快发展辽宁沿海港口的物流产业，形成一批具有较强集散能力的物流产业基地，成为沟通东北地区和环渤海地区的物流中心枢纽，从而提升辽宁港口的竞争力[3]。加大力度整合港口现有的条件，对配套设施进行相应的有效改造，从而完善港口集疏运设施，合理地安排整个作业流程，进一步提高设备的利用率，在增强港口的通过能力、减少船舶以及货物的在港时间的同时，要加强沿海港口的基础设施建设，积极拓展集疏运通道，优化集疏运系统，特别应该注意与港口相配套的铁路、公路和航空集疏运系统、仓储配送中心和大型信息化平台，并逐渐形成一个统一高效的综合物流服务港口系统。

（4）积极引进战略投资者，深化产权改革

继续深化港口产权制度改革，推进重组改制工作，实现所有制结构多元化。改革以来我国制度变迁的一个重要特征，在于国有制比重下降而非国有制比重上升，在集装箱港口行业也表现出同样情况。目前，我国港口市场化改革方面已经取得明显进展，但仍限于属地化管理，很多深层次的改革内容还未涉及，如组织体制上

的政企分开等。国家层面上的行政垄断格局虽然已被打破,但地方政府行为所导致的区域垄断、国企垄断港口经营的局面仍广泛存在,地方国有性质港口运营效率难以与其他港口相抗衡,因此仍需要进一步对现有国有集装箱港口深化产权改革。可借鉴原国有港口企业上海港集装箱股份发展有限公司等改组上市的成功例子,实现良性滚动发展。建立多元化的投融资体系,积极引进如马士基、香港招商局国际、中远、中海大型航运企业或大型港口企业等国内外战略性投资者。

（5）加快集装箱港口资源整合,发挥群体优势

建立联合与协作的一体化机制,推进区域集装箱港口集约化发展。结合国家区域经济发展政策,以区域内部各地经济发展特点和重点为基础,成立区域集装箱港口管理部门合作联席会议制度,加强政府、行业和港口组织协调;联席会议统一规划和管理区域岸线资源、统一规划区域沿岸产业布局、基础设施、集装箱运输发展体系和生态环境建设等;引导区域内港口合理定位、差异发展、资源共享、优势互补,处理好区域内沿海港口与沿海港口之间、沿海港口与内河港口的关系,有效控制重点竞争业务,保障港口群合作与有序竞争。推进区域集装箱港口协作联营。港口企业根据双方或多方事先订立的契约协议进行业务合作,组建战略联盟,达到优势互补、共同发展的目标。

（6）加强集装箱港口人才培养,提升人才效能

建立多层次港口专业人才培养体系。依托普通高校、成人高校、中专和职业学校、技术学校,加快培养具有良好外语能力、货物和航运知识、掌握现代港口经营管理技术方法和适应港口生产特征的现代化设备设施和流程应用专业人才[22]。结合港口所在区域特点。加强继续教育和职业培训。调动社会各方面的力量,对大量在岗人员进行规范化的岗位培训、技术培训等,提高从业人员的职业道德、质量意识和业务水平,增强其就业、创业、适应职业变化的能力。积极开展内河港口与沿海发达城市港口人才的交流与合作。推动人才引进工作。积极引进急需人才,尤其是港口管理骨干、技术骨干和物流、贸易等专业人才,充分发挥其传、帮、带作用。此外,应积极建立有效的内部激励机制,提高港口员工的积极性、主动性,充分发挥人的作用、创造高价值效能。

3.3 辽宁涉海金融服务业发展研究

辽宁省作为东北地区唯一的沿海省份和开放条件最好的地区,发展海洋经济条件得天独厚,而涉海金融服务业作为海洋服务业的重要组成部分,是推动海洋经济发展的加速器,在现代海洋服务产业发展过程中的地位日益凸显。关于涉海金融服务业,相关的研究主要集中于海洋金融领域,目前尚未形成系统的研究,在国

内外研究中比较鲜见,当前学者们主要是把海洋金融置于产业金融的研究范畴之内。所谓产业金融,是基于特定产业,并为特定产业服务的所有金融活动的总称[23]。由此,基于产业金融的角度可以将涉海金融服务业理解为:服务于海洋经济发展的一切金融活动的总称,包括了海洋信贷、保险、信托、证券以及海洋保护区的可持续性融资、地区间的金融合作等,涉海金融服务业存在的意义主要是促进和服务于海洋产业的发展。

3.3.1　辽宁涉海金融服务业发展现状

近年来,辽宁沿海地区依靠优越的地理环境及良好的发展条件,使涉海金融服务业得到快速发展。根据《辽宁统计年鉴》及相关统计公报数据(表3-5),2011年辽宁沿海6个城市年末存款余额为16 594.5亿元,至2019年高达30 542.9亿元,同2011年相比增长84.05%,说明近年来辽宁沿海地区金融服务业发展规模不断壮大;2019年与2016年相比,近年来增长幅度相对较小,占全省比重达48.71%,说明在我国经济进入新常态的背景下,辽宁涉海金融服务业相对陆域金融发展较为滞缓。

表3-5　辽宁省金融机构年末存款余额相关数据

年份	沿海地区(亿元)	全省(亿元)	沿海地区的占全省的比重(%)
2011	16 594.5	30 832.4	53.82
2012	18 789.4	35 303.5	53.22
2013	18 788.0	39 418.0	47.66
2014	19 726.0	42 053.0	46.91
2015	22 836.0	47 758.0	47.81
2016	25 066.0	51 692.0	48.49
2017	25 209.0	54 249.0	46.46
2018	28 776.6	59 016.0	48.76
2019	30 542.9	62 697.4	48.71

数据来源:2011—2018年数据来源于《辽宁统计年鉴2012—2019》,2019年数据来源于《2019年辽宁省国民经济和社会发展统计公报》。

3.3.2　辽宁涉海金融服务业发展形势与新业态新模式

1)辽宁涉海金融服务业发展形势

(1)银行业、保险业等金融机构为海洋产业的服务能力不断增强

现代海洋金融工具主要包括五种,即银行贷款和信贷担保、海洋基金、企业债

券及资产证券化、融资租赁、海洋保险等。近年来,辽宁省各银行等金融机构逐渐把海洋产业纳入了业务发展的重点,积极推出多样化金融产品,并主要形成了两种金融支持模式。一是融资性金融支持,包括机构投资与信贷等多种形式的融资方式,能为海洋经济发展提供大量的资金;二是风险控制性金融支持,主要包括涉海类保险业务。例如,太平财险大连市分公司推出天气指数保险以满足海参养殖户的控制风险需求(天气指数保险是指把一个或几个气候条件对农作物损害程度指数化,每个指数都有对应的农作物产量和损益,保险合同以这种指数为基础,当指数达到触发值时,投保人就可以获得相应标准的赔偿)[24]。

(2)与科技互联网金融发展紧密结合

所谓互联网金融是指借助互联网和移动通信技术实现资金融通、支付和信息中介功能的新兴金融模式[25]。目前辽宁省内发展比较成熟的互联网金融模式有三种:第三方支付、P2P和众筹。第三方支付是目前运用最广泛的互联网金融模式,是互联网金融的基础,依托第三方支付使得许多创新的业务模式和商业闭环得以实现,同时沉淀了海量的交易数据,为大数据征信奠定基础。P2P可以称为小额借贷,此借贷模式起源于2005年英国伦敦的一个网站,是基于互联网平台的资金借贷,在法律契约规范下,它为借贷双方提供信息交互、撮合、资信评估、投资咨询、法律手续办理等业务,是民间借贷线上化的过程[26]。学者研究指出,当前我国网络借贷平台主要分布于广东、深圳、上海、北京、浙江、江苏、山东等发达地区,以上地区的P2P网贷平台交易额几乎达到全国的75%[27]。P2P小额借贷降低融资门槛,为中小企业的融资者提供便利,是传统金融体系的重要补充。众筹是指通过第三方互联网平台将项目发起人和投资人连接起来,直接进行资金募集的一种互联网金融融资模式[28]。互联网金融的发展为辽宁涉海金融服务业的发展营造了良好、安全的发展环境。例如,2017年沈阳城市处理中心本地备份接入系统(LBAS)建成投产,极大地提升了辽宁省支付系统的安全性、稳定性和抗风险能力,为辽宁涉海金融服务业的支付安全提供了更有力的保障。

(3)与境外资金联系逐渐密切

根据《辽宁统计年鉴2019》的数据,2015年辽宁金融机构境外贷款额为279.7亿元,至2018年达355.6亿元,增长27.14%,其中滨海地区金融机构境外贷款额为132.8亿元,与境外资金联系逐渐密切①。例如,日本最大综合金融服务集团——欧力士集团联合大连海昌集团以及其他金融机构共同组建大连航运中心船舶基金,用于投资建造各种大中型专业船舶,预计到2020年实现打造总资产达1000元亿人民币的本土化金融控股集团。

---

① 数据来源于《辽宁统计年鉴2019》。

2) 辽宁涉海金融服务业发展新业态新模式

随着科技互联网的快速发展,以大数据、人工智能、云计算等为代表的科技手段在金融领域得到了广泛应用,发展互联网金融、创新涉海金融服务业已成为实现"金融强海""增强金融服务实体经济能力"的必然选择。2017年国家发展改革委与国家海洋局发布的《全国海洋经济发展"十三五"规划》(发改地区〔2017〕861号)中明确指出,要鼓励金融机构探索发展以海域使用权、海产品仓单等为抵(质)押担保的涉海融资产品,探索发展海洋高端装备制造、海洋新能源、海洋节能环保等新兴融资租赁市场。2018年,中国人民银行、国家海洋局联合国家发展改革委、财政部、银监会等八部委发布《关于改进和加强海洋经济发展金融服务的指导意见》(银发〔2018〕7号),意见提出要创新涉海套期保值金融工具,支持符合条件的涉海企业创新创业公司债券,打造"双创"专项债务融资工具等涉海金融新业态。

在科技金融浪潮与一系列国家政策的推动下,辽宁积极重视、鼓励发展涉海金融服务业,并取得了新的发展成就。例如,2019年4月,辽宁省农村信用社成功与平安集团旗下金融科技服务公司——金融壹账通公司签署战略协议,并在互联网核心系统SaaS服务(软件即服务)、中小企业业务领域、科技合作、中小银行互联网金融联盟等方面开展深度合作。辽宁省农村信用社作为辽宁省政府唯一直接管理的地方性银行业金融机构,借助金融壹账通公司的技术优势能够切实提高金融服务的覆盖率、提升资产质量,从而为辽宁省渔业、海水养殖业、中小微企业等提供更好的服务。总之,"互联网科技+金融机构"发展模式的探索,是提升辽宁省涉海金融服务业发展水平的有效途径,也是对李克强总理提出的"金融服务实体经济"原则的重要实践。

3.3.3 辽宁涉海金融服务业发展问题分析

金融业的兴起与繁荣是社会生产力发展的必然结果,经济越发展,金融越重要,金融产业的规模和比重越大[29]。当前我国金融业正处于加速发展阶段,金融是现代经济的核心,从海洋经济的发展规律来看,海洋金融也正逐渐成为现代海洋经济的核心[30]。而涉海金融服务业在辽宁现代海洋服务业的地位也日益凸显。随着海洋经济的不断发展,辽宁涉海金融服务业的发展规模与结构也在不断变化。由于辽宁省海洋经济发展起步较晚,相应的金融基础建设较为薄弱,当前发展涉海金融服务业仍存在不少问题。

1) 传统银行服务与涉海企业融资需求不相适应

涉海企业大多具有向海性、开放性和外向性特点,由于海洋产业涉及学科较多,对技术的要求也很高,开发具有一定难度,同时恶劣的海洋环境和频发的海上灾害更是加大了海洋产业的风险性,加上海洋高技术产业本身的高风险、高投入及回收周期长的特点,这些特点与现有银行业机构审慎经营、规避风险的原则不完全相符,使银行信贷资金投入有一定顾虑,涉海企业的资金需求得不到满足。以海参养殖为例,其生产周期较长,一般在 3 年左右,野生海参生长则需要 5 年甚至更长时间,因而其资金需求量也较大,少则几十万元,多则上百万元,而农村商业银行给予农户的贷款期限及额度一般为 1 年以内、3 万元以下,远远满足不了海洋渔业生产的需要,资金双方供需矛盾较大,在一定程度上限制了海洋养殖业的发展。处于类似局面的还有中小型海洋高科技企业,这些企业正处于成长初期,由于规模小、风险较高,往往无法获得银行贷款,致使一些海洋高技术企业的发展非常艰难。

2)涉海企业通过股票市场融资能力不强

资本市场可以有效地将中长期资金的供需双方连接起来,能够拓宽涉海企业的融资渠道,实现海洋企业的多元化融资。然而,大多数涉海企业未能通过资本市场成功获取资金,资本市场对辽宁海洋经济开发的支持作用很小。目前在主板市场上市融资的辽宁涉海企业数目很少,由 Wind 数据库可知,截至 2019 年上半年,辽宁国内上市公司数量有 79 家,而其中具有代表性的海洋产业上市公司有獐子岛集团、大连国际、大连港集团、渤海造船厂、大连圣亚等为数不多的几家。而创业板市场虽然为成长型、科技型的海洋企业上市带来了发展机遇,但大部分涉海中小企业还是很难通过创业板实现创业梦。

3)海洋保险发展难以适应海洋经济发展步伐

保险业是现代金融的三大支柱之一,是市场经济条件下风险管理的基本手段,具有经济补偿、资金融通和社会管理的功能。海洋产业所面临的风险使得保险业的存在有其必然性,在辽宁省发展现代海洋服务业的进程中,保险业显得尤为重要。目前辽宁省的保险市场仍处于较低的发展阶段,尤其是保险覆盖面不够宽,限制了保险功能作用的充分发挥。海洋保险险种主要集中在船舶保险、货物运输保险和海洋渔业从业人员人身意外伤害险等品种上,针对海洋产业新技术应用风险的科技创新保险、新产品责任保险等保险品种还未推出,而对于海水养殖的保险品种也较少。近年来,海洋油气业、海洋化工业、海洋渔业、海洋养殖业等发展迅速,但与之相关的海洋保险品种发展迟缓,政策性的海洋保险参与程度也偏低,不利于海洋经济的健康持续发展。

4)涉海金融服务业发展创新滞后

由于辽宁涉海金融服务业发展起步较晚,符合海洋新兴产业发展需求的新型融资模式和风险管理方式非常欠缺,涉海金融创新滞后。现实中更多是依靠传统的银行信贷模式来提供支持,从金融支持海洋经济发展模式看,银行信贷融资仍是最主要方式,但这种传统的间接融资体系已难以适应海洋经济的金融需求。在区域信贷投入总量中,海洋经济信贷融资占比偏低,阻碍了金融对海洋经济支撑功能的充分发挥,难以满足海洋产业体系的多样化金融需求[31]。尤其对于科技型中小企业来说,面临着金融方面更多的融资瓶颈制约,抗风险能力更弱,同时又缺乏足够的金融支持,从而极大限制了海洋战略性新兴产业的跨越发展。现阶段辽宁省涉海金融服务业创新不足主要体现在:海洋新兴产业技术研发的直接财政投入较少;海洋高新技术、专利的成果转化中风险资本介入机制不成熟;商业银行由于业务模式创新不足对海洋新兴产业技术创新缺乏扶持意愿等方面。

5) 海洋金融信息不畅及金融人才匮乏

海洋金融涉及学科较多,涵盖金融、海事、法律等多个方面,对复合型人才的需求极大。但我国海洋金融人才培养还处于起步阶段,辽宁省内开设海洋金融专业的院校更是少之又少。各高校在相关专业,尤其是各专业的联合培养上有明显缺陷,缺乏复合型人才的培养,无法有效适应涉海金融服务业发展的需要。这对商业银行金融业务的发展构成了人力资源障碍。

同时,由于缺乏海洋经济融资的公共服务平台,导致银行与涉海企业之间缺少有效沟通渠道,限制了金融与海洋产业的有效对接,即信息不对称。所谓信息不对称是指在市场经济活动中,金融交易的双方对信息了解存在差异。具体表现为:银行对海洋新兴产业信息不了解、行政管理机构不掌握具体的企业经济实力和信贷风险信息、企业对融资渠道和相关政策信息了解不够等。比如涉海企业,作为融资的主体,它往往比金融机构更加清晰地了解自己的运营状态、产品质量、财务状况等信息,而为了能获得资金,企业有可能隐瞒对自己不利的信息,放大对自己有利的信息;而金融机构预期到海洋企业贷前隐瞒信息的动机,一般会提高资金成本或减少贷款,而且会要求企业提供相当价值的抵押品,甚至不贷款。这种贷前的信息不对称不仅会导致海洋企业的融资难,也会提高企业的融资成本,而事后的信息不对称还会导致信贷市场的道德风险[25]。

3.3.4　辽宁涉海金融服务业发展的重点领域

1) 积极拓展海洋新兴产业的银行信贷服务

在"一带一路"的发展背景下,辽宁省海洋工程装备制造、海洋生物医药及制品、海洋工程材料等海洋新兴产业发展前景良好。在符合监管政策的前提下,辽宁要推动组建包括海洋渔业、船舶与海洋工程装备、航运、港口、物流、海洋科技等在内的金融服务中心或特色专营机构,积极拓展银行信贷服务,加快发展航运保险业务,探索开展海洋环境责任险。壮大船舶、海洋工程装备融资租赁市场,探索发展海洋高端装备制造、海洋新能源、海洋节能环保等新兴融资租赁市场。

2) 探索军民融合的涉海金融服务业发展模式

我国经济正处于新常态下的"三期叠加"期,辽宁省作为共和国工业长子,产业基础雄厚,区域发展集聚度较高,正是军民融合、产业统筹发展的最佳战场。当前,辽宁省已建成多个产业集聚区,包括:辐射辽宁沿海经济带的船舶产业集群、以沈阳为核心的航空产业集聚区、以红沿河和徐大堡核电站为代表的航电产业群等,通过军工龙头企业带动多个产业链和区域经济发展,辽宁省军民融合集聚发展的产业新格局已然形成。探索军民融合的涉海金融服务业发展模式,要紧紧围绕"加快建设海洋强国""立足服务实体经济"的战略部署,结合军民融合产业集聚区的融资需求与特点,积极拓展军民融合集聚区融资渠道;发挥军企的科技、基础设施等方面的优势,建立跨领域、跨地区的海洋信息共享机制和军民联动机制,着力推动辽宁涉海金融服务业走上具有辽宁特色的军民融合发展之路。

3) 着力推动陆海金融服务业统筹协调发展

"陆海统筹"已经上升为国家战略高度,尤其在当前我国经济进入新常态的背景下,发展涉海金融服务业,辽宁省要牢牢坚持陆海统筹发展战略,统筹涉海金融服务业与陆域金融服务业协调发展,注重涉海金融服务业与陆域金融间的良性互动。在发挥市场配置资源的决定性作用的同时,加强政策引导与支持,发挥陆域金融服务业的管理、资金等优势,打造陆—海金融服务业生态圈,实现海陆金融服务业优势互补、海陆金融机构与人才的集聚,切实提升辽宁省金融机构服务实体经济发展的能力。

3.3.5 辽宁涉海金融服务业发展战略及政策建议

1) 发展战略

辽宁省要紧紧围绕党中央、国务院对涉海金融服务业发展的总体要求,贯彻落实党的十九大提出的"加快建设海洋强国"和"十三五"规划"拓展蓝色经济空间""推进'一带一路'建设"的重大战略部署,立足于辽宁本土涉海金融服务业的发展情况,在风险可控和商业可持续的前提下,统筹辽宁海洋产业的发展全局,把陆海融合、产业融合、军民融合作为涉海金融服务业发展新动能、新方向,在坚持市场配置资源的基础性地位的同时,发挥政策性金融在支持海洋经济中的示范引领作用,以更好发挥政府的作用,不断增强辽宁涉海金融业服务实体经济的能力。

2) 政策建议

(1) 发挥财政资金的引导作用,促进涉海金融服务业产融结合

现代海洋金融的发展是典型的产融结合模式,通过政府财政资金的引导作用,引导社会资金支持涉海金融服务业发展。创新财政资金投入方式,利用现有资金对海洋产业发展予以适当支持,鼓励和引导金融资金和民间资本进入涉海金融服务业,支持涉海高技术中小企业在产业化阶段的风险投资、融资担保。支持有条件的地区建立各类投资主体广泛参与的海洋产业引导基金。分类引导政策性、开发

性、商业性金融机构,各有侧重地支持和服务海洋经济发展。引导海洋产业与多层次资本市场对接,拓展涉海企业融资渠道。吸引外国财团、跨国公司的资金,通过创立中外合营、合作和外商独资企业的形式,将资金投向海洋基础设施建设、海洋高技术产业、滨海旅游等重点领域。

（2）完善投融资政策机制,提高融资保障水平

鼓励多元投资主体进入海洋产业,研究制定海洋产业投资指导目录,确定鼓励类、限制类和淘汰类海洋产业。整合政府、企业、金融机构、科研机构等资源,共同打造海洋产业投融资公共服务平台,提高融资保障水平。推进建立项目投融资机制,通过政府和社会资本合作,设立产业发展基金、风险补偿基金、贷款贴息等方式,带动社会资本和银行信贷资本投向海洋产业。拓宽直接融资渠道,鼓励和引导海洋优势产业通过主板、中小板和创业板市场上市融资,降低融资成本。积极发展服务海洋经济发展的信托投资、股权投资、产业投资和风险投资等各类投融资模式,为涉海中小微企业提供专业化、个性化服务。例如,2016年福建省设立规模达100亿元的海洋经济建设专项产业基金,该基金分别由当时福建省海洋与渔业厅、兴业银行和中交投资基金管理有限公司共同参与投资,为福建海洋经济发展提供金融支持。

（3）加强人才储备和人才队伍建设,培养专业涉海金融人才

现代涉海金融服务业需要大量高素质人才,涵盖金融、海事、保险、法律等多个方面,对复合型人才的需求极大。在这方面,商业银行等金融机构的人才极度匮乏。因此要引导推动海洋人才培养链与产业链、创新链有机衔接。加强多层次、跨行业、跨专业的海洋人才培养,支持一批综合性大学、海洋大学和涉海科研院所组建海洋科技创新团队。健全海洋科技创新和人才培养机制,引导和鼓励涉海企业建立创新人才培养、引进和股权激励制度,支持科研单位和科研人员分享科技成果转化收益。提升海洋产业人才信息服务,促进海洋金融人才资源合理流动。

（4）积极发展海洋保险业,适应海洋经济发展需求

在推进海洋经济持续发展中,海洋保险将发挥有效的风险管理和保障的重要作用。在商业保险服务于海洋经济的过程中,辽宁省政府须发挥积极作用,鼓励有条件的地方对海洋渔业保险给予补贴。规范发展渔船、渔工等渔业互助保险,积极探索将海水养殖等纳入互保范畴。探索建立海洋巨灾保险和再保险机制。加快发展航运保险、滨海旅游特色保险、海洋环境责任险、涉海企业贷款保证保险等。推广短期贸易险、海外投资保险,扩大出口信用保险在海洋领域的覆盖范围。鼓励金融机构积极开发针对海洋生物制药、深海等新兴产业领域的保险产品,进一步健全海洋政策性保险,发展海洋商业保险,提升互助保险的覆盖面[32]。

（5）构建多层次金融支持体系,满足涉海企业多维融资需求

在尊重金融市场对海洋经济资源配置的决定性作用前提下,加快构建多层次、广

覆盖、可持续的海洋经济金融服务体系,完善由政府基金引导、政策性金融先行、商业银行为主体,直接融资渠道作为重要补充的多层次金融支持体系,全力推进海洋新兴产业跨越发展,满足海洋新兴产业跨越发展以及多维的融资需求,缓解银行金融机构与涉海企业融资需求不相适应的矛盾。通过地方政府基金引导,带动社会投资机构、银行等金融机构参与海洋战略性新兴产业投资,实现资金的杠杆放大效应。

(6) 拓宽军民融合渠道,搭建海洋金融合作平台

由于辽宁省涉海金融服务业发展起步较晚,在信息、技术、人才、制度等各方面的配套建设仍在完善之中,依靠市场自发的力量无法有效解决。因此,要依托国家军民融合公共服务平台,发挥辽宁省军民融合办等部门的综合协调管理优势,按照技术同源、产业同根、价值同向的原则,建立跨领域、跨行业、跨地区的海洋信息共享机制和军民联动机制,推动涉海部门、行业内部海洋信息整合及部门间核心业务系统的互联互通,开发智能化的海洋综合管控、开发与利用公共智慧应用服务,推动海洋信息互联互通,逐步实现政府海洋数据面向社会的安全有效开放。在政策、资源、信息、招商等方面建立互惠共享机制,合力提升金融服务实体经济的能力和水平。利用军地的基础设施、通信技术等优势,加强海洋金融信息获取、传输、处理和保障等系统平台建设,促进军民企信息渠道互联互通。同时,对于金融业务运行中出现的共性问题,政府要适时介入弥补市场失灵,促进涉海金融服务业茁壮成长。

(7) 积极鼓励金融创新,开发涉海金融创新产品与发展模式

涉海金融产品的创新包括银行、证券、保险、基金、期货品种及其混合产品,产品开发环节关系到涉海金融服务业供给能力和质量。成功的金融创新离不开金融基础设施的完善。不仅包含律师、会计师、审计师、资产评估师等社会中介行业的发展,也需要独立的机构或者部门设置[29]。发展涉海金融服务业创新,辽宁省政府要鼓励银行等金融机构积极发展水产品期货市场,创新推广包括天气指数保险、水产品价格指数期货等在内的金融衍生工具;创新贷款模式,完善风险控制性金融支持体系。鼓励发展投融资、评估、信托、担保、审核商业及政策性投融资信用评级等服务,增加整合性的服务功能,提供更多适应海洋经济需要的金融业务模式。

3.4 辽宁海洋文化产业发展研究

海洋文化产业,是指为社会公众提供海洋文化产品及服务的生产活动的集合,包括海洋文化休闲娱乐服务业、海洋文化艺术服务业、海洋工艺美术品生产业、海洋文化创意和设计服务业、海洋文化信息传输服务业、涉海新闻出版发行服务、涉海广播电视电影服务等[33]。海洋文化产业属于海洋服务业中的一种,它与海洋交通运输业、涉海金融服务业、海洋公共服务业共同构成海洋服务业。

当前,海洋在国家经济社会发展格局、对外开放和维护国家主权中的地位凸显,在国家生态文明建设中的角色显著,在国际文化竞争等方面的战略地位明显上升,海洋文化越来越成为提升全民族海洋意识和增强国家软实力不可分割的重要组成部分。党的十八大报告同时提出了我国要建设文化强国和海洋强国的国家战略,这为海洋文化建设提供了重大历史发展机遇。尤其是在习近平主席提出"一带一路"倡议后,从构建21世纪海上丝绸之路各国文化互信的角度,中国传统海洋文化正逐渐展现其文化自信与自觉。

3.4.1　发展现状与形势

1) 海洋文化产业发展现状

(1) 海洋文化资源开发过度

辽宁省海洋文化资源过度开发,主要体现在对现有和潜在海洋文化资源的破坏上。首先,在沿海工业化、城镇化发展过程中,忽视开发与保护并重的原则,对于现有渔村发展缺乏长远规划,没有充分考虑该区域的环境容量,生态环境现状和文化习俗等的制约,例如:大连市开发旅游文化活动过程中,海洋文化景观的协调性遭到一定程度的破坏。第二,部分地方政府挣绩效的政绩观,使得辽宁省沿海经济带海洋文化资源出现不同程度的损毁。第三,辽宁省缺乏海洋资源资产管理制度体系,生态补偿和赔偿制度的缺失,导致部分地区生态环境遭到破坏、居民利益得不到保障。第四,潜在海洋文化的挖掘和保护,休闲渔业旅游区、内含海文化精髓的文化经济区、体现渔区民俗风情的休闲度假区建设,使得传统海洋文化的继承与保护成为亟待解决的问题。

(2) 海洋文化企业规模尚小

辽宁海洋文化产业化发展相对滞后,主要原因是辽宁海洋文化产业起步晚,公司规模普遍偏小且业务单一。同时不具备自己的海洋文化产业特色。进而导致抵抗市场变化等风险的能力较弱,成本与收益不成正比且难以调节[34]。目前,辽宁省拥有一批具有发展潜力的企业,但并未形成完整的海洋产业链。同时,由于较为有限的优惠政策,文化产业准入门槛也相对严格,使得相应企业缺乏必要的文化知识,海洋文化产业发展速度受到一定程度的限制。另外,海洋文化企业员工的主观能动性,影响企业自身的创造性和可持续性,思想上对海洋文化产业的重视程度不够,使得企业规模发展壮大、科学技术创新受到一定程度的阻碍。因此,放宽海洋企业准入门槛,加大相关海洋企业发展优惠力度,扩大海洋企业规模,推动企业形成规模集聚效应成为辽宁省应该主要考虑和解决的问题。

(3) 海洋文化产业顶层设计支撑薄弱

辽宁省海洋文化产业顶层设计支撑薄弱主要体现在保障措施有待进一步完

善。第一,组织领导力度有待加强。省教育厅与各高等学校学科专业布局调整工作需要不断深化,各项改革任务有待进一步落实,海洋文化产业与学科专业布局优化工作需要平稳有序推进。第二,海洋文化产业队伍需要建设,需要加大力度聘请产业专家和企业骨干到学校兼职授课、合作讲学,打造一支了解产业动态、熟悉行业需求、教学经验丰富、专兼职结合的海洋文化产业队伍。第三,进一步完善人才培养质量保障机制,要以评促建、以评促改,逐步形成人才培养质量保障的动态调整和良性循环机制。第四,强化绩效考核,重点加强对人才培养质量和供给水平、专业师资队伍建设水平、服务企业改革发展、产学研合作、科技成果转化、文化创新引领、政府决策咨询等关键指标的考核。

(4)海洋文化产业发展财政支持缺乏

由于海洋文化产业在我国属于新兴产业,同时也是弱势产业,国家应给予更多的优惠扶持[35]。例如,海洋文化企业大都没有固定资产,无法抵押也就很难从银行获得贷款,所以从事海洋文化产业的企业大都存在"融资难"的情况。目前,海洋文化产业尚属于新兴海洋产业,在辽宁省发展海洋文化产业过程中,多依靠政府提出海洋文化产业发展战略,并进行宏观经济指导,对海洋文化资源所有可能的参与主体没有进行有效的政策部署和联系接洽,产学研关系网不够紧密,三者之间有效的信息交流机制、协作开发机制、利益交换机制等尚不成熟,导致海洋文化资源转化为产品的过程较为缓慢,相对零散,资源开发"碎片化"问题严重,不仅对资源造成极大浪费,也延迟了精神成果向产品的高效转化。

(5)海洋文化产业理论研究较为滞后

辽宁省海洋文化产业发展超前于理论研究,因此存在相关海洋文化产业理论研究较为滞后的情况。与中国文化产业发展轨迹类似,辽宁省海洋文化产业产生了一些研究成果,在实践中发挥了重要的指导和参考作用,促进了辽宁省海洋文化产业的发展。但是,与辽宁省迅速发展的海洋文化产业实践相比较,海洋文化产业的理论研究总体上仍显滞后和不足。许多在实践层面遇到的困难和问题,在理论上还没有得到很好的分析和说明;实践中积累的丰富经验,在理论上也没有得到科学的提升和概括。为充分发挥理论对实践的指导作用,文化产业理论研究需进一步解决并跟进实践中遇到的很多问题。如,海洋文化产业多为文化学者研究,缺乏经济学家的参与和经济理论的指导;海洋文化产业发展呈现势如破竹之势,海洋文化精品产生却存在很多不足;公益性海洋文化事业与经营性海洋文化事业存在本质区别,但现实中却出现两者混淆不清、发展混乱的局面。

2)海洋文化产业发展形势

(1)海洋强国战略助推海洋文化产业发展

随着海洋强国战略的深入推进,为落实国家关于推动文化产业发展,建成一批文化创意、影视制作、出版发行、印刷复制、演艺娱乐和动漫等产业示范基地的统一部署,国家海洋局宣传教育中心开展了全国海洋文化产业示范基地的评选命名工作。大连出版社作为第二批全国海洋文化产业示范基地,顺应文化产业发展趋势和市场变化,适时进行战略转型,在主攻儿童文学市场的同时,也出版各种优秀的地方文化作品,长期致力于发掘和传播具有海洋、港口特色的大连城市文化。大连出版社的纵深发展,对于辽宁省海洋文化出版业起到了示范性的带头作用。

(2)海洋经济发展规划促进海洋文化产业示范区建设

2017年5月,国家发改委和国家海洋局会同有关方面编制了《全国海洋经济发展"十三五"规划》(发现地区〔2017〕861号)(以下简称《规划》),确立了"十三五"时期海洋经济发展的基本思路、目标和主要任务。根据《规划》,渤海湾沿岸及海域要依托国家海洋博物馆、极地海洋馆等场馆,建设国家海洋文化展示集聚区和创意产业示范区。辽宁沿海经济带重点城市,以世界海洋日暨全国海洋宣传日、中国海洋文化节为依托,加大海洋意识与海洋科技知识的普及与推广力度,结合基本公共文化服务体系建设,建立一批海洋科普与教育示范基地,促进海洋文化传播。严格保护海洋文化遗产,开展重点海域水下文化遗产调查和海洋遗址遗迹的发掘与展示,积极推进"海上丝绸之路"文化遗产专项调查和研究。

(3)特色地域海洋文化推动海洋文化创意产业发展

21世纪海上丝绸之路建设和"人类命运共同体"的建设,为打造中国海洋文化产业创新经济带提供了难得的机遇。随着沿海各省海洋经济发展和海洋文化建设的推进,中国海洋文化产业创新经济带的轮廓已经初步呈现。辽宁会同广东、山东、浙江等省海洋经济建设,致力于共同打造中国海洋文化产业创新经济带。辽宁省特色文化产业资源丰富,海洋文化产业资源作为一种生产要素,可以用于文化生产,并转化为文化产品的资源,创造产业价值和经济价值[36]。特殊的海洋环境使得辽宁省成为东北、华北内陆文化的交汇地,并且形成了独具特色的海洋文化环境,使得海洋自然风光、海洋人文景观、海洋饮食文化、海洋民俗节庆等丰富的海洋资源,成为海洋创意文化产业发展的源泉和动力。

3.4.2 发展重点领域

1)加强海洋文化资源保护,传承海洋文化基本底色

由于海洋生态系统比陆地生态系统更为脆弱,且对海洋生态系统的保护与重视程度远不及陆地生态系统,在如今海洋文化产业飞速发展的今天,在开发海洋资源的同时,保护海洋资源,实现可持续发展,显得尤为重要。由于我国海洋资源开发的脚步较慢,发展形式单一,造成了目前海洋资源开发不均衡的状况。应以科学发展观为指导,进行后续的海洋资源开发,向渔民及海洋从业人员普及科学发展观

和其他海洋方面的科学知识,进而提高从业人员和民众的环保意识,从根本上扭转海洋污染和不科学开发的现状。利用公共媒体和公共资源,如广播电视及广告向民众普及知识,树立正确并且科学的海洋发展观。进而正确推动辽宁省海洋文化的可持续发展。

2) 引导企业寻求自身发展特色,壮大海洋文化企业发展规模

辽宁海洋文化产业区域协同发展离不开海洋文化企业。正因如此,在推进辽宁海洋文化产业区域协同发展的进程中,要明确和确定海洋文化企业作为产业的主体地位,鼓励其进行集团化发展,积极培育大型海洋文化产业集群。"辽宁沿海经济带文化产业的快速发展,其核心竞争力之一就在于文化企业的建立与发展颇具规模"。而目前,政府作为海洋文化产业,特别是海洋文化节庆活动的主体,过于追求社会影响,忽视甚至无视经济效益的问题仍然突出。"发展文化产业需要产业主体的多元化,合理的产业主体结构是衡量产业发展是否成熟的标志。"因此,辽宁省海洋文化企业应当利用优惠的财税政策,推动跨地区、跨行业联合或重组,尽快壮大企业规模,提高集约化经营水平,促进资源整合和结构调整,形成集团化、集约化的经营模式和管理模式。

3) 推动海洋文化产业顶层设计,发挥政府引领支持作用

要发展海洋文化产业,特别是发展高端海洋文化产业,首先应加强顶层设计,发挥政府对海洋文化产业的主导和培育作用,强化政府的支持引导职能,制定以海洋文化创意产业为沿海城市经济特色增长方式的战略,给涉海文化产业的发展营造更为宽松的市场环境。辽宁省应当依据自身发展实际,制定战略规划,要突出海洋文化产业的区域特征,不可千篇一律重复建设。要注意发掘本区域海洋文化的特色,对现有简单、粗放、雷同的海洋文化产业项目进行资源整合。高端海洋文化产业的开发和发展要以市场需求为依据,不可盲目求大求新。

4) 加大财政支持力度,促进海洋文化产业融合

打造完整产业链条,通过深入挖掘历史文化、民俗文化、渔业文化等海洋文化遗产,打造创新型海洋文化项目,利用新媒体平台加以宣传和包装,不断形成海洋文化产品的强势品牌。因此,政府要确立企业的海洋文化产业主体地位,充分发挥企业的主体作用,科学谋划、合理布局,有重点、有步骤地发展一批自主创新能力强、有一定发展前景的海洋文化企业;鼓励金融机构向海洋文化产业投资,吸引省内外投资者参与海洋文化产业的开发建设,科学合理设置创业投资基金和海洋文化产业基金,鼓励海洋文化产业通过自主创新和融合高新技术来进行产业升级;完善海洋文化企业的准入和淘汰机制,推动海洋文化产业整合,培育大型海洋文化产业集群,形成集群优势,从而增强辽宁海洋文化产业的整体综合竞争力。

5) 抓住"一带一路"政策优势,推动海洋文化产业理论研究

结合国家推进"一带一路"倡议有关政策,抓住建设21世纪海上丝绸之路有利时机,开展中小学海洋意识教育,培养大学生海洋认知创新能力,鼓励高端人才加入涉海文化传播的国际交流合作,为海洋文化产业发展培养海洋经济、科技与文化交叉融合的专业人才和国际人才。同时,还要充分利用区域高校、科研院所等科研机构,建立"区域协调机构+文化企业+高等学校+科研院所"联合形成的辽宁海洋文化产业"官产学研"协同创新平台。充分发挥"区域协调机构+文化企业+高等学校+科研院所"联合体的人力和科技资源优势,积极推进将海洋文化研究成果转化为社会生产力,有效利用、深度开发海洋文化资源,增强其社会竞争力。从而实现海洋文化的产业升级和结构调整,为辽宁海洋文化产品由"三低",即低科技含量、低附加值、低服务水平,向"三高",即高科技、高附加、高水平转变做好技术支撑和前提保障。

3.4.3 发展战略与政策建议

1) 坚持陆海统筹,形成一体化发展格局

针对辽宁各沿海城市海洋文化产业尚未形成集聚优势,区域间海洋文化产业重复建设现象严重,互补性与协调性不足等情况,必须打破条块分割,消除市场壁垒,坚持统筹兼顾,以整体的区域经济为着眼点,制定整体性规划并对区域内资源进行整合与合理布局,让各要素能够在整个区域内无障碍流动,使各城市协调发展,进而变沿海优势为区域整体优势。

政府要构建"双核驱动、海陆组团、区域协同"的一体化发展体系,充分发挥大连和锦州在海洋文化产业发展中的双核辐射作用,带动区域海洋文化产业快速发展;在坚持市场为导向,充分展现地方"文脉"内涵的基础上分阶段、分层次地统筹推进以红山文化、历史古迹为特色的"葫芦岛—锦州—朝阳—阜新"、以清朝文化和近代文化为特色的"沈阳—盘锦—辽阳—营口—鞍山"、以现代文化、沿海沿江沿边文化为特色的"大连—丹东—本溪—抚顺—铁岭"的海陆组团发展;积极抢抓金普新区、"一带一路"国家战略机遇,推动区域协同发展。此外,政府要转变职能,在加强产业引导、政策调节、公共服务等职能作用的同时,尽可能避免直接干预海洋文化产业的发展,要将工作重点放到推进完善海洋文化产业体系,"深化文化产业法制建设,通过健全的法律体系来保障文化产业的健康发展",为海洋文化企业提供补贴、税费优惠、信贷优惠等积极的优惠扶持政策等方面上来。

2) 确立企业主体地位,壮大海洋文化产业集群

辽宁海洋文化产业区域协同发展离不开海洋文化企业。正因如此,在推进辽宁海洋文化产业区域协同发展的进程中,要明确和确定海洋文化企业作为产业的主体地位,鼓励其进行集团化发展,积极培育大型海洋文化产业集群。"辽宁沿海

经济带文化产业的快速发展,其核心竞争力之一就在于文化企业的建立与发展颇具规模。"而目前,政府作为海洋文化产业,特别是海洋文化节庆活动的主体,过于追求社会影响,忽视甚至无视经济效益的问题仍然突出。"发展文化产业需要产业主体的多元化,合理的产业主体结构是衡量产业发展是否成熟的标志。"

因此,政府要确立企业的海洋文化产业主体地位,充分发挥企业的主体作用,科学谋划、合理布局,有重点、有步骤地发展一批自主创新能力强、有一定发展前景的海洋文化企业,"利用优惠的财税政策,推动跨地区、跨行业联合或重组,尽快壮大企业规模,提高集约化经营水平,促进资源整合和结构调整,形成集团化、集约化的经营模式和管理模式";鼓励金融机构向海洋文化产业投资,吸引省内外投资者参与海洋文化产业的开发建设,科学合理设置创业投资基金和海洋文化产业基金,鼓励海洋文化产业通过自主创新和融合高新技术来进行产业升级;完善海洋文化企业的准入和淘汰机制,推动海洋文化产业整合,培育大型海洋文化产业集群,形成集群优势,从而增强辽宁海洋文化产业的整体综合竞争力。

3）建立协调机制,促进官产学研协同创新发展

海洋文化产业是一个包括创新创意、制作营销等为主体的产业链,那种单纯依靠资源开发和廉价劳动力的模式,已经无法实现可持续的发展,这就需要政府认真研究,适时成立专门的区域协调机构,从全局的高度出发,开发、利用、保护海洋文化资源,提高共享、共用、整体协同开发海洋文化资源的认识,营造区域海洋文化产业协同发展的良好氛围;要改变以往只有政府的单一模式,采用"政府＋行业协会＋企业"的形式,采取"政府扶持—产业互动—企业创新"的发展模式。

此外,还要充分利用区域高校、科研院所等科研机构,建立"区域协调机构＋文化企业＋高等学校＋科研院所"联合形成的辽宁海洋文化产业"官产学研"协同创新平台。充分发挥"区域协调机构＋文化企业＋高等学校＋科研院所"联合体的人力和科技资源优势,积极推进将海洋文化研究成果转化为社会生产力,有效利用、深度开发海洋文化资源,增强其社会竞争力。从而实现海洋文化的产业升级和结构调整,为辽宁海洋文化产品由"三低",即低科技含量、低附加值、低服务水平,向"三高",即高科技、高附加、高水平转变做好技术支撑和前提保障。

4）注重人才培养,提升公众海洋价值意识

吸纳和培养海洋文化产业人才,是辽宁海洋文化产业发展的突破点。对此,一是要充分利用高等教育院校在人才培养和教育方面的优势,有计划、有针对性地培养海洋文化产业领域所需的专业人才。同时要尝试通过其他教育机构或者是网络等多种渠道方式,开办各种层次和内容的培训班,扩大人才培训的广度和力度,为辽宁海洋文化产业培养多层次、多类别的人才。二是优化人才管理和使用制度,实现人才流动管理机制的规范化,要掌握及时有效的人才信息,建立与时俱进的管理

机制,实现人才合理有效的科学配置。三是要鼓励海洋文化企业自主进行人力资源开发,政府协助其开展专业培训,不断提高人才效益、释放人才潜能,积极引导、吸纳优秀人才投入到海洋文化产业的开发建设中来。

此外,还要积极做好宣传教育工作,通过海洋文化宣传活动进社区、进校园、进课堂,积极开展世界环境日、海洋日、地球日等活动以及充分利用新媒体、技术培训会、专题研讨会、学术报告会等市民体验和群众喜闻乐见的活动,提升公众海洋价值意识,为辽宁海洋文化产业发展提供强大的思想源泉和精神动力。

5) 充分利用网络优势,加快海洋文化产业信息化建设

作为新兴产业,海洋文化产业的竞争实质就是创新能力的竞争。目前辽宁海洋文化产品品质不高且品种单一,普遍缺乏创新,很难满足海洋文化产品市场需求的变化,对中远程消费者更无法形成足够持续的吸引力。在大数据时代,充分利用"互联网＋"将成为企业竞争力的来源和区域竞争力的重要部分,对创建新的海洋文化产业集群,提升海洋文化企业的创新力和生产力,意义重大。正因如此,政府和海洋文化企业,一要不断强化互联网思维,充分利用大数据对消费者的喜好进行有效判定,坚持以大众市场为根本,开发独特的个性化服务和有创意、有特色的海洋文化产品;二要善于应用互联网方式方法,不断加强创新能力,在创新中去不断适应发展和变化中的大众需求,充分发挥大数据这种创新方式在海洋文化产业生产要素配置中的优化和集成作用;三要加快智慧辽宁建设,充分发挥数字化、信息化和网络化建设在海洋文化产业优化升级、效率提高等方面的重要作用,如辽宁海洋文化产业信息平台、辽宁海洋文化 App 等,以增强消费者对海洋文化产品的参与性和体验性,提高海洋文化产品在消费者分享基础上的知名度,增强消费者的兴趣,形成区域海洋文化的强势品牌。

3.5　海洋信息服务业发展研究

海洋信息服务业是指基于利用计算机、网络、现代通信技术等手段,对海洋信息进行生产、收集、加工、存储、检索和利用,并以信息为产品,为海上航运、滨海旅游、沿海养殖、海洋渔业、海洋资源开发等企业、管理部门、研究机构提供智能化服务。海洋信息服务业属于海洋服务业的一种,它与海洋技术服务和海洋社会服务共同构成海洋服务业,即为海洋开发提供保障服务的新兴海洋产业。

辽宁在特定经济形势下,努力发展制造者服务业,这是经济结构、产业结构优化的重要内容。而信息技术加速对辽宁省新兴产业特别是制造者服务业的渗透与影响,不但可以加快产业自身的优化发展,而且对于辽宁实现产业结构的优化、升级并上升为区域经济的主导产业,具有重大的现实意义。

3.5.1 发展现状与形势

1）海洋信息服务业发展现状

（1）海洋信息服务业基础较为薄弱

辽宁省海洋信息化方面起步较晚，在海洋科技领域的投入较少，与发达沿海省市存在较大差距。辽宁所在的东北老工业区由于在很长时间内忽视制造者服务类型产业的发展，阻碍了经济的发展[37]。造成这种情况的原因是各界尚未真正认识到辽宁发展信息服务类型产业的重要性。目前，辽宁全社会虽然对发展该类产业有了一定共识，但是社会各界对新产业发展的支持力度尚未达到应有的力度，辽宁的海洋信息服务业所处的发展阶段已经到了一个应该加快促进其发展，特别是应该大力发展的阶段，这已经成为辽宁经济在特殊经济形势下新一轮发展的切入点和关键。

（2）海洋信息服务业跨界融合不足

信息共享与应用服务是当前全球信息技术和信息化的重点推进领域，但是辽宁省海洋信息服务业跨界融合存在明显短板。信息咨询类型的产业是构成区域创意活动的主体，该类产业为创业活动提供专门的服务支撑。信息技术渗透咨询业也很广，这种广泛的渗透使得咨询类型的产业得到迅速发展，已经从低级服务发展到高级的综合咨询服务，从区域咨询发展到国际合作咨询，其所涉及的领域几乎无所不包。但是，目前海洋信息服务业与其他海洋产业的互融互通还处于初级阶段。可以看到，辽宁省海洋信息服务业主要局限于海洋运输业、滨海旅游业等领域，对于多产业的跨界融合联系并不紧密。

（3）海洋信息服务业覆盖面较为狭窄

辽宁省海洋信息服务业目前多为军用建设服务，多服务于国家安全的网络信息安全通讯，暂未满足为民服务的要求。另外，在IT（信息技术）的渗透作用下，各种IT、软件研发业以及各类系统集成业等成为制造者服务类型产业获得持续发展的强大支持。当代经济联系具有广泛性和开放性的特征，这使得经济活动行为的不确定性广泛存在。为减少区域内各种不利的不确定性，就需要各经济主体增强对信息的依赖，从而导致相关的信息需求在不断增加。而IT对辽宁发展制造者服务业有着极其重要的影响，而且这种影响已经渗透到制造者服务业的诸多方面。因此，扩大海洋信息服务业的覆盖面，通过IT的发展推动该类型产业的发展，带动辽宁产业结构调整与优化，进而促进辽宁产业结构的快速发展是目前该领域需要解决的重要问题。

（4）海洋信息服务业投资规模有限

辽宁省海洋观测建设虽然已经进入起步阶段，但已有和在建的项目仍处于相对分散和孤立的状态,企业对于海洋信息服务业投资规模仍然有限。海洋信息服务业作为高技术服务业,其从业人员一般为高素质人才,此类人才特别注重工作中个人价值的实现与工作中心理、精神需求的满足。辽宁省高技术服务业企业中,大部分为中小企业,甚至微型企业[38]。作为传统的工业大省,重化工业和装备制造业依然是辽宁省国民经济的主要构成部分,服务业占地区生产总值的比重、就业结构的比重以及产出比重等主要指标与国内发达省市相比依然偏低。服务业在规模和质量上,显得相对薄弱,与全省工业化、国际化的发展要求尚存差距。

(5)海洋信息化技术发展略有滞后

辽宁省海洋信息技术发展略滞后于国家海洋安全建设和便民服务发展需要。高技术服务业具有依托信息、人才以及科技基础设施集聚发展的特点,辽宁已经出现了若干高技术服务业的集聚区,如大连软件园、大连高新园区、沈阳东大软件园、沈阳国际软件园等专业园区,但是园区的基础建设、服务平台及企业品质仍需改善,难以满足大量中小高技术服务业对产业集聚区和公共服务平台的需求。而且除大连、沈阳外,其他城市的高技术服务业在专业化、集群化方面相对落后,人才基础欠佳,人才竞争的软实力较差。

2)海洋信息服务业发展形势

(1)海洋强国战略要求海洋信息服务业全面发展

发展海洋服务业,要积极促进"两个转变"的实现[39]。即实现由过去强调发展海洋渔业、海洋工业,向现在重视全面协调发展海洋一、二、三产业,大力发展海洋物流、滨海旅游、海洋调查、海洋科研、海洋教育、海洋环境监测、海洋环保、海洋信息服务业等海洋服务业的转变;实现由注重海洋资源消耗型、环境污染大的海洋传统产业向注重科技含量高、资源环境友好型的海洋新兴产业的转变,努力提升海洋产业能级,建设低碳型海洋经济体系。

(2)网络信息技术发展推动海洋信息服务业技术变革

目前辽宁省信息服务业发展初具规模,辽宁省传统的产业已经比较成熟,但是信息服务产业与其他行业结合不够明显,信息服务业对其他产业的技术支持还不够显著,对其他产业的技术覆盖面不够宽泛。总体而言,辽宁省现代服务业在支持传统产业升级的信息服务业上面还没有跟上现代化的节奏,因此辽宁省的综合竞争力还未能真正体现。振兴东北老工业基地,辽宁省的信息服务业发展是必备之良药。同时,也应当着力建立系统间海洋信息互联互通机制,统一海洋数据格式,利用海洋大数据技术,建立高储存、高配置、可长期利用的综合性海洋信息服务平台,实时更新海洋信息。

(3)产业跨界融合促进海洋信息服务业多元化发展

发展海洋服务业,要实现"四业并举"。即按照"提升传统服务业,拓展现代服务业,兼顾生产服务业和政府公共服务业"并举的方针推动现代海洋服务业发展;在海洋服务业中广泛运用现代技术和管理方法,通过"锦上添花"提升现代海洋服务业,通过"雪中送炭"改造传统海洋服务业,全面提高现代海洋服务业比重和优化升级海洋服务业的内部结构。辽宁省应当致力于发展多样化专业化的海洋信息服务。推进海域动态监控系统、海洋环境在线监测系统、海洋预警报系统、渔港船舶系统的专业化建设,加快电商交易、出海垂钓、海岛旅游等多样化海洋信息服务。

3.5.2 发展重点领域

1) 推进国防安全建设下的军民融合

近年来,随着国家对海洋信息化建设的重点推进,辽宁省海洋信息化发展取得了一定成果,但海洋信息资源开发利用和数据开放共享水平不高,海洋信息技术支撑海洋强国建设的潜能尚未得到充分发挥。因此,辽宁省应当围绕国家国防安全战略部署,顺应现代政府社会治理应用需求,鼓励和支持发展一批军民结合使用的应用软件,利用云计算、大数据等新一代信息技术,建立面向政府服务和社会治理的产品和服务体系,开展医疗、养老、教育、扶贫等领域民生服务类应用软件和信息技术服务的研发及示范应用,推动基于软件平台的民生服务应用创新。

2) 引领技术变革下的"智慧海洋"创建

"智慧海洋"由中国工程院院士潘德炉首次提出,他认为智慧海洋是海洋信息化的深度发展,是信息与物理融合的海洋智能化技术革命,是经略海洋的神经系统和我国海洋强国建设的长远战略抓手,它集海洋综合感知、互联网实时传输、大数据云计算分析挖掘三大高新技术为一体,致力于实现海洋信息互联互通、融合共享、智能挖掘聚合智慧应用[41]。目前,"智慧海洋"作为国家战略安全角度的信息化建设,更应该受到沿海各省市的重视。

3) 促进陆海统筹下的产业跨界融合

目前,辽宁省陆域信息服务业发展速度及服务领域略高于海洋信息服务业,产业间的融合也为海洋信息服务业发展指明了方向。因此,辽宁省应该充分发挥海洋信息服务业与陆域信息服务业的深度融合性、渗透性和耦合性作用,加速软件与各行业领域的融合应用,发展关键应用软件,优化行业解决方案和集成应用平台,强化应用创新和商业模式创新,提升服务型制造水平,培育扩大信息消费,强化以供需对接为核心的服务支撑。探索建立面向其他海洋产业的信息技术服务、公共服务平台,建立良性对接机制,推广先进经验,促进跨领域合作。

4) 推动民享民用下的海洋信息基础设施建设

辽宁省应着力支持各类公共服务平台利用云计算、大数据等新技术汇集数据信息,丰富平台资源,创新服务模式,推动平台互联互通、服务共享。培育一批知识产权、投融资、产权交易、能力认证、产品测评、人才服务、企业孵化和品牌推广等专业服务机构。推动行业协会、产业联盟等第三方中介组织加强自身建设、提升对行业发展和管理的公共服务支撑水平。以新兴领域软件产品标准和信息技术公共服务标准，加强软件和信息技术服务标准体系建设，强化标准对产业发展的引领作用。

3.5.3　发展战略与政策建议

1）响应国家海洋信息平台建设指导，制定本省发展规划及实施方案

国家主导，制定总体发展规划和实施方案，整合资源、整体部署、分步实施，体系化协调推进海洋信息基础设施建设。第一，政府积极引导，筹集资金，加大辽宁省信息服务业的产业规模，加大信息服务业产业的招商引资力度，适当加大对信息服务业的融资政策方面的倾斜，为企业拓展融资渠道；第二，推进辽宁省信息服务业的结构调整，加速发展沈阳东大软件等重点软件企业牵头的大型信息服务企业集团，引导信用服务业联合重组，积极发展基于数字平台、移动通信平台、宽带多媒体平台的信息增值业务，推动新的经济增长点，促进软件产业发展。

2）坚持以企业为海洋信息服务建设主体，探索新型发展模式与路径

以企业为主体，探索新型发展模式，借鉴国外成熟经验，走自主创新道路，推动"建、管、运"一体化。重视海洋信息服务业的发展，提高海洋信息服务占比。如大力发展海洋电子信息产业，加强海洋信息化建设，设立辽宁省海洋信息服务业专项基金，鼓励和引导大型企业和金融资本参与海洋信息服务业建设，培育提供海洋信息服务的小微企业。企业的发展离不开科技的带动，而当前辽宁省科技的研发、应用都很不足。为了解决这个问题，辽宁省应大力发展与科学技术的孵化、转化、应用相配套的服务业，尤其是要注重加强电子信息服务的功能。同时应将科学技术与服务业相结合，推进现代服务业的信息化、集成化、标准化，全面提高服务质量和服务水平。

3）促进军民融合，共建共享海洋信息基础设施

统筹海洋经济与海洋国防建设，共建共享海洋信息基础设施，寓军于民、军民共建。辽宁省服务业发展集聚度较低、布局分散，城区主体作用没有充分发挥。大部分服务行业企业、项目分布不集中，难以发挥集聚效应，难以实现规模经济和范围经济。特别是作为服务业发展重要主体的城区，普遍存在发展服务业财力弱、手段单一等问题。因此，通过军民共建海洋信息服务基础设施，以国家国防安全战略和民用民享的施政方针，鼓励和引导社会力量投资兴办各类规范化、专业化的海洋信息基础设施。同时，注重相关行业从业人员的就业培训和职业教育，不断培育和扩大服务业所需要的人才量，营造有利于服务业发展的人才环境。

4）推动区域协作，借鉴外省信息服务业发展经验

辽宁省作为传统工业发展的大省，海洋信息服务业与多数沿海省份相比，起步

较晚,发展也相对薄弱。在国家海洋信息平台建设的机遇期,辽宁省应该主动融入海洋信息产业示范区的建设当中,积极推动区域间的交流与合作,借鉴发达地区海洋信息化发展经验。辽宁省在夯实海洋信息技术基础、培养专业型人才队伍的同时,也应该积极推动省内及省外技术交流,共享发展经验,降低发展成本,努力将先进的发展经验融入自身发展当中,并将其传递给海洋信息技术发展较为落后的沿海省市。

5) 加强国际合作,形成全球海洋信息产业发展网络

超前布局,推动"一带一路"国际合作,形成求全信息产业发展新格局,运用"互联网+海洋"思维,跨界融合、弯道超越。首先,鼓励海洋信息企业自主创新,提高自身产业竞争力,增强企业的技术创新与产品创新,鼓励企业打造自主创新的产业品牌。加强具有创新性的人才队伍建设,建立创新绩效考核机制,形成创新文化。加强与国际一流企业的战略合作。其次,推进农业信息服务技术发展,加快建设农业信息网络,依托基地、园区和龙头企业,加快发展信息技术外包和业务流程外包。最后,通过辽宁省与国际一流海洋信息产业的优势互补、联通共融,以海洋信息服务优势产品的输出和海洋信息服务超前技术的输出为路径,进一步促进辽宁省海洋信息服务业的长足发展,并形成全球海洋信息产业的发展网络。

3.6 辽宁海洋科研教育管理业发展现状分析及对策研究

3.6.1 辽宁海洋科研教育管理业发展现状

1) 海洋科研投入

海洋科研投入是海洋科技发展中人、财、物方面的投入,代表着沿海地区进行海洋科技研发的基本条件与基础力量。海洋科研投入力度为海洋科技活动开展及海洋经济发展提供基础保障。本研究将从海洋科研机构、海洋科研人员、海洋科研经费方面对辽宁省海洋科研投入情况进行具体剖析。

(1) 海洋科研机构

在海洋科研机构数量方面,辽宁省占据优势。总的来看,以 2001—2016 年为时间尺度,辽宁省海洋科研机构拥有量一直处于波动上升的趋势;且辽宁省在我国沿海 11 省市海洋科研机构拥有量方面居中上等水平。具体而言,由图 3-6 可知,辽宁省海洋科研机构数量仅在 2004—2006 年、2015—2016 年间呈下降趋势,其余大部分年份均呈现保持现状或上升的趋势;以 2001 年为基点,至 2016 年辽宁省海洋科研机构数量提高了 30.77%。除 2006—2008 年外,辽宁省海洋科研机构拥有量均大于沿海 11 省市平均海洋机构拥有量。

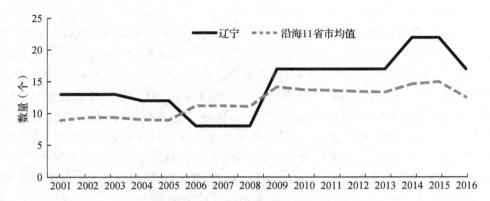

图 3－6　海洋科研机构拥有量统计图

数据来源：《中国海洋统计年鉴 2002—2017》。

（2）海洋科研人员

在海洋科技人员方面,辽宁省涉海科技活动人员数量于 2009 年以后逐渐占优势,但辽宁省涉海科技活动人员结构仍有待优化。由图 3－7 可知,以研究生及以上学历涉海科技人员数量占海洋科研机构科技人员总数的比例作为衡量涉海科技人员素质的标准,2001—2016 年间,辽宁省涉海科技活动人员数量及素质均呈现波动上升趋势。2009 年之前,辽宁省涉海科技活动人员总量不及全国沿海省市平均水平,至 2009 年才开始实现数量赶超;反观涉海科研人员质量,辽宁省涉海科研人员素质于大部分年份内低于全国沿海 11 省市均值,仅在 2015 年暂超沿海省市均值,随即再次出现回落。

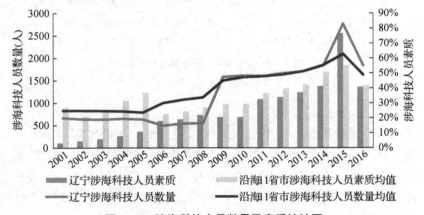

图 3－7　涉海科技人员数量及素质统计图

数据来源：《中国海洋统计年鉴 2002—2017》。

（3）海洋科研经费

在海洋科研机构经费投入方面,2001—2016年辽宁省总科研机构经费收入与人均海洋科技活动经费收入均呈现波动上升态势。由图3-8可知,总科研经费收入仅在2016年出现短暂性回落,人均科研经费收入仅在2009年出现短暂性回落。与我国沿海11省市的横向对比来看,2001—2014年,辽宁省海洋科研机构经费均低于沿海11省市的平均水平,2015年开始呈现反超趋势,且此趋势一直延续至2016年;反观人均科研经费收入,辽宁省于大部分年份低于沿海11省市均值,但辽宁省于2015年人均科研经费收入增长率提升,并逐渐超越沿海11省市均值。近年来海洋科研经费的快速提升主要得益于"丝绸之路经济带"和"21世纪海上丝绸之路"倡议的提出,尤其是2015年《推动共建丝绸之路经济带和21世纪海上丝绸之路的愿景与行动》等政策的颁布,为辽宁省海洋经济带来了新的发展机遇,海洋科研机构经费投入也随之增加。

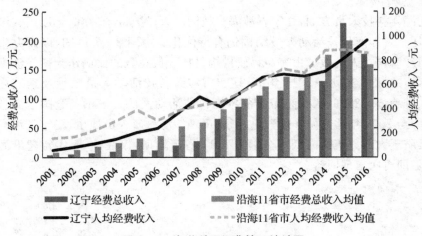

图3-8 海洋科研经费情况统计图

数据来源:《中国海洋统计年鉴2002—2017》。

2）海洋科研产出

海洋科研产出是指反映一个区域海洋科研活动产出的知识成果及产生的影响。海洋科研产出是海洋科研成果转换为实际海洋经济生产力的前提,海洋科研产出状况关系到海洋产业转型升级的速度和效率,关系到海洋经济发展的后续支撑力度和保障。本研究将从海洋科技论文产出数量、海洋发明专利授权数、海洋科研机构科技课题情况方面对辽宁省海洋科研产出现状进行具体剖析。

（1）海洋科技论文产出数量

辽宁省在海洋科技论文产出方面一直居于劣势。以万名科研人员发表科技论文数为标准衡量各省市海洋科技论文产出数量及效率。由图3-9可知,辽宁省虽拥有众多科研机构及人员,但由于海洋科研人员学历素质水平的限制,导致其在考察期内海洋科技论文产出居于劣势。具体而言,在2001—2016年内,辽宁省万名科研人员发表科技论文数一直低于沿海11省市均值,且在考察期内,和其余沿海省市相比,辽宁省万名科研人员发表科技论文数均在后四名中徘徊。

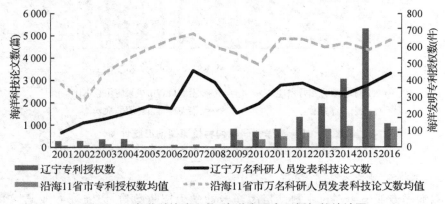

图3-9 海洋科技论文数、海洋发明专利授权数统计图

数据来源:《中国海洋统计年鉴2002—2017》。

(2)海洋发明专利授权数

在海洋发明专利授权数方面,辽宁省一直呈现出波动上升的趋势,这表明辽宁省海洋科研专利的发展脚步逐渐加快。由图3-9可知,在考察期内,除2005—2008年外,辽宁省海洋发明专利授权数均高于全国沿海11省市均值;其中,辽宁省海洋发明专利数量、辽宁与全国沿海11省市海洋发明专利数量差值于2015年均达到最大,这表明近年来辽宁省在海洋科研知识产出方面逐渐加大了重视程度与发展力度。

(3)海洋科研机构科技课题情况

以海洋科研机构科技课题总数及成果应用类课题占比衡量海洋科研机构科技课题发展现状。由图3-10可知,辽宁省在海洋科研机构科技课题总数方面居劣势,但辽宁省在海洋科技研发过程中新产品、新装置、新工艺、新技术产出方面的成果居于沿海11省市领先位置。具体而言,2001—2016年辽宁省海洋科研课题总数呈现波动上升态势,且一直低于沿海省市均值,这表明辽宁省若想实现海洋科技的长足发展,就需在提升海洋科研机构科技课题数量上下功夫。与沿海其他省市相同,2001—2016年间,辽宁省海洋成果应用类课题占比呈现波动下降趋势,但辽宁省的海洋科研成果应用课题占比始终高于沿海11省市均值,由此可知,辽宁省海洋应用型科研能力突出。

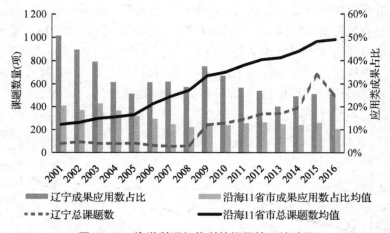

图 3 - 10　海洋科研机构科技课题情况统计图

数据来源：《中国海洋统计年鉴 2002—2017》。

3）海洋专业学生招收情况

以海洋专业学生在校生数衡量海洋专业学生招收数量，以海洋专业硕博学生在校生数及占比衡量海洋专业学生招收质量。综合来看，辽宁省海洋专业学生在校生招收数量及质量处于明显优势地位。具体而言，由图 3 - 11、图 3 - 12 可知，辽宁省海洋专业在校生数随时间推移呈波动上升态势，且数量多于沿海省市均值；同样地，辽宁省海洋专业硕博在校生数也呈现波动上升态势，且数量多于沿 11 海省市均值；但由于在校生总数和硕博在校生数增长速度不同，导致辽宁省海洋专业硕博在校生占比呈现先减后增的态势，但随着时间的推移，辽宁省硕博在校生占比与沿海 11 省市均值的差距逐渐缩小，因此，辽宁省在日后的海洋教育发展中应注意在海洋专业学生招收质量上保持优势地位。

4）开设海洋专业高等学校情况

（1）开设海洋专业点情况

以开设海洋专业点数、海洋硕博专业点数及占比衡量各省市开设海洋专业点综合现状。辽宁省在开设海洋专业点的数量上占优势，质量上提升速度减缓。由图 3 - 13、图 3 - 14 可知，辽宁省海洋专业点开设数量与其他沿海省市相比占优势；辽宁省硕博海洋专业点数增长速度不及本专科海洋专业点数增长速度。因而，硕博海洋专业点数占比呈波动下降趋势，且随着时间的增加，辽宁省海洋硕博专业点数占比逐渐低于沿海 11 省市平均水平。由此可见，辽宁省应在提升海洋专业点质量上下功夫。

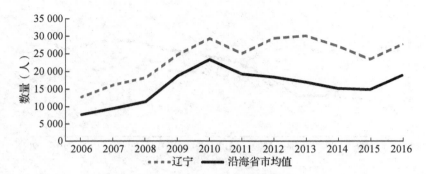

图 3 - 11　海洋专业在校生总数统计图

数据来源：《中国海洋统计年鉴 2007—2017》。

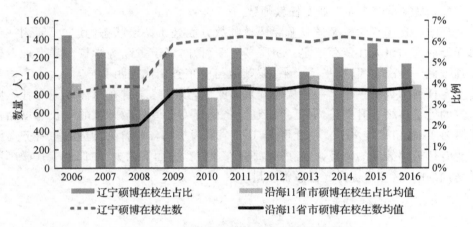

图 3 - 12　海洋专业硕博在校生情况统计图

数据来源：《中国海洋统计年鉴 2007—2017》。

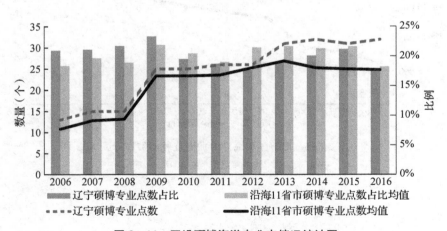

图 3 - 14　开设硕博海洋专业点情况统计图

数据来源：《中国海洋统计年鉴 2007—2017》。

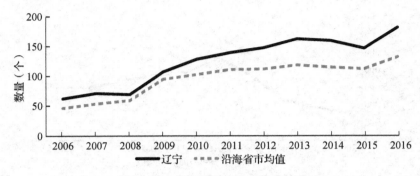

图 3 - 13　开设海洋专业点数统计图

数据来源:《中国海洋统计年鉴 2007—2017》。

（2）高等学校海洋专业专任教师数

辽宁省在高等学校海洋专业专任教师数方面处于缺乏状态,其主要原因在于海洋专业高质量人才留存不足。由图 3 - 15 可知,辽宁省高等学校海洋专业专任教师数低于沿海 11 省市平均水平,尤其是与山东省相比差距明显,仅为山东海洋专业专任教师数的三分之一。从时间范畴来看,虽然辽宁省在海洋专业专任教师数方面处于连续上升态势,但近年来辽宁省海洋专业专任教师数的增长速度略低于沿海 11 省市平均水平。由此可见,辽宁省在发展海洋教育方面应着重补齐海洋专业专任教师数量的短板,在高质量海洋人才留存方面下功夫,在保证专任教师数量增加的同时,注重提升专任教师质量。

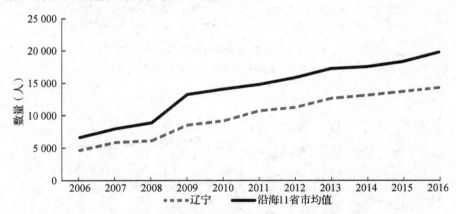

图 3 - 15　高等学校海洋专业专任教师数统计图

数据来源:《中国海洋统计年鉴 2007—2017》。

3.6.2　辽宁海洋科研教育管理业发展形势

1) 海洋科技教育发展快

辽宁省在发展海洋科研与教育方面具有一定的传统优势,拥有一批像大连海事大学、大连海洋大学等国内知名的专业院校和科研机构。尽管辽宁省的海洋科研与教育在横向比较中并没有明显优势,但近10年来,辽宁省在海洋科研机构、科技活动人员、海洋专业在校生、海洋专业点方面增长较快,超过了沿海11省市平均水平。从统计数据看,截至2016年,辽宁省共有海洋科研及教育机构42家,其中科研院所17家,高等教育机构25家,相比2006年增长了200%;科技活动人员近两千人,海洋专业在校生数近3万人,海洋专业点数近200个,相较于2006年,分别增长了353.55%、117.51%、191.94%。

2) 应用型科研能力突出

横向比较来看,辽宁省的基础教育和基础性科研成果,与海洋科技大省的山东、广东均有不小的差距,而且上海、江苏两省的综合情况也要优于辽宁省。但在应用型科研成果上辽宁省拥有相当的优势,即辽宁省在海洋科技研发过程中新产品、新装置、新工艺、新技术产出方面的成果居于沿海11省市领先位置。具体而言,主要体现在专利授权数和海洋成果应用类课题占比这两项指标上。2016年辽宁省142项专利授权数,列沿海省市第四位;海洋成果应用类课题占比25.71%,位居沿海11省市第一位。由此可见,辽宁省的应用型科研能力十分突出。

3) 海洋科研教育政策优势明显

辽宁省相关部门重视发展海洋科技,提倡企业与科研机构自主创新及产业化发展。由此,解决了一批重大的关键技术难题,完成了一批具有自主知识产权的创新成果,建立了一批海洋科技园区和特色产业基地,培育了一批海洋科技人才和骨干企业,为辽宁海洋经济的快速发展提供了技术支撑。"丝绸之路经济带"和"21世纪海上丝绸之路"倡议的提出,尤其是2015年《推动共建丝绸之路经济带和21世纪海上丝绸之路的愿景与行动》等政策的颁布,为辽宁省海洋科研教育带来了新的发展机遇,辽宁省开始加大对海洋科研教育的政策投入与资金投入。2018年3月,李克强总理提出辽宁省要转身向海,肯定了"加大东北吸引人才的政策支持力度,使更多创业创新'雄鹰'不再南飞"的观点。同时,辽宁省也加大了对海洋科研教育业的投资力度。

3.6.3　辽宁海洋科研教育管理业发展问题分析

1) 海洋科技教育实力整体不强

辽宁省科研实力整体不强,主要表现为海洋科研人员质量低、海洋科技论文产出量少、海洋专业专任教师缺乏。从沿海省市范围来看,以 2001—2016 年为时间范畴,辽宁省涉海科技人员中硕博士所占比重仅高于广西和海南,居倒数第三位;受海洋科研人员学历素质水平的限制,辽宁省万名科研人员发表科技论文数居全国最低位;海洋专业专任教师数居沿海省市第六位,与传统的海洋科技教育强省——山东省作比较,辽宁海洋专业专任教师数仅为山东的 1/3,与海洋经济总量大省——广东省相比,广东省海洋专业专任教师数约为辽宁省的 1.6 倍。综合来看,虽然辽宁省一直重视海洋科技教育发展,目前拥有辽宁省海洋水产科学研究院、大连海事大学、大连海洋大学等多所教科研机构,海洋科技人才水平得到很大提高,但是与广东、山东等沿海省市相比,辽宁还存在较大差距。

2) 海洋科技和教育人才与海洋经济发展需求对接不到位

目前,辽宁在海洋科研和教育方面的发展水平不能满足快速发展的海洋经济需求。在辽宁现有的海洋科技人才中,从事基础性研究工作和探究海洋生物的技术人员较多,如:海洋生物资源的开发利用、远洋渔业、海水养殖、海洋盐业化工、海水综合利用、海洋环境保护等。从事工程技术研究的科技人员、新兴高科技的研发人员相对较少,从事宏观海洋经济战略研究的机构和人员则更少,如:辽宁省的深海资源的开发技术、海洋卫星的遥感技术、深潜的技术、海洋农牧化的技术等高端技术目前还低于国内的先进水平,辽宁省的海洋工程的建筑业、海洋电力业、海洋生物医药业、海水综合的利用业等高科技含量的产业还没有有效地发展[41]。而辽宁省海洋经济的发展需要对海洋产业整体进行优化升级,对于从事工程技术研究、新型高科技研究和宏观海洋经济战略研究的人才需求出现空缺,因此造成辽宁省海洋科技和教育人才与海洋经济发展需求对接不到位,海洋领域的领军人才、拔尖人才匮乏,海洋科技教育实力不足以支撑辽宁省海洋产业由粗放发展阶段走向整体转型升级的新阶段。

3) 海洋科技成果转化率低

辽宁省海洋科技力量欠缺的主要表现之一在于海洋科技成果转化率较低,即科技进步对辽宁海洋经济的贡献率较低、技术队伍总量小、科研力量分散没有形成高效率的合力。造成这种状况的原因在于两方面:第一,体制问题。具体表现在,城市中存在多家独立的海洋科研机构,既游离于企业与大学之外,又与地方政府实质性联系不紧密,且众机构的研究成果和方向比较相近,重复性强,造成了一定程度的资源和人才浪费,各单位之间平起平坐,横向协作较少,难以形成合力发挥更大的价值。二是科研院所与企业角色对接不到位。科研院所及研发人员市场观念淡薄,所研发的项目往往是从学术角度出发立项,由于缺乏市场调研而导致市场前景不明,对成果转化造成障碍。而且海洋科技成果在试验阶段、中试阶段以及商品化或产业化阶段三个阶段转化中所需资金越来越大,而科研院所资金有限,也会影响成果转化。企业集团对市场的把握较强，能根据市场需求有针对性地进行科研。企业集团专项明确，容易形成专业化优势，而且资金雄厚，对产品的开发、生成管理以及产品的销售更有把握。但是辽宁省的企业集团介入海洋科研领域的时间较短，缺乏雄厚的科研基础，科技力量投入往往不足。

4) 海洋科技教育投资力度不足

海洋科技的投入力度是最重要的科研保障，是一切科技研发活动的重要基础。辽宁省投资力度不足表现在两方面：第一，辽宁省海洋科技产业的多元化投资和风险投资机制并不完善，风险性资金进入和退出市场的渠道不畅通、技术交易市场不健全等都阻碍了外资以及民间资本进入海洋科技产业领域，海洋科技产业的资金仅依靠政府财政拨款和少数企业的项目支持，远远不足以支撑海洋科技的迅猛发展，这些都不利于实现科技产业多元化投资体制；第二，辽宁省目前沿海经济带的产业结构层次低、投资规模小，导致海洋科技发展直接融资和间接融资困难，由此也大大制约了辽宁省海洋科技成果的转化及海洋经济向集约型发展方式的转变。从具体数据来看，海洋人均科研经费于大部分年份低于沿海 11 省市均值，这一情况严重影响了海洋科研的高效发展及海洋教育的持续发展。

5) 海洋科技教育管理服务业门类少

辽宁省海洋科技教育管理服务业尚未形成服务海洋经济各个方面的健全的、完善的服务体系，服务门类少，主要集中于部分生产性服务业领域。海洋信息服务、海洋环境监测预报服务等亟待实现突破。具体而言，当前辽宁省海洋经济发展的技术主要集中于海洋装备制造业、船舶工业、海洋渔业、海盐及海洋化工业等基础科学研究与应用领域，而海洋生物医药、海洋生物工程、海洋能源开发和海水综合利用等海洋高新技术产业因海洋科技支撑力度不足而呈现发展乏力的状态。辽宁省海洋科技教育管理服务体系的不完善，尤其是海洋信息服务、海洋环境监测预报服务的不完善阻碍了科技信息的自由流动，造成海洋经济发展效率低、可持续性较弱及海洋高新技术产业发展乏力的现象。

3.6.4　辽宁海洋科研教育管理业新业态、新模式

以国家海洋经济规划"三重大"、《推动共建丝绸之路经济带和 21 世纪海上丝绸之路的愿景与行动》为依托，以山东省、广东省海洋科研教育管理业新业态为借鉴，结合当前辽宁省海洋科研教育管理业发展现状，其新业态、新模式基本思路如下。

1) 建立集海洋科学认知、管理支撑、信息共享和智能服务于一体的海洋信息系统

以信息知识嵌入和渗透为纽带的海洋科研教育管理业，已成为新型的海洋战略产业。在海洋科研教育信息化管理方面，发达国家基础设施建设起步早、要求

高。2006 年,美国科学基金会宣布 CPS(CYBER-PHYSICAL SYSTEM)为国家研究核心课题,美国白宫的 CPS 项目,可以称为"网络实体融合系统",即"信息物理融合系统"或"智能技术系统"。2013 年 4 月,德国政府制定《高新战略 2020》,提出"工业 4.0"。近年来,我国也陆续开展"智慧海洋"工程建设。众所周知,互联网时代是信息管理融入经济发展的时代,因此,辽宁省应紧追时代步伐,将"互联网＋"打造成海洋科研教育管理的"提升器"、海洋经济活动的"增值器"。

结合辽宁省海洋科研教育管理业现状,辽宁省应做到:第一,建立岸基、海基、空(天)基监测基础组网。一方面对于海洋环境进行实时监控;另一方面基于海洋立体观测网提升海洋科学认知,实时了解海洋经济活动现状,为政策措施的制定及时提供一手资料。第二,建立行之有效的信息共享的海洋信息平台,形成"统一规划、协同建设、互联共享、上下联动"的综合信息系统。注重省内及省市间海洋数据处理与共享的广泛应用、海洋信息智能化应用与科学经济活动的密切融合,由此提升海洋科研成果转化率和应用率,提高海洋经济发展效率。

2)建设以全球视野为基准的科技人文交流平台

"一带一路"旨在促进经济要素有序自由流动、资源高效配置和市场深度融合,推动沿线地区实现经济政策协调,开展更大范围、更高水平、更深层次的区域合作。辽宁省位于东北亚核心位置,向北可在"丝绸之路经济带"建设中寻找发展落脚点,向南可成为"21 世纪海上丝绸之路"的东北亚起点,因此辽宁省应依托区位优势,切实找准在自身在"一带一路"建立中的战略定位。随着国务院对《辽宁沿海经济带发展规划》的批复和东北"东边道铁路"大动脉的规划实施,作为东端起点的丹东不仅成了东北腹地最便利的出海口,还成了连接东北腹地与辽宁沿海地区的重要纽带,因此,辽宁省应以丹东为中心,依托辽宁沿海经济带面向朝韩日的地缘优势,打造黄渤海经济圈桥头堡,建立合理有效的协作机制,把握任务发展切入点[42]。

具体而言,辽宁省可依托黄渤海经济圈桥头堡优势,搭建科技人文交流平台,探索建立海洋科技创新国际合作网络。加强与"一带一路"沿线各国间的海洋科技交流,推动中韩、中日、中俄海洋科学共同研究中心等国际海洋科技合作平台建设。引进沿线国家海洋前沿技术领域人才项目。实施海洋人才国际教育培育计划,扩大相互间留学规模和来华培训规模,支持高校赴境外共建国际大学和开办分校。加强国际友好合作交流,建立与"一带一路"沿线城市的高层互访机制和与金砖伙伴城市地方政府对话交流平台。同时,发挥辽宁自贸区优势,吸引世界各地的优质企业落户辽宁自贸区,为形成全球高标准自由贸易区网络奠定基础,并以此为基点,增强辽宁省科技创新人才的吸引力。

3)海洋科技教育管理业由政府主导向企业主导和产业化转变

企业是盘活市场、推动创新经济发展的主干力量,企业的科技水平及生产力水平体现了海洋经济发展活力和效率;政府是引导市场主体高效开展海洋经济活动、维护市场环境稳定有序的有力支柱,是提供海洋经济发展政策引导、科技教育发展资金支持的导向器;市场在资源配置过程中起决定性作用,反映海洋科研教育管理体制环境的成熟度和灵活性。

辽宁省涉海企业间协调机制应重点遵循"市场为主、合作共赢"的原则,打破贸易壁垒,促进商贸、物流的自由交换和健康发展。政府和企业间的协调机制重点协商解决贸易过程中存在的问题,以经促政,以政辅经。具体而言,辽宁省若想实现海洋科技教育管理业由政府主导向企业主导和产业化转变,应做到:第一,支持战略性新兴产业领域科技成果的转化、产业化和市场培育及产业公共服务平台建设;以提升海洋产业园区、孵化器等自主创新和孵化聚集能力为核心,多方面挖掘整合关联创新资源,加快成果转化,创新集群发展新模式。第二,支持鼓励以企业为主体的产学研一体化创新联盟,建立有影响力的企业联盟标准体系,建设研发共享平台和产业化示范基地,形成以高校为实施主体、面向战略性新兴产业核心共性问题及区域发展重大问题的协同创新格局。第三,建立海洋产业发展基金,由财政资金引领、金融资本和社会资本参与,采用市场化运作模式,支持高端海洋装备制造、海洋生物技术应用等领域发展;建立政策性融资担保机制,探索用于涉海高技术中小企业在产业化阶段的风险投资及融资担保,或用于贷款、融资租赁等的风险补偿等。

3.6.5　辽宁海洋科研教育管理业重点发展领域

1) 以海陆融合为引领,着力实现"产业—技术"创新联盟

《推动共建丝绸之路经济带和21世纪海上丝绸之路的愿景与行动》的颁布,对辽宁的功能定位是与俄远东地区陆海联运合作,建设向北开放的重要窗口。此外,辽宁省海洋经济带土地、资金等资源有限,需以陆域经济为后盾[43]。由此可见,以时代赋予发展重任及自身发展要求而言,辽宁省均应以陆上经济及基础设施为依托,转身向海,以海陆融合为发展基调,繁荣辽宁省海洋科研管理业。

辽宁省海陆融合的科技拉动模式应当以科技成果产出、转化与应用单位之间的联动发展为前提。辽宁省海洋科研教育管理服务业对陆地经济的关联度说明海洋科技的投入对陆域经济增长产生较强拉动作用。以沈阳和大连为核心的高新技术产业带集聚了沈阳、大连两大中心城市的人才、技术优势。高新技术产业园区(带)与高校、科研院所在布局上的趋近和市场上的联动为海陆科技成功产出、转化、应用提供条件。辽宁省海洋科研教育管理业的可持续发展应以海陆融合的思想为基调,建立包括辽宁各大科研院所及一些育苗企业的"产业—技术"创新联盟,实现产学研一体化发展。

交通线对区域经济平衡发展的作用突出,重要交通干线的开通加速了沿海地区与腹地间人才、技术、资源的流动。因此,辽宁省在积极对接"一带一路"建设过程中,必须抓住沈阳市至大连市的交通经济带的升级工作,不断完善交通经济带内的综合运输通道的基础设施建设,并且培育沿线区位条件优越或产业优势明显的区域形成集聚中心,构建海陆经济联动的便捷通道,为企业与科研院所的联合发展提供便利。

2) 以军民融合为基点,重点推动辽宁省融入"智慧海洋"平台建设

智慧海洋工程是"工业化＋信息化"在海洋领域的深度融合、也是军民深度融合,全面提升经略海洋能力的整体海洋科研教育管理业发展方案。具体而言,辽宁省融入"智慧海洋"平台建设是当前海洋科研教育管理业的重点发展领域的原因在于:首先,提供海洋信息基础设施,用更普惠的方式为辽宁省提供海洋感知、导航定位、遇险救生、灾害预防、海上通信等信息服务,确保辽宁省海域的安全;其次,提供海洋信息交流渠道,将辽宁省与海上丝绸之路沿线各国港口、城市、政府、企业、人员更紧密联系在一起,通过信息共享、便捷沟通,提升双方海洋经济活动的效率;最后,提供跨国"互联网＋海洋"平台,以"智慧海洋"工程所掌握的沿岸各国海量信息为基础,以大数据和云计算能力为支撑,为各国开展"互联网＋海洋"提供一个统一的服务平台,带动辽宁省及合作城市的海洋经济以创新模式发展。基于此,辽宁省应以完善的海洋信息采集与传输体系为基础,以构建自主安全可控的海洋云环境为支撑,将海洋权益、管控、开发三大领域的装备和活动进行体系性整合,运用工业大数据和互联网大数据技术,实现海洋资源共享、海洋活动协同,挖掘新需求,创造新价值,达到保障海洋安全能力、增强海洋管理能力、加大海洋开发利用能力的目的。

3) 以产业融合为抓手,综合发展海洋高新技术产业

在"互联网＋"、高新技术迅速发展的大背景下,产业融合是推动传统产业创新,提高产业竞争力和生产率的必然选择。由于产业融合容易发生在高技术产业与其他产业之间,产业融合过程中产生的新技术、新产品、新服务在客观上提高了消费者的需求层次,取代了某些传统的技术、产品或服务,造成这些产业市场需求逐渐萎缩,在整个产业结构中的地位和作用不断下降;同时产业融合催生出的新技术融合更多的传统产业部门,改变着传统产业的生产与服务方式,促使其产品与服务结构升级,促使市场结构在企业竞争合作关系的变动中不断趋于合理化。因此,辽宁省海洋科技教育管理业的长足发展需结合产业融合的概念,以海洋高新技术产业为发展导向,实现海洋经济的繁荣。

具体而言,辽宁省应在发展现已成规模甚至是国内领先的海洋渔业、船舶工业、海洋旅游与海上娱乐产业的基础上,加大对海洋高新技术产业的人才引进、资金投入与科技投入。辽宁省应基于海洋科技教育发展现状,通过政策引导,加大对

复合型、综合性人才的吸引力,引导海洋产业与现代生物技术、新能源领域、工程建设学科的多角度、全方位融合,以此推动海洋药物业、海洋服务业、新兴海洋空间利用、海洋核能及其能源利用等高新技术产业的发展。其中,辽宁省实现产业融合,打造具有鲜明区域特色与产业优势的海洋经济需要以强大的资本实力作支撑,因此,辽宁省也应当在加大对资本市场的利用程度方面下功夫,即通过资产证券化、企业上市、引进风险投资、民间资本利用、建立信托基金等方式,加大对海洋产业融合即海洋创新产业的资金投入。

3.6.6　辽宁海洋科研教育管理业发展战略及政策建议

1)发展战略

围绕国务院对辽宁省"转身向海"的总体要求,结合《"十三五"国家科技创新规划》,从区域发展全局出发,统筹规划,加强海洋科学研究人才队伍建设,深入实施"人才强海"战略,把海洋科技人才作为重要的战略资源,把培养和造就团结协作、高效精干的优秀科学家研究团队作为海洋科研教育管理业发展的主要战略目标;从战略高度确保辽宁省加强顶层设计,建设海洋科技合作平台、智慧海洋应用平台、科技成果转化平台、海洋环境监测预报平台,建立行之有效的信息共享和联动机制,及时监测预报海洋环境变化,提升科技成果转化效率;利用当前"一带一路"发展契机,支持科研机构和企业共建海外技术示范和推广基地、建设海洋科技合作园,共建共享,增强辽宁省海洋科研教育管理业服务门类,走依海繁荣之路。

2)政策建议

(1)加强海洋科研教育管理业顶层设计,推进产学研相结合

首先,建立科技创新体系。在辽宁省现有涉海科研单位内部,设置海洋科技开发中心,充实高水平的专业人才;设立海洋研究院,加强海洋资源综合开发利用研究;有关大专院校也要加强海洋科技方面的研究;鼓励有条件的企业自办或与科研院校联合创办海洋研究开发中心,促进科技成果转化;建立海洋经济专家库,对全省海洋科技创新提供咨询和指导。其次,为科技创新提供政策保障。各级政府要做好海洋资源调查评价、监测等基础性、公益性工作,为科技创新提供基础依据;各级科技主管部门要设立海洋科技发展基金,支持海洋科技创新研究,开发高科技成果;各涉海产业部门也要投入一定的经费用于科技创新,开发新产品,提高竞争力;在海洋科技成果的奖励等方面给予必要倾斜,提高海洋科技创新的积极性。最后,注意把握市场、企业、政府三者的制衡协调与角色定位,探索并建立有利于海洋科技进步的新机制,推动海洋科研教育管理业由政府主导型向企业主导和产业化转变。鼓励科研单位兴办技术经济实体,建设科研开发实验基地,促进海洋科技力量进入海洋开发第一线;着力打造市场开放度强、投资灵活性高、市场化海域面积广、

需求市场弹性好、企业创新效率高、政府基础投资稳、政策支撑方向准、环境保障力度大的海洋科技创新体制,逐步由政府支柱为主过渡到以市场运营机制为主。

（2）构建海洋科技中介平台体系

通过完善的海洋科技中介平台,科研机构与企业集团可以相互了解,减少信息的不对称,促进项目合作,推动海洋科技成果转化。除了各种临时性的海洋成果推介会外,还应该建立多层次海洋科技中介平台体系。借鉴其他省市成功经验,辽宁省可采取以下做法:第一,由辽宁省政府建立海洋科技中介平台。如建立辽宁省海洋科技成果交易与技术推广中心,减少科研技术成果市场化、产业化的中间过程环节,提高科研院所海洋科技成果转化效率。第二,辽宁省相关海洋行业组织可以进行平台建设。如由资深海洋研究所牵头,建立包括辽宁各大科研院所及一些育苗企业的产业技术创新联盟,以此联盟为基础,为海洋科技成果提供一个高效转化平台。第三,在科研院所内部可以建设海洋科技成果转化平台。以青岛市为例,中国海洋大学成立的青岛中国海洋大学控股有限公司,公司的职责之一就是促进学校科技成果的转化和产业化,目前已经实现了海洋药物、海洋精细化工等多个领域科技成果的转化。据此,辽宁省可依托已有科研院所的理论与技术支撑,构建企业与科研院所高效对接平台,提升海洋科技成果转化效率。第四,辽宁省应打造"统一规划、协同建设、互联互享、上下联动"的综合信息系统,在海洋信息服务、海洋环境监测预报服务等领域实现突破,从而完善海洋经济服务体系,丰富服务门类。

（3）加强海洋科技人才的培养和引进,提升海洋科研教育管理业发展质量

做好海洋科技人才的培养和引进,采取多种手段培养海洋科学研究和开发管理所需要的人才。首先,在现有涉海高等学校和科研机构的基础上,根据海洋经济的发展进行专业设置的调整,加大教学科研资金的投入,加快涉海类博士点、硕士点、本科等重点专业建设,并逐渐扩大涉海院校的招生规模。引进海洋工程装备领域的科研院所,完善学科结构。其次,大力扶持发展职业教育,形成中职、高职、继续教育相互依存、错位发展的良好局面。围绕产业发展需求,培养一批海洋工程装备、海洋可再生能源等领域的实用型、复合型蓝领人才。再次,对现有人才进行再培养。对各类海洋科研人员和管理人员提供良好的成长环境,并且选拔优秀人才在国内及国外进修和培训,更新和拓宽他们的知识,提升人才技能,以满足海洋经济发展对人才的需求。最后,根据地区海洋经济发展的需要,借助"海上丝绸之路"发展契机,做好人才引进规划。根据人才的紧缺程度,制定相应的优惠政策,从国内外引进各类海洋人才。依托重点项目、高新技术产业园区、大学科技园、留学人员创业园,积极吸引拥有技术或项目的各类人员及海外留学人员创业,集聚海内外高端人才。同时,深化用人制度改革,给引进人才良好的工作和生活环境,出台激励机制,做到人尽其才、才尽其用。

本章参考文献

[1] 国川，韩增林，李悦铮. 辽宁省海洋旅游发展对策研究[J]. 海洋开发与管理，2014，31(6)：50-55.

[2] 李太光，张文建. 新时期上海推动旅游业转型升级的若干思考[J]. 北京第二外国语学院学报，2009，31(3)：44-49.

[3] 王慧，刘冬. 全域旅游下辽宁邮轮旅游发展策略[J]. 合作经济与科技，2018(17)：38-40.

[4] 王刚，敖丽红. 辽宁沿海经济带自驾游产业与旅游景区联动发展问题研究[J]. 经济研究参考，2013(27)：76-80.

[5] 鲁小波，陈晓颖. 辽宁沿海经济带旅游产品体系研究[J]. 东北亚经济研究，2019(4)：44-53.

[6] 鲁小波，陈晓颖，郭迪，等. 辽宁省滨海旅游业竞争力影响因素分析与提升对策[J]. 海洋经济，2014，4(1)：18-24.

[7] 王辉，苑莹，武雅娇，等. 辽宁沿海经济带旅游竞合条件与策略分析[J]. 辽宁师范大学学报(社会科学版)，2013，36(4)：515-519.

[8] 佟玉权，宿春丽. 辽宁海洋旅游分区研究[J]. 北方经济，2008(18)：54-55.

[9] 佟玉权，邓光玉，赵玲. 辽宁海洋旅游区位优势与产业发展策略[J]. 海洋开发与管理，2008，25(10)：113-117.

[10] 陈永军. 辽宁港口集装箱运输发展现状及需求预测[J]. 中国港口，2006(10)：28-30.

[11] 董晓菲. 大连港—东北腹地系统空间作用及联动发展机理研究[D]. 长春：东北师范大学，2011.

[12] 邹智超. 辽宁省沿海港口竞争力评价研究[D]. 大连：大连海事大学，2011.

[13] 王迪. 辽宁沿海港口竞争力研究[D]. 大连：大连海事大学，2012.

[14] 叶士琳，曹有挥，王佳韡，等. 长江沿岸港口物流发展格局演化及其机制[J]. 地理研究，2018，37(5)：925-936.

[15] 孙泽华. 辽宁沿海港口群协调发展的模式选择及对策研究[J]. 辽东学院学报(社会科学版)，2015，17(4)：32-36.

[16] 李大庆. 辽宁港口与物流园区协同发展研究[J]. 经济研究参考，2013(27)：41-45.

[17] 李华. 未来我国港口发展的趋势：港口物流[J]. 港口经济，2003(1)：40-41.

[18] 彭澎，程诗奋，刘希亮，等. 全球海洋运输网络健壮性评估[J]. 地理学报，

2017，72(12)：2241－2251.

[19] 王刚，牛似虎. 辽宁沿海经济带港口联动发展策略研究[J]. 物流技术，2013，32(7)：5－8.

[20] 王杰. 辽宁港口整合的思路与对策：国内外港口整合实证分析[J]. 辽宁经济，2009(3)：26－27.

[21] 王刚. 辽宁港口资源整合的趋势与对策[J]. 水运管理，2007，29(3)：12－14.

[22] 邓蕾. 中国集装箱港口企业生产率测度研究[D]. 重庆：重庆大学，2010.

[23] 赵培阳，杜军. 国内外海洋金融研究综述[J]. 合作经济与科技，2019(6)：52－54.

[24] 鹿丽，刘宁，刘宇. 金融支持促进辽宁海洋经济发展的思考[J]. 发展研究，2014(1)：62－65.

[25] 吴容容. 中国海洋产业互联网融资模式创新[J]. 吉林农业科技学院学报，2018，27(2)：63－66,120.

[26] 李勇，许荣. 大数据金融[M]. 北京：电子工业出版社，2016.

[27] 杨国瑰，赵雨田. 基于P2P网络借贷模式分析辽宁中小企业融资成本的降低思路[J]. 当代经济，2018(2)：62－63.

[28] 安邦坤. 股权众筹在多层次资本市场中的定位概论[J]. 现代管理科学，2015(2)：82－84.

[29] 郑世忠，勾维民. 加快大连海洋金融业发展的对策建议[J]. 华北金融，2013(7)：61－63.

[30] 胡金焱，赵建. 新时代金融支持海洋经济的战略意义和基本路径[J]. 经济与管理评论，2018，34(5)：12－17.

[31] 张健. 金融支持海洋经济面临的问题及其路径选择[J]. 福建论坛(人文社会科学版)，2016(5)：46－49.

[32] 李萍. 海洋战略性新兴产业金融支持的路径选择与政策建议[J]. 中国发展，2018，18(1)：35－39.

[33] 冯多，廉欢，鄂磊. 辽宁海洋文化产业区域协同发展研究[J]. 辽宁大学学报(哲学社会科学版)，2015，43(5)：110－115.

[34] 张煜塬，安然，金舒亭，等. 辽宁省海洋文化产业发展的现状、问题与对策[J]. 黑河学刊，2015(5)：33－35.

[35] 林宪生，迟妮娜. 辽宁海洋文化产业基地建设研究[J]. 海洋开发与管理，2008，25(11)：87－91.

[36] 叶武跃，林宪生. 辽宁省特色海洋文化产业的集聚化发展模式探讨[J]. 海洋开发与管理，2013，30(10)：98－102.

［37］王鹤春，朱雨飞. 基于信息技术促进辽宁高端制造者服务业发展的对策［J］. 企业改革与管理，2019(4)：223－224.

［38］王晓莉. 辽宁省高技术服务业人才战略 SWOT 分析［J］. 中国市场，2013 (44)：41－47.

［39］韩立民，陈明宝. 海洋服务业：海洋经济新的增长点［J］. 海洋世界，2010 (6)：10.

［40］姜晓轶，潘德炉. 谈谈我国智慧海洋发展的建议［J］. 海洋信息，2018(1)：1－6.

［41］宋伟，盖美. 保护辽宁省海洋环境 促进海洋经济可持续发展［J］. 海洋开发 与管理，2008，25(3)：131－135.

［42］刘国斌.“一带一路”基点之东北亚桥头堡群构建的战略研究［J］. 东北亚论 坛，2015，24(2)：93－102,128.

［43］董晓菲.“一带一路”背景下辽宁省海陆经济联动的路径选择［J］. 党政干部 学刊，2017(10)：44－48.

第四章
辽宁海洋战略性新兴产业发展对策研究

4.1 发展海洋战略性新兴产业的重要意义

在全球金融危机爆发后的新一轮国际经济秩序调整过程中,战略性新兴产业以其对经济社会全局和长远发展具有重大引领带动作用,成为全球各经济体建立或重塑国家竞争优势的共同选择。作为战略性新兴产业的重要组成部分,海洋战略性新兴产业不仅体现了一个国家在未来海洋资源利用方面的发展潜力,而且直接关系到一国能否在 21 世纪的"蓝色经济时代"占领全球海洋科技的制高点。

作为陆海兼备的大国,海洋是我国战略性新兴产业的重要领域。2010 年,原国家海洋局启动了海洋战略性新兴产业规划研究工作,基本确定了海洋生物育种和健康养殖、海水淡化与综合利用、海洋生物医药、深海技术、海洋装备、海洋可再生能源、海洋服务业等海洋战略性新兴产业为海洋经济重点发展方向。2016 年,国务院出台了"十三五"国家战略性新兴产业发展规划,明确指出要大力发展海洋战略性新兴产业,支持海洋资源利用的关键技术研发和产业化应用,培育海洋经济新增长点。习近平总书记进一步指出,海洋是高质量发展战略要地,要加快海洋科技创新步伐,提高海洋资源开发能力,培育壮大海洋战略性新兴产业。学习贯彻习近平总书记重要指示精神,必须更加注重经略海洋,加快推进海洋领域科技创新,推动以高新技术为特征的海洋战略性新兴产业发展,构建完善的现代海洋产业体系。目前,我国海洋战略性新兴产业进入快速发展期,逐渐成为沿海地区增强产业竞争力、拉动海洋经济转型、实现跨越式发展的重要方式,为国家海洋强国战略提供了强有力支撑。

辽宁省横跨渤海和黄海,海洋资源丰富,海洋产业基础雄厚,是国家发展海洋经济和海洋事业的重要基地,具备发展海洋性新兴产业的区位、资源和产业优势。大力发展海洋战略性新兴产业,变海洋资源优势为产业优势,对辽宁省抢占海洋经济制高点、提升国际竞争力、转变海洋经济发展方式和拓展海洋经济发展空间具有重要意义。"十三五"以来,辽宁省各级政府积极落实中央决策部署,制定出台了系列专项实施方案和规划,不断加大对海洋战略性新兴产业的鼓励支持力度,促进了关键领域技术突破与创新发展,形成一批特色鲜明、在全国具有重要影响力、有效带动区域经济转型发展的高水平海洋新兴产业集群。但因受到宏观经济形势、技术基础、资金投入、市场条件等因素制约,目前全省大多数海洋战略性新兴产业依然处于"萌芽"阶段或产业生命周期的形成阶段,产业发展缺乏总体规划,形成规模的优势产业存在着自主创新能力不足、创新生态不完善、发展效率不高等突出问题,急需在新时期加强重点研究与突破,探寻未来发展对策路径。

4.2 海洋战略性新兴产业的内涵特征和产业界定

4.2.1 海洋战略性新兴产业的内涵特征

作为中国语境下的一个新概念,"海洋战略性新兴产业"是伴随"战略性新兴产业"的提出而见诸会议讲话、相关政策文件以及学术研究中,国外鲜有关于"海洋战略性新兴产业"的直接描述[1]。从字面上理解,海洋战略性新兴产业是同时具有新兴性和战略性两大特征的海洋产业门类,"新兴性"是指有别于"传统的",而"战略性"是指关乎经济社会发展全局和国家安全等重大问题。总结文献搜索结果,一般认为,海洋战略性新兴产业是基于国家开发海洋资源的战略需求,以海洋高新技术发展为基础,具有高度产业关联和巨大开发潜力,对海洋经济发展起着导向作用的各种开发、利用和保护海洋的生产和服务活动[2]。海洋战略性新兴产业发展的原动力来自科技创新,属于创新驱动型产业,代表着先进海洋生产力的发展方向,对技术变革、消费需求、社会就业等都具有一定的导向作用,并且能够通过产业分工体系对前向、后向产业发挥强劲的带动作用,因此具有全局性、关联性、先向性、动态性等基本特征。此外,还表现出技术、经济和环境的正外部性[1,3]。海洋战略性新兴产业的这些内涵特征决定了其产业范围不是一成不变的,必须符合时代发展特征和产业发展阶段,同时又要与国家经济发展水平和具体国情相适应。

从概念相关性来看,海洋战略性新兴产业与已形成学术共识的海洋高技术产业、海洋主导产业既有联系,又有区别。第一,海洋战略性新兴产业表现出新兴产业的特性,即高新科技性、成长潜力性和发展不确定性,以海洋高科技发展为基础,强调高新技术的驱动作用,具有较大发展潜力和增长空间,本质上是海洋高技术产业。但海洋战略性新兴产业的涵盖范围要窄得多,仅限于海洋高技术产业领域处于导入期和成长期的产业门类,强调产业的初创期阶段特性。此外,海洋高技术产业是技术单维度的海洋产业门类,而海洋战略性新兴产业具有"技术＋初创期阶段特征＋国家战略"三重维度标准。第二,海洋战略性新兴产业的战略产业特征,使其拥有海洋主导产业的许多特性,如对经济社会发展的引领性、导向性和决定性。

但是二者位于产业生命周期的不同发展阶段,在发展时序和发展程度上呈现出显著差异。海洋战略性新兴产业的初创期特性决定了其战略性作用远未充分发挥,带动能力和影响力仍比较弱,其战略价值取决于对未来的期待或愿景,更多地体现为基于强大的成长能力和发展空间而在将来某个时期可能产生的影响力。而海洋主导产业是已经迈过了初创期阶段的战略产业,趋于稳定的市场需求、产业规模和盈利能力,使其战略价值得到了充分发挥。换句话说,海洋战略性新兴产业是海洋主导产业的前期,而海洋主导产业则是海洋战略性新兴产业培育和发展的目标与方向。

4.2.2 海洋战略性新兴产业界定

目前,学术界对海洋战略性新兴产业的界定和选择基准问题尚未形成统一认识。国外学者并没有明确的针对战略性新兴产业选择标准的研究,更多的是用主导产业选择准则来评估战略性新兴产业,代表性的理论体系有罗斯托的"罗斯托基准"[4]、赫希曼的"产业关联度基准"[5]和筱原三代平的"筱原两基准"[6]等。由于海洋战略性新兴产业与主导产业和战略性新兴产业具有密切的关联性和沿袭性[7],国内学者多是以主导产业和新兴产业选择理论为依据,结合我国海洋产业的发展阶段和特点进行适应性创新[8-11],并通过构建评价指标体系,运用计量分析模型,遴选出我国的海洋战略性新兴产业。姜秉国、韩立民分析认为,海洋战略性新兴产业主要包括海洋新能源产业、海洋高端装备制造产业、海水综合利用产业、海洋生物产业、海洋环境产业和深海矿产产业等六大海洋产业门类[8];仲雯雯将海洋生物医药业、海水淡化和海水综合利用业、海洋可再生能源业、海洋重大装备业和深海产业六大产业确定为现阶段我国海洋战略性新兴产业[12];杜军、宁凌和胡彩霞分别通过主成分分析法和灰色关联法研究得出,我国应选取海洋油气业、海洋电力业、海水利用业、海洋生物医药业、滨海旅游业、海洋交通运输业、海洋船舶工业和海洋工程装备制造业八大产业作为海洋战略性新兴产业[13,14];刘堃等运用模糊综合评价方法遴选出海洋高效渔业、海洋工程装备制造业、海洋生物医药业、海水利用业、海洋电力业、深海油气业六类海洋战略性新兴产业[2];刘铭远等将海洋生物医药业、海洋工程装备业、邮轮游艇业、海水淡化与综合利用业、海洋可再生能源业等五大海洋产业确定为福建省海洋战略性新兴产业[15];李晨等实证结果表明,海洋电力和海水利用业、海洋生物医药业、海洋船舶工业、滨海旅游业、海洋化工业可以作为中国的海洋战略性新兴产业进行重点培育[16]。综上可以看出,学者基本认可海洋生物医药业、海洋工程装备制造业、海水利用业、海洋电力业(海洋新能源业)作为海洋战略性新兴产业,但对于海洋高效渔业、滨海旅游业、海洋交通运输业、海洋化工业等是否作为海洋战略性新兴产业存在分歧。

根据海洋战略性新兴产业的内涵特征,参考国家统计局 2018 年 11 月 26 日发布的《战略性新兴产业分类(2018)》,借鉴学术界现有研究成果,结合辽宁省海洋经济发展实际,本研究确定海洋生物医药业、海洋工程装备及高技术船舶制造业、海水综合利用业和海洋可再生能源利用业作为辽宁省海洋战略性新兴产业,并基于大量统计数据和文献资料,进行深入分析探讨。

4.3　辽宁海洋战略性新兴产业发展现状

4.3.1　海洋生物医药业

1) 国际国内发展概况

海洋生物医药业是指以海洋生物为原料或提取有效成分,进行海洋生物化学药品、保健品和基因工程药物的生产活动,包括基因、细胞、酶、发酵工程药物、新疫苗;药用氨基酸、抗生素、维生素、微生态制剂药物;血液制品及代用品;诊断试剂;血型试剂、X光检查造影剂;用动物肝脏制成的生化药品等。

从世界范围看,海洋生物医药业于 20 世纪 60 年代初引起了各国关注。进入 20 世纪 90 年代以来,美、日、英、法、俄等国分别推出"海洋生物技术计划""海洋蓝宝石计划""海洋生物开发计划"等计划,投入巨资发展海洋药物及海洋生物技术[12,17],取得了一系列令人瞩目的成果。目前,国际范围内通过权威机构批准的海洋药物有利福平、头孢菌素、曲贝替定、阿糖胞苷等十多种,还有二十多种海洋药物正在临床试验。海洋药物种类虽然不算多,但因对某些疑难杂症具有独特疗效,因而都是重量级药物[18]。例如:头孢菌素最早是从意大利撒丁岛海泥中的顶头孢霉菌中发现的,是对抗感染的重要药物,在抗生素市场的比重接近 40%,全球销售额大约 600 亿美元;利福霉素是 1957 年从地中海拟无枝菌酸菌中分离获得,对结核分枝杆菌具有显著的抑制作用,是 20 世纪抵抗结核病的一线治疗药物;曲贝替汀是从加勒比海红树林根部的海鞘中发现的一种四氢异喹啉生物碱,是治疗晚期复发性乳腺癌的重要药物;阿特赛曲斯是 FDA 于 2011 年 8 月 19 日加快审批的单抗靶向海洋药物,适应证为间变大细胞淋巴瘤和霍奇金淋巴瘤。

我国现代海洋医药研究起步较晚,但发展速度较快。目前,我国已发现 3 000 余种海洋小分子新活性化合物和 500 余种糖(寡糖)类化合物,在国际天然产物化合物库中占有重要位置。获得国家食品药品监督管理总局(CFDA)批准的海洋药物有藻酸双酯钠、甘糖酯、岩藻聚糖硫酸酯、海克力特、甘露醇烟酸酯等 10 余种,还有泼力沙滋 911、几丁糖酯 916、HS971、D-聚甘酯、K-001、海参多糖、河豚毒素等海洋药物处于 I-III 期临床研究中,抗早老性痴呆新药 GV-971 已完成了 III 期临床试验,于 2018 年 10 月 16 日递交了新药证书申请。海洋糖类药物所占比例分别达到上市药物的 40% 和临床研究药物的 80% 以上,成为我国海洋药物研究开发的特色,并得到国际同行认可,具有较强的国际竞争力[17]。

随着科技创新不断取得突破以及国内医药需求的扩大,我国海洋生物医药市场规模呈现逐年快速增长态势。根据历年《中国海洋统计年鉴》的数据显示,我国海洋生物医药业增加值从 2010 年的 67 亿元增长到 2018 年的 413 亿元(图 4-1),年复合增速超过 25%,而同期海洋生产总值复合增速不足 10%。2017 年和 2018 年,海洋生物医药产业增加值增幅分为 11.1% 和 9.6%,在主要海洋产业中排在第 2 位(图 4-2),成为海洋经济比较亮眼的发展领域。有投资机构预计,2022 年中国海洋生物医药产业增价值将达到 700 亿元[19]。

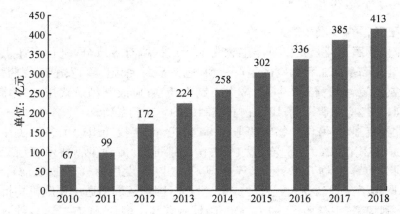

图 4-1　2010—2018 年中国海洋生物医药产业增加值变化趋势

资料来源:国家海洋局《中国海洋统计年鉴 2011—2019》及自然资源部《2018 年中国海洋经济统计公报》。

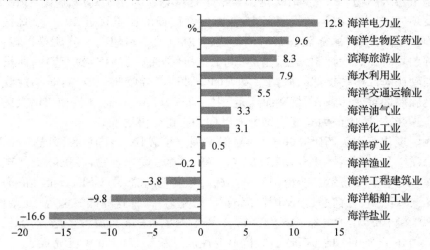

图 4-2　2018 年中国主要海洋产业增加值增速对比

数据来源:自然资源部《2018 年中国海洋经济统计公报》。

我国海洋生物医药产业集聚发展态势已初步形成。国内先后形成广州、湛江、厦门、舟山、青岛、烟台、威海和天津 8 个国家海洋高技术产业基地,以及上海临港、江苏大丰、福建诏安、辽宁大连 4 个科技兴海产业示范基地;初步形成以广州、深圳为核心的海洋医药与生物制品产业集群和福建闽南海洋生物医药与制品集聚区等。从产业分布区域来看,主要集中在山东、广东、江苏和福建等省份,其中山东省海洋医药增加值占全国 50% 以上,走在全国前列。

2) 辽宁发展现状

辽宁省具备发展海洋生物医药产业的良好条件。在海洋生物资源方面,辽宁省特殊的地理位置和海域特征,丰富的海洋生物资源蕴藏量以及有别于其他海洋省份的珍稀物种分布等,为开发研究海洋生物医药提供了得天独厚的物质基础[20]。在科研力量方面,辽宁省有 15 家科研院所、18 所高等院校涉足医药领域,生物医药研发机构 111 家,科研人员超过 8 000 人,还有国家级新药临床研究中心和医疗器械装备质量检测中心,技术力量雄厚,医药技术创新体系也较为完善[21]。此外,辽宁省及各地市政府部门对发展生物医药产业较为重视,将生物医药产业作为努力培育的优势主导产业之一,积极搭建研究开发平台,努力促进产学研联盟,努力推进产业要素集聚,为海洋生物医药产业发展创造了良好的政策环境和社会氛围。

近年来,辽宁省海洋生物医药产业发展成效显著。2014—2018 年,全省海洋生物医药产业增加值从 0.2 亿元增长至 2.6 亿元①,区间增幅超过 10 倍,成为近年来海洋产业中增长最快的产业。大连现代海洋生物产业示范基地获批为国家级科技兴海示范基地,规划建设"一园四区",即大连海洋科技园和生态型海洋牧场先导示范区、大连名优海洋生物良种示范区、海洋生物工程化养殖及装备制造示范区、海洋生物制品与制药产业示范区[22]。截至 2016 年 6 月,示范基地发展培育核心企业 25 家,核心企业累计实现销售收入 194 亿元,荣获国家、省部级及市级科技奖励 42 项,海洋生物产业等战略性新兴产业增加值 18.9 亿元。大连双 D 港生物医药特色产业基地实现跨越式发展,生物制药、医疗器械、海洋生物、生物技术外包等重点领域迅速崛起,产业链条不断完善,创新能力持续增强,成为全省有较高知名度的高科技园区。

产业集群化发展,涌现出一大批海洋生物医药企业,包括大连医诺生物股份有限公司、大连非得生物产业有限公司、大连海晏堂生物有限公司等。大连医诺生物股份有限公司是大连现代海洋生物产业示范基地的重要企业,主要以海洋藻类为原料,运用高效提取分离技术,得到高纯度功能因子,如虾青素、岩藻黄素、功能磷

① 数据来源:辽宁省自然资源厅。

脂等,开发海洋功能因子及其制剂类产品①。大连非得生物产业有限公司采用领先生物技术生产的"非得海参肽胶囊",已成为海参深加工行业的领导品牌,荣获"辽宁省名牌产品"称号。大连海晏堂生物有限公司旗下产品包括产自自有海域塞里岛的海参系列、来自东南亚的燕窝系列以及自有专利保健品海参胶囊等,于2015年被国家知识产权局认定为"国家知识产权优势企业"。鞍山制药有限公司利用煅牡蛎生产海洋中成药胶囊;辽宁天医生物制药股份有限公司将海螵蛸成分用于生产胃康胶囊;辽宁东方人药业有限公司开发生产了海马多鞭丸;大连雅威特生物技术股份有限公司以海带为原料开发海洋保健品。

3)存在的问题

一是产业规模小、分散度高。2018年,辽宁省海洋生物医药产业增加值占全省海洋生产总值比例仅为0.08%,占全国海洋生物医药产业增加值的0.6%,产业规模在沿海地区11省市中处于下游水平。行业龙头企业较少,普遍为中小型企业,产业集群在全国范围内影响力较低。

二是企业自主创新能力不足,缺乏市场竞争力。企业人才储备、技术与品种积累相对薄弱,产品多集中在较为低端的仿制、加工领域,自主创新能力与发达省份差距明显,研发资金和人员投入有待进一步加强,创新成果也亟须突破。

三是产学研合作机制不完善。相关高校、科研机构与企业之间联合开发、共同合作的氛围不够浓厚,研发成果与产业化严重脱节,上下游技术转化率低。企业之间分散独立,"小而全"状况使得企业组织化程度低,相互关联不紧密,未建立起专业化分工协作的联合生产研发网络。

四是金融支持力度不够。企业资金来源渠道有限,主要通过自筹、政府资助和金融机构贷款来融资,其中以自筹资金为主,来自资本市场的金融资本、民营资本和上市公司的资金较少,远不能满足海洋生物医药企业需求。再者,多数企业属于中小型企业,本身财务状况和经营管理水平欠佳,信用状况差,抵押能力不足,完全符合金融机构准入条件的不多,难以获得有效的金融支持。

4.3.2　海洋工程装备及高技术船舶制造业

1)国际国内发展概况

海洋工程装备及高技术船舶制造业是《中国制造2025》确定的重点领域之一,是我国战略性新兴产业的重要组成部分和高端装备制造业的重点方向,是国家实施海洋强国战略的重要基础和支撑。海洋工程装备主要是指海洋资源勘探、开采、加工、储运、管理等方面的大型工程装备和辅助装备,可分为勘探与开发装备、生产

---

① 资料来源:大连医诺生物股份有限公司官网. http://www.innobio.cn.

与加工装备、储运与运输装备三大类。其中勘探与开发装备包括物探船、工程勘察船、自升式钻井平台、半潜式钻井平台、底座式钻井平台、钻井船、起重铺管船、铺缆船、半潜自航工程船和全球综合资源调查船等产品；生产与加工装备包括深海浮式生产储卸装置(FPSO)、半潜式生产平台、大型固定式平台、边际油田自安装采油平台(MOPU)和边际油田型FPSO等产品；储存与运输装备包括深海浮式储卸装置(FSO)、穿梭油船、穿梭LNG船和海底管道等产品。海洋高技术船舶主要是指大型液化天然气(LNG)船、液化石油气(LPG)船、豪华游轮等、超级节能船舶、智能船舶等。海洋工程装备和高技术船舶产业辐射能力强，对国民经济带动作用大，具有高技术、高投入、高产出、高附加值、高风险等特点[23]。

全球海洋工程装备制造业从设计到生产制造已高度分离，呈现从欧美向韩国、新加坡等亚洲国家转移的趋势。欧美国家以研发建造深水、超深水高技术平台装备为核心，垄断着海洋工程装备开发、设计、工程总包及关键配套设备的生产，如美国的F&G、荷兰GustoMSC、意大利Saipem等；新加坡和韩国则以建造技术较为成熟的浅水/深水钻井平台、钻井船为主，在总装建造领域占据领先地位，如新加坡吉宝远东(Keppel FELS)、胜科海事(Semb Crop)、韩国三星重工、现代重工、大宇造船(DSME)等。

我国海洋工程装备和高端船舶制造业相对起步较晚，但进入21世纪以来发展迅速，先后在大型浮式生产储油轮装置(FPSO)、自升式钻井平台、深水半潜式平台、超大型液化石油气(LPG)船等领域取得重大突破，产品研发、建造能力和国际竞争力不断提升。根据中国船舶工业经济与市场研究中心统计，2016年全球共成交各类海洋工程装备81艘/座，合计金额52.3亿美元，其中中国接单额为24.8亿美元，占全球份额的47%，几乎占据半壁江山。2017年上半年，我国承接各类海工装备23艘/座，合计15亿美元，同比上涨381%，市场份额为22%，居全球第二的位置。2018年，我国承接各类海工装备44艘/座，合计38亿美元，同比增长84%，占全球市场份额45%；骨干企业完成2万TEU级集装箱船批量交付，建成全球首艘40万吨智能超大型矿砂船、全球首艘安装风帆装置的30.8万吨超大型原油船、8000车位汽车滚装船、极地凝析油船、LNG双燃料1400TEU集装箱船、35万吨海上浮式生产储卸油装置(FPSO)等一批高端船舶和海工项目，国产大型豪华邮轮建造进入正式实施阶段、自主建造的极地科考破冰船下水、"深海勇士"号载人深潜器完成深海试验。有分析认为，根据近年来我国海洋工程装备订单金额变化趋势，结合国家相关产业政策支持，以及海洋油气开采对海洋工程装备的需求拉动，预计到2022年中国海洋工程装备订单额约为53亿美元[24]。

虽然我国海洋工程装备产业取得了巨大进步，但与国际先进水平相比还存在一定差距。2019年10月，我国企业与韩国、日本等国企业角逐卡塔尔价值500亿人民币的 100 艘超级 LNG 船订单,最终韩国三星重工胜出。在该领域,我国目前处于世界第三梯队,产品主要集中在中低端领域,总承包能力不足,核心装备和核心技术自主化水平低,特别是配套设备领域技术水平薄弱,产业"大而不强"的问题非常明显。

2)辽宁发展现状

辽宁省是传统的船舶工业强省,科研及产业基础雄厚,在我国船舶工业中占有相当重要的地位。目前,辽宁省具备自主研发、设计和建造国际先进水平的各类船舶、海洋工程装备的能力,现有大连湾、大连旅顺、大连长兴岛、葫芦岛龙港、辽河入海口(盘锦、营口)五大造船集聚区以及 10 个专业化船舶配套产业园区和海洋工程装备制造产业集群,各类船舶配套企业 300 多家,形成了较为完善的船舶产业链。2018 年,全省海洋船舶工业实现增加值 67.4 元[①],占全国的 6.8%。

辽宁省在海洋工程装备和高技术船舶制造领域拥有一批可以代表国家水平、具有国际竞争力的龙头企业和优势品牌,如大连船舶重工集团有限公司、大连中远船务工程有限公司、大连中远海运川崎船舶工程有限公司、渤海装备辽河重工有限公司、渤海船舶重工有限责任公司等。

大连船舶重工集团有限公司是国内建造海洋工程装备产品种类最齐全、业绩最丰富的企业之一,也是首家推出自主知识产权系列产品和总承包业绩的总装企业,已跻身世界高水平海工装备制造企业之列。产品覆盖从近海区的 JU2000E、CJ46 等当今主流钻井平台,到深远海区的海洋石油 982、BT4000 等钻井平台,以及大型 FPSO、大型 LNG、节能环保型 VLCC 等。目前,集团拥有 30 万吨级船坞 8 座,船台 9 座,舾装码头近 18 公里,员工人数近 1.5 万,占地面积 800 万平方米,包括三大主厂区以及专业化产业基地和配套基地[25]。

大连中远船务工程有限公司在原有船舶修造基础上,加大对海工装备制造业的投入,成功实现从修理改装、船舶建造到海工总包的产业转型,被业内称为"中国第一大生产储油船(FPSO)改装厂"。截至 2016 年底,公司共交付 FPSO 改装项目 11 项,其中 2016 年为世界海工装备巨头 MODEC 公司改装的超大型 FPSO 项目"斯塔德"号,合同金额超过 1 亿美元[26]。同时,大连中远船务还在高端自升式钻井平台以及深水海工作业船领域不断发力,于 2016 年 8 月交付两座 Super 116E 型自升式钻井平台"智慧引领幸福 1 号"和"智慧引领幸福 2 号"[27],并于 2017 年和 2018 年分批将系列深水海工作业船交付给航运巨头马士基公司。

大连中远海运川崎船舶工程有限公司拥有国内最长的船坞和亚洲最大的船体车间,主要建造 2 万吨 TEU、大型散货船、VLCC 油轮、VLOC 矿砂运输船、

---

① 数据来源:辽宁省自然资源厅。

6200PCC 汽车运输船和 LNG 天然气运输船等大型高性能远洋船舶,年造船能力300 万载重吨①。

渤海装备辽河重工有限公司隶属于中石油集团渤海石油装备制造有限公司,主要从事石油钻采设备、海上钻采平台及船舶的设计制造、风能发电机设备制造、海洋工程作业及技术服务等,产品涵盖 CP-300、CP-350、CP-375、CP-400 等多型平台。近年来由于海工市场低迷,加之出现多座钻井平台遭船东拒收造成资金链压力,2017 年辽河重工决定退出海工装备制造业[28]。

渤海船舶重工有限责任公司是国家级重大技术装备国产化研制基地,现已整体划归大连船舶重工集团有限公司,其涉足海工装备制造领域时间不长,但成绩明显。2013 年初,为挪威 EIDE 公司建造了当时世界上最先进的多功能深海工程船舶——2500 米超深水双体修井船;2016 年 4 月交付了国内首创、具有完全自主知识产权的德赛七号 90 米自升助航式作业平台。

3)存在的问题

当前,辽宁省海洋工程装备和高技术船舶制造业存在的问题主要表现在五个方面:

第一,自主研发和创新能力不足。核心技术研发能力偏弱,参照或直接引进国外技术普遍,低端海洋工程产品订单承接多,产品技术含量低,核心专利技术多由国外垄断,导致产业扎堆于价值链的低端,基本以总装为主。

第二,配套能力不足,总包能力匮乏。多数海工装备企业以建造装备主体结构为主,配套装备自给率较低,高端配套设备严重依赖进口,导致产业整体获利不高,且严重影响企业总承包能力提升。

第三,产业链低端竞争力激烈,存在产能过剩隐忧。多数海工企业无力在高端海洋工程装备设计建造方面取得突破性进展,产品主要集中在浅水和低端深水装备领域,导致产品供求结构不均衡,存在结构性产能过剩趋向。

第四,科技资源共享机制不完善。由于缺乏整体规划、统一布局和利益协调机制,众多科研机构各自为战,缺乏整合离散科技资源的能力,无法形成集成优势,科技资源匮乏与闲置并存。

第五,高端技术人才匮乏。目前海洋装备制造业的相关专业人才培养,大多来自传统船舶工业、装备制造业及海洋产业领域,专业设计机构、人才较少,尤其是高端技术装备的基础研发人才、创新型研发人才、高级营销和项目管理人才、高级技能人才等严重匮乏[29]。

---

① 资料来源:大连中远海运川崎船舶工程有限公司官方网站。

4.3.3 海水综合利用业

海水综合利用主要包括海水直接利用、海水淡化和海水化学资源利用。海水直接利用是指海水直流冷却、海水循环冷却、大生活用水、海水脱硫等；海水淡化是指从海水中获取淡水的过程，一般分为热法（蒸馏法）和膜法两大类，其中热法主流技术是低温多效（RO）和多级闪蒸（MSF），膜法主流技术是反渗透（RO）；海水化学资源利用是指海水制盐、海水提钾、海水提溴、海水提镁、海水提铀等。

我国高度重视海水利用发展，"十二五"以来相继出台了《海水利用专项规划》《海水淡化科技发展"十二五"专项规划》《海水淡化产业发展"十二五"规划》《全国海水利用"十三五"规划》《海岛海水淡化工程实施方案》等重要规划文件，有力促进了海水综合利用产业迅速发展。

1）海水直接利用

截至 2017 年底，全国年利用海水作为冷却水量为 1 344.85 亿吨，超过百亿吨的省份有广东、浙江和福建三省，年利用量分别为 418.37 亿吨、306.84 亿吨和 225.19 亿吨，辽宁省排在第四位，利用量为 92.94 亿吨/年，占全国的 6.9%。除广泛应用的海水直流冷却外，海水循环冷却在沿海电力行业也逐步得到应用。截至 2017 年底，我国已建成海水循环冷却工程 20 个，总循环量为 167.88 万吨/小时，新增海水循环冷却循环量 43.40 万吨/小时，主要分布在天津、河北、山东、浙江和广东[30]。目前，我国海水循环冷却技术日趋成熟，已接近国际水平[31]，但在工程数量和总规模上明显落后于国外发达国家，并且应用限于火电企业，在核电、石化、炼油等高耗水行业尚无应用[32]。同时，在水处理药剂研发、海水冷却塔设计、相关监管标准等方面存在不足。

2）海水淡化

截至 2017 年底，全国已建成海水淡化工程 136 个，工程规模 118.9 万吨/日，其中万吨级以上海水淡化工程 36 个，工程规模 106.0 万吨/日；千吨级以上、万吨级以下海水淡化工程 38 个，工程规模 11.8 万吨/日；千吨级以下海水淡化工程 62 个，工程规模 1.2 万吨/日；单体最大海水淡化工程规模为 20 万吨/日。从海水淡化工程区域分布来看，除上海和广西外，其他 9 个沿海省市均有分布。其中天津、山东、浙江和河北已建成规模分列第一至四位，分别为 31.7 万吨/日、28.3 万吨/日、22.8 万吨/日和 17.4 万吨/日；辽宁省居第五位，已建成规模为 8.8 万吨/日；江苏、福建和海南规模均较小。在海水淡化技术方面，我国已掌握反渗透和低温多效海水淡化技术，关键设备研制取得突破，相关技术达到或接近国际先进水平。截至 2017 年底，全国应用反渗透技术的工程 117 个，工程规模 81.4 万吨/日，占全国总工程规模的 68.4%；应用低温多效技术的工程 16 个，工程规模 37.0 万吨/日，占全国总工程规模的 31.0%[31]。反渗透海水淡化技术的核心是反渗透膜技术。我国反渗透膜生产企业主要分布在上海、北京、广州、深圳、天津、杭州、西安等地,这一行业经过近二十年的高速发展,已开始步入平稳发展期,但是由于发展历史短,技术储备和产品竞争力还偏弱。根据高工产研膜材料研究所(GGII)调研结果(见表4-1),在海水淡化和工业应用领域,国外品牌反渗透膜仍然占据领先地位,陶氏、海德能等高端品牌依旧是工程项目甲方的指定选择,国产品牌短时间内还很难切入高端市场。

表 4-1 2017 年中国市场反渗透膜企业竞争力排行榜 TOP10

排名	公司简称	所属地区
1	陶氏化学	美国
2	日东电工	日本
3	东丽	日本
4	GE	美国
5	世韩	韩国
6	LG 化学	韩国
7	科氏	美国
8	时代沃顿	中国北京
9	蓝星膜	中国杭州
10	惠灵顿	中国镇江

数据来源:高工产研膜材料研究所基于深入调研评选结果。

3) 海水化学资源利用

2017 年,除海水制盐外,生产产品主要包括溴素、氯化钾、氯化镁、硫酸镁、硫酸钾等,主要生产企业分布于天津、河北、山东、福建和海南等地。在浓海水综合利用及产品高值化产业化技术研究方面,开展了海洋公益性行业科研专项项目"浓海水制卤、苦卤结晶纯化及产品高值化技术研究与示范","十二五"海洋经济创新发展区域示范项目"浓海水钾钠盐高效提取及高值化利用产业化示范"通过验收。

目前,制约我国海洋综合利用产业进发展的主要因素有:第一,缺乏法律保障,配套政策不足。海水利用立法研究相对滞后,现行法律体系中并没有将海水列入水资源范畴,未将海水淡化纳入国家水资源配置体系和区域水资源规划,没有形成合理统一的水资源开发利用市场机制。同时,关乎产业发展的资金保障、政府补贴、税收优惠、工程投资等方面的相关配套政策不完善。第二,产业化进程仍有阻力,市场需求仍待激活。目前从事海水淡化设备制造和工程成套的企业规模普遍较小,制造业基础薄弱,技术成果转化能力较弱,严重制约了海水淡化技术产业化进程;制造产业链尚未形成,即便是从国外引进生产线,大部分原材料仍需要进口,难以形成较强的品牌效应;海水淡化厂的建设仍处于孤立、零散的初级应用状态;还未形成海水淡化装备制造业基地和具有国际竞争能力的专业化龙头企业或企业集群,在市场竞争上也不具备与国外公司抗衡的能力。国内目前除了国家示范项目外,真正由需求产生的海水淡化项目寥寥无几,在国内应用推广依然艰难,市场需求亟待激活。第三,自主创新能力较弱,设备国产化率仍然偏低。基础研究不足,具有自主知识产权的关键技术较少,设备制造及配套能力较弱,海水淡化技术在国际上仍处于初级水平。国内已投建的海水淡化工程特别是万吨级以上工程中,多数采用国外公司技术,反渗透海水淡化的核心材料和关键设备,如海水膜组器、能量回收装置、高压泵及一些化工原材料等主要依赖进口,按工程设备投资价格比,国产化率不到50%;蒸馏法用耐海水腐蚀管材、蒸汽喷射装置(热泵)、传热效率等与国际先进水平相比有较大差距。此外,成套化、规模化技术程度较低,针对万吨级、10万吨级海水利用工程的共性和关键技术尚缺乏系统化研究[33]。

辽宁省海水综合利用产业在国内起步较早,初期发展迅速,近年来发展速度有所放缓。早在20世纪30年代,大连化学工业公司就开始利用海水做冷却水,随后又相继建设了以海水为资源的海洋化工企业,从海水中提取氯碱等化工原料。80年代以后,辽宁省开发利用海水资源的规模不断扩大。2005年,辽宁省海水淡化能力达到6.14万立方米/日,直接利用量达到21.6亿立方米/年,主要集中在大连、营口和葫芦岛3个市[34]。其中,大连市海水淡化能力达到1.14万立方米/日,用水大户为大连石化和华能电厂,海水直接利用量达到13.4亿立方米/年,用水企业集中在金州以南地区;葫芦岛市海水直接利用量7.07亿立方米/年,主要用于绥中电厂海水冷却工程和冲灰工程,同年投资开发5万立方米/日海水淡化工程;营口市海水直接利用量5 170万立方米/年,主要用海水进行冷却和冲灰。为积极开发利用海水资源,辽宁省于2009年12月发布了《辽宁省海水利用专项规划》,提出重点建设大连海水综合利用示范区、沿海产业基地海水利用推进区和沿海城镇海水利用推广区,培育大连海水综合利用技术研发中心,打造葫芦岛海水利用膜技术装备制造基地和大连海水源热泵技术应用和推广示范基地等2个海水利用装备制造基地。截至2017年底,辽宁省已建成海水淡化工程15个(见表4-2),占全国的11.0%;海水淡化规模为8.8万吨/日,占全国的7.4%;海水直接利用量为92.94亿吨/年,占全国的6.9%。与2005年相比,辽宁省海水淡化规模和直接利用量都实现了大幅跃升,但在全国的影响力并不突出。需要特别指出的是,辽宁省自2011年以来无新增海水淡化工程,而同期广东、浙江、山东等省份都在积极扩大产能。

表 4 - 2　辽宁省已建成海水淡化工程列表

序号	工程名称	规模(吨/日)	工艺	时间
1	辽宁大连长海县大长山岛Ⅰ期海水淡化工程	1 000	RO	1999
2	辽宁大连长海县大长山岛Ⅱ期海水淡化工程	1 000	RO	2001
3	辽宁华能大连电厂海水淡化工程	2 000	RO	2001
4	辽宁大连长海县獐子岛海水淡化工程	1 200	RO	2002
5	辽宁大连棉花岛海水淡化装置	100	RO	2003
6	辽宁大连石化公司海水淡化工程	5 000	RO	2003
7	辽宁大连港专用矿石码头海水淡化工程	1 200	RO	2004
8	辽宁大连三山岛海水淡化装置	144	RO	2006
9	辽宁大连石化公司工业试验装置	500	MED	2007
10	辽宁大连庄河电厂海水淡化工程	14 400	RO	2007
11	辽宁大连松木岛石化园区Ⅰ期海水淡化工程	20 000	RO	2007
12	辽宁华能营口电厂海水淡化工程	10 000	RO	2007
13	辽宁大连化工集团大孤山热电厂海水淡化工程	20 000	RO	2009
14	辽宁营口鞍钢鲅鱼圈钢铁新区海水淡化装置	120	RO	2009
15	辽宁红沿河核电有限公司海水淡化工程	11 000	RO	2010
备注	RO—反渗透；MED—低温多效			

资料来源：自然资源部海洋战略规划与经济司《2017 年全国海水利用报告》。

　　辽宁省在海水源热泵技术研发及应用方面存在一些亮点。海水源热泵技术指的是利用海水与季节的温度差,通过电力做功设备转换,汲取海水中的热能和冷却水,用于生产生活供暖和制冷需求。大连市在该领域具有一定的研究基础,并积极推进产业化实践。2006 年 6 月,大连市被原国家建设部确定为全国唯一的海水源热泵技术示范城市,长兴岛公共港区办公楼最先进行海水热泵技术供暖、制冷试验,当年减少排放二氧化碳 6.3 吨、二氧化硫 5.11 吨、氮氧化物 3.2 吨、粉尘 3.56 吨;2008 年,大连市政府采用海水源热泵技术,实现獐子岛上 6 000 户居民冬季供暖需求;2012 年 9 月,作为原建设部第一批可再生能源建筑应用示范项目大连星海湾商务区海水源热泵工程竣工。截至 2015 年底,大连地区应用海水源热泵技术供暖面积达 100 万平方米,一个供暖期内可减少二氧化硫排放 560 吨、烟尘排放 1 050 吨[35]。

4.3.4 海洋可再生能源利用业

海洋可再生能源通常指海洋中所蕴藏的可再生的自然能源,主要为潮汐能、潮(海)流能、波浪能、温差能、盐差能和海洋生物质能等,依据不同标准划分其包含的能源种类会略有不同[36]。海洋可再生能源具有绿色清洁、可持续利用、开发潜力大等优势,国际上将其作为战略性资源实施技术储备。

我国具有丰富的海洋可再生能源蕴藏量。根据 2004 年的"中国近海海洋综合调查与评价"专项(简称"908 专项")以及海洋可再生能源专项评估结果,我国近海的潮汐能、潮流能、波浪能、温差能、盐差能的资源潜在量约为 6.97 亿千瓦,技术可开发量约为 0.76 亿千瓦。其中,温差能、盐差能、潮汐能资源储量占总量的96.5%,仅温差能资源储量占比就达 52.6%;潮流能和波浪能资源储量占比较低。经过长期努力,我国在海洋可再生能源开发利用技术领域获得了长足进步。在基础科学研究、关键技术研发、工程示范、标准体系建设等方面取得了大量成果,涌现出 50 余项海洋可再生能源转换新技术、新装置,部分装置达到国际先进水平,为推动海洋可再生能源开发利用奠定了基础[37]。

1)潮汐能

潮汐发电研究的历史已有 100 多年,是海洋能中开发研究和商业化利用最早、最成熟的一种。1967 年,法国建成世界上首座大型潮汐电站并投入商业运行,装机 24.1 万千瓦;1968 年,前苏联建成基斯洛湾潮汐电站;1984 年,加拿大建成芬迪湾安纳波利斯中间试验潮汐电站;2011 年,韩国建成始华湖潮汐电站,装机容量25.4 万千瓦;2014 年,英国 Atlantis 公司在彭特兰海峡启动全球最大的潮汐能发电计划"MeyGen"项目,2016 年 11 月部分投产,全部建成后总装机容量达 39.8 万千瓦,总发电量将占整个英国本土发电量的 20%。尽管技术已相当成熟,但因潮汐电站的经济性和环保性存在较大争议,世界各国对此都采取比较审慎的态度。例如:2014 年,英国 Tidal Lagoon 电力公司申请在南威尔士地区的斯旺西海湾建造世界最大的潟湖潮汐发电站,但英国政府在 2018 年拒绝了这一计划投资 17.2 亿美元的项目[38]。

我国近海 10 米等深线以里潮汐能蕴藏量的理论装机容量为 1.93 亿千瓦,理论年发电量为 1.69 兆千瓦时;近海潮汐能资源技术可开发装机容量大于 500 千瓦的坝址共 171 个,总技术装机容量为 2282.91 万千瓦[39]。从区域分布看,近海潮汐能资源主要集中在福建省和浙江省,两省技术可开发装机容量合计占全国的 90%以上(见表 4-3)。辽宁省近海潮汐能资源仅占全国的 2.3%,并不具备资源优势。

表 4-3 我国近海 500 千瓦以上潮汐能站址资源统计表

地点	站址/个	蕴藏量		技术可开发量	
		理论装机容量/万千瓦	理论年发电量/亿千瓦时	装机容量/万千瓦	年发电量/亿千瓦时
辽宁	24	59.21	51.85	52.63	14.48
河北	1	0.10	0.05	0.09	0.02
山东	13	20.28	17.72	17.99	3.60
上海	1	19.78	69.87	70.91	19.50
浙江	19	964.36	844.36	856.85	235.60
福建	64	1 361.78	1 192.30	1 210.46	332.87
广东	23	39.7	34.73	35.26	9.70
广西	16	39.53	34.61	35.15	9.66
海南	10	4.00	3.48	3.57	0.98
合计	171	2 568.74	2 248.97	2 282.91	616.41

资料来源:刘富铀,张榕,王传崑等的《我国海洋可再生能源资源状况》。

20 世纪 50 年代中期,我国开始建设潮汐电站,目前还在正常运行的潮汐能电站只剩下 2 座,分别是总装机容量 3 900 千瓦和 150 千瓦的浙江温岭江厦站和浙江玉环海山站。2009 至 2015 年,有关部门先后开展了浙江健跳港、山东乳山口、福建八尺门和马銮湾、浙江温州瓯飞等多个万千瓦级潮汐电站工程预可行性研究。目前,我国已具备开发中型(万千瓦级)潮汐电站的技术条件,但存在的问题是装机容量小,单位造价高于水电站,水轮发电机组尚未定型标准化,电站水工建筑的施工方法和技术与国际先进水平尚有一定差距。

2)潮流能

国外最早的潮流能发电装置源于 1976—1984 年在苏丹尼罗河上灌溉用河流涡轮机,同期日本、美国分别开始了对黑潮和佛罗理达潮流能开发利用的研究。经过 40 余年的研究积累,欧美等西方国家在潮流能转换装置与发电系统的研发方面已有很好的技术基础,特别是近 10 年呈现出快速发展势态,新概念、新技术和新装置如雨后春笋般出现,涌现出多个具有良好前景的装置[40]。自 2008 年 5 月英国 MCT 公司建成首台兆瓦级潮流能发电装置——1.2 兆瓦的"SeaGen"后,又有多台兆瓦级潮流能发电装置建成,例如 Atlantic Resources 公司的 1MW 装置 AR1000,Hammerfest Strøm 公司开发的 HS1000 等。目前,英国、美国、挪威等国在潮流能装置的开发方面居于世界领先水平,但各国仍是在进行原样机的测试和示范,还没有商业化运行的潮流能发电阵列。

我国近海主要水道的潮流能资源蕴藏量为 832.51 万千瓦,技术可开发装机容量 166.49 万千瓦,技术可开发电量 145.86 万千瓦时[39],其中浙江省资源最为丰富,占全国蕴藏量的 62.1%,辽宁省仅占 3.6%(见表 4-4)。

表 4-4 我国近海潮流能资源统计表

地点	蕴藏量		技术可开发量	
	理论装机容量/ 万千瓦	理论年发电量/ 亿千瓦时	装机容量/ 万千瓦	年发电量/ 亿千瓦时
辽宁	29.90	26.19	5.98	5.24
河北	—	—	—	—
山东	116.26	101.84	23.25	20.37
江苏及上海	56.37	49.38	11.27	9.88
浙江	516.77	452.69	103.35	90.54
福建	46.70	40.90	9.34	8.18
广东	33.65	29.48	6.73	5.90
广西	2.31	2.02	0.46	0.40
海南	30.55	26.76	6.11	5.35
合计	832.51	729.26	166.49	145.86

资料来源:刘富铀,张榕,王传崑等的《我国海洋可再生能源资源状况》。

我国潮流能研究始于 20 世纪 80 年代,前期发展较为缓慢。直到 2010 年,财政部设立了海洋可再生能源专项,从政策面和资金面双管齐下推动海洋能开发,全国掀起海洋能技术研究和示范应用的高潮,在潮流能转换与发电系统的设计方法研究、关键技术和试验装置研发等方面取得了长足的进步。国内研究机构开发的代表性装置有"海明Ⅰ"10 千瓦潮流能发电装置、"海能Ⅰ"2×150 千瓦潮流能发电装置、"海能Ⅱ"2×100 千瓦潮流能发电装置、20 千瓦桁架座底潮流能发电装置、浙江大学 60 千瓦漂浮式潮流能发电装置、50 千瓦座底式潮流能发电装置等。值得一提的是,2016 年 7 月 27 日,浙江舟山联合动能新能源有限公司研发的 LHD 潮流能发电项目首批 1 兆瓦机组下海发电,同年 8 月 26 日并入国家电网,至 2019 年 8 月 26 日,实现全天候连续发电并网运行 27 个月,稳定运行时间打破世界纪录①。该项目是世界上唯一一个连续发电并网运行的海洋潮流能发电项目,标志着我国成为继英美之后,世界上第 3 个掌握潮流能发电并网科技的国家。2020 年 1 月,哈

---

① 资料来源:郑元丹.世界首座海洋潮流能发电站(我国 LHD 海洋潮流能发电项目)正式运行!进行已并网发电量的首次结算:每千瓦时 2.58 元.浙江新闻客户端,2019-08-23.

电集团哈尔滨机电厂承担的"600 kW 海底式潮流发电整机制造"项目通过自然资源部组织的专家组验收①。总体来说,我国潮流能利用研究还处于应用示范研究阶段,在提高水轮机性能、完善设计方法、扩大单机容量以及电力并网技术、电站群体化技术、急流和强风浪下水轮机、载体及锚泊系统运行可靠性与安全性等方面还有很多技术问题待研究。

3)波浪能

国外对波浪能技术的研究起步较早,被誉为现代波浪能技术之父的日本人 Yoshio Masuda 从 20 世纪 40 年代即开始进行相关研究[41]。目前,欧洲、日本、美国等地区的波浪能利用技术最为成熟,已经建立了多个大型示范电站,其中已有一些商业化的装置,如英国的筏式装置"Pelamis",苏格兰的摆式装置"Oyster",美国的点吸收式装置"Power Buoy",澳大利亚的振荡水柱式装置"Energetech oscillating wave column(OWC)",丹麦的振荡浮子式装置"Wave Star"等[42]。

我国近海离岸 20 公里一线的波浪能蕴藏量为 1 599.52 万千瓦,理论年发电量 1 401.17 亿千瓦时;技术可开发装机容量为 1 470.59 万千瓦,年发电量为 1 288.22 亿千瓦时(见表 4-5)。波浪能资源分布较不均匀,从波功率密度来讲,在空间上,南方沿岸海域比北方沿岸海域高,外海比大陆岸边高,外围岛屿附近海域比沿岸岛屿附近海域高;在时间上,秋冬季较高,春夏季较低[39]。波浪能蕴藏量较多省份为广东、海南、福建、浙江等省份沿岸海域,辽宁省沿岸波浪能相对贫乏。

表 4-5 我国近海波浪能资源统计表

地点	蕴藏量		技术可开发量	
	理论装机容量/ 万千瓦	理论年发电量/ 亿千瓦时	装机容量/ 万千瓦	年发电量/ 亿千瓦时
辽宁	53.29	46.68	18.46	16.17
河北	10.54	9.23	9.95	8.71
天津	1.45	1.27	1.37	1.20
山东	87.64	76.77	4.38	42.38
江苏	32.84	28.77	9.43	8.26
上海	20.77	18.19	16.01	14.02
浙江	196.79	172.39	191.60	14.02
福建	291.07	254.98	291.07	254.98

---

① 资料来源:张弘,王学善,等. 自然资源部海洋战略规划与经济司:我国最大容量潮流能发电机组研制通过验收. 黑龙江日报客户端,2020-01-12.

续表

地点	蕴藏量		技术可开发量	
	理论装机容量/ 万千瓦	理论年发电量/ 亿千瓦时	装机容量/ 万千瓦	年发电量/ 亿千瓦时
广东	464.64	407.02	455.72	399.21
广西	15.26	13.37	8.11	7.10
海南	425.52	372.50	420.49	368.35
合计	1 599.52	1 401.17	1 470.59	1 288.22

资料来源:刘富铀,张榕,王传崑等的《我国海洋可再生能源资源状况》。

我国自20世纪60年代开始波浪能发电研究工作,80年代以后获得较快发展,主要研究机构有中国科学院广州能源研究所、国家海洋技术中心、清华大学、中国海洋大学、浙江大学、华南理工大学、集美大学、710所等。国内唯一一个进入商业化生产的波浪能装置是由中国科学院广州能源研究所在20世纪80年代研发的航标灯用波浪能发电装置,累计销售约1 000台,其中部分出口到新加坡、英国。目前国内已并网发电的波浪能装置是由中国科学院广州能源研究所研发的"万山号"和"先导一号",这两种波浪能装置均是基于鹰式技术的振荡浮子式波浪能装置。

目前,我国微型波力发电技术已经成熟,并已商品化,小型波浪发电技术已经进入世界先进行列,但波浪能发电装置示范试验的规模远小于挪威和英国,转换方式类型远少于日本,且装置运行的稳定性和可靠性等还有待提高。

4)温差能

在世界温差能研究领域,以美、日、法等国为代表的发达国家开展了大量的研究工作,处于世界领先水平。近年来,国外海洋温差能产业化进程正在不断加快。2013年3月,日本冲绳县久米岛50千瓦海洋温差能发电站首次发电成功;2013年,法国留尼汪岛10兆瓦岸基式温差能发电站项目完成模型样机的安装,进入测试阶段,目标是在2030年拥有大功率的温差能发电机组;2014年,美国马凯公司安装完成透平发电机及两台换热器,建成100千瓦温差能示范电站,2015年8月试发电成功并联网,是世界上第一个真正的闭式温差能电站,为后期建造10兆瓦大型温差能发电站做准备[43]。此外,法国、美国等还有一些处于规划阶段的温差能发电项目。

我国温差能资源丰富,可开发储量约为亿千瓦量级,其中90%以上在南海[44]。国家海洋局第一海洋研究所多年来致力于该领域的研究,并获得了大量研究成果。2012年,该所设计建造了我国首个15千瓦温差能发电装置,突破了氨工质透平制作的关键技术,采用了具有自主知识产权的热力循环,海洋热能利用效率提高到 5.1‰,达到国际领先水平。虽然近些年取得了明显进展,但与国外该领域资深研究机构相比,我国温差能开发利用仍处在关键技术研究阶段,还未进入海况试验阶段。

5) 盐差能

20 世纪初,西方发达国家就开始了盐差能发电的理论与实验研究,并制成实验发电装置,但始终处于试验阶段,直到 21 世纪才略有突破性地进入实际应用领域。代表性的组织有挪威国家电力公司和荷兰特文特大学纳米研究所,前者于 2013 年向挪威水资源能源局申请修建一座"渗透压"试用电站,后者于 2014 年 11 月参与建成了位于荷兰北部的盐差能试验电厂,不过发电效率并不高[45]。

我国的盐差能理论功率约为 1.14 亿千瓦,主要集中在长江和珠江等河口。1979 年我国开始盐差能发电的研究,1985 年西安冶金建筑学院研制了一套可利用干涸盐湖盐差发电的试验装置。在此之后的 30 多年里,国内对该领域研究较少,基本处于停滞状态。目前盐差能因受发电成本高、设备投资大、能量转化效率低、能量密度小的限制,国内外研究总体还处于实验室试验水平。

6) 海洋生物质能

海洋生物质能是海洋植物利用光合作用将太阳能以化学能的形式存储的能量形式,此类海洋生物质的主要来源为海洋藻类,包括海洋微藻和大型海藻等,目前较为热门的是对海洋微藻的研究。

目前有关微藻能源技术的研究,无论是发明机构还是发明人均较为分散,但主要分布在美国、中国、澳大利亚、日本、韩国以及欧洲国家[46]。美国在海洋微藻能源的研究应用方面占据了绝对优势地位,并已从实验室阶段走向中试和工业化生产阶段。

我国微藻基础研究力量较强,拥有一大批淡水和海水微藻种质资源,在微藻大规模养殖方面走在世界前列,科研资源主要分布在北京、青岛、大连、上海等地的高校及科研机构。大连化学物理研究所在产氢微藻方面开展了大量研究工作,但大多属于实验室的探索性研究,距离产业化还有非常大的距离。

7) 小结

总体来说,在海洋可再生能源利用领域,辽宁省目前既无明显的资源优势,又缺乏相关的科研和产业基础,仅在海洋微藻能源技术方面开展了基础研究工作,未来应在此细分领域继续加大科研资金及人员投入,努力实现技术突破,并积极开展产业化示范和应用。在其他细分领域,应面向国家重大战略需求及产业布局,科学评估产业发展前景,明确发展定位。

4.4 辽宁海洋战略性新兴产业发展优势与制约因素分析

4.4.1 发展优势分析

1）海洋经济实力雄厚

近年来,辽宁省围绕国家关于加快建设海洋强国的战略部署,积极深化供给侧结构性改革,提升海洋经济发展水平,海洋经济规模不断壮大,海洋产业结构持续优化,综合实力不断增强。2017 年,辽宁省海洋经济生产总值突破 3 900 亿元,同比增长 6.5%,占全国海洋生产总值的 5.0%,占全省地区生产总值的 16.3%。2015 至 2017 年,在全省宏观经济面临较大下行压力的情况,海洋生产总值从3 529.2 亿元增至 3 900 亿元,增幅 10.5%,海洋生产总值占全省地区生产总值的比重从 15.0%上升至 16.3%。海洋经济已成为推动辽宁区域经济发展的重要引擎,为海洋战略性新兴产业的培育和发展提供了坚实的基础。

2）高新技术产业增长迅速

辽宁省科技资源丰富,科研能力较强,高新技术产业发展势头良好。自 2016年沈阳高新区、大连高新区获批建设国家自主创新示范区以来,辽宁创新发展翻开新的篇章。2018 年,全省高新区和沈大自主创新示范区的 30 个特色产业集群实现总产值超过 3 700 亿元,高新技术企业数量占全省的 44%。沈阳智能制造、大连软件、鞍山激光、本溪生物医药等科技特色产业集群快速崛起,初步构建起"两核驱动、一带支撑、多点辐射"的高新技术产业发展格局,成为辽宁经济发展的重要生力军。2018 年,全省高新技术产品增加值达到 2 490 亿元,每万人有效发明专利8.58 件,科技成果转化落地 3 700 多项,科技进步对地区经济增长贡献率达55.5%[47]。高新技术产业的快速发展,对海洋战略性新兴产业发展起到了积极的示范带动效应并提供了强有力的科技支撑。

3）多重战略机遇叠加

"一带一路"国家战略带来的发展机遇。2013 年习总书记提出的"一带一路"倡议,为我国海洋经济在更广范围、更深层次上参与国际竞争合作拓展了新空间。辽宁省是"一带一路"重要节点,处于重要的外向型经济发展区域,对接国家发展大战略,积极参与中、蒙、俄经济走廊建设,加强与俄罗斯、蒙古、日本、朝鲜、韩国经贸合作,必将推动海洋经济国际合作与交流,促进海洋战略性新兴产业的发展[48]。

东北亚区域合作带来的发展机遇。东北亚区域有着特殊的地缘政治、外交和经济关系,受地区局势变化、各国利益需求等诸多因素影响,顺畅的经贸关系始终在艰难中推进,区域内经济呈现着"合作—变冷—再合作"的繁杂局势。随着经济全球化的不断扩展,东北亚区域势必会走向合作共赢[49]。2015年中、韩两国政府正式签订自由贸易协定,通过中、韩的出口贸易,不仅带动了中、日、韩的经济交流,而且进一步扩大了中亚乃至欧洲的自由贸易,东北亚经济的协同发展必将为辽宁省海洋经济发展注入新的活力。

环渤海经济区带来的发展机遇。环渤海地区是指环绕着渤海全部及黄海的部分沿岸地区所组成的广大经济区域,区域间的经济合作,横向联合,优势互补为环渤海地区开拓了广阔的发展空间。辽宁依托于环渤海经济区与京津冀圈以及东北亚经济圈等进行经济合作与文化交流,促进辽宁"走出去"与"引进来"的结合,为拓宽辽宁海洋经济更广阔的发展提供了新的机遇[48]。

4.4.2　制约因素分析

1) 区域经济萎靡不振

近年来,国际地缘政治与市场环境复杂多变,全球经济低迷,我国经济的发展也存在着许多不确定性。受国内经济形势和国际经济环境的双重影响,自2015年以来辽宁省经济持续萎靡不振,经济增速较发达地区差距明显,自主创新能力不强,投资与营商环境不佳,直接影响了辽宁省海洋经济的发展。尽管东北振兴战略已实施多年,但是辽宁地区东北老工业基地的思维仍根深蒂固,相较于沿海地区,人们的意识更偏于传统,海洋经济供给侧结构改革不足,海洋新兴产业培育和发展水平较低。

2) 民营经济发育迟缓

海洋经济的发展离不开民营经济和中小企业,而民营经济是辽宁省的短板和软肋。2017年,辽宁省民营经济增加值仅为广东和江苏的1/5,不到浙江的1/3,甚至还不到河北的1/2。全国民营企业500强,辽宁只有6家,而浙江120家、江苏82家、广东60家、山东57家。辽宁省涉海民营经济发展不充分,企业市场意识、创新意识不强,承接科技成果转化的需求弱、载体少、拉动力比较弱,企业规模偏小、缺少行业领军企业,新旧动能转换总体上仍是青黄不接,创新引领发展动力不强。国家级高新区产业集聚度还不高,"高"和"新"的特征还不够突出,全省有8个国家高新区、7个省级高新区,总体数量在全国排名靠前,但除沈阳、大连高新区外,其他国家高新区的发展质量在全国排位比较靠后[50]。

3) 科技创新能力不足

科技创新投入有待进一步增加。2017年全省财政科学技术支出57.7亿元,占全省一般公共预算支出比重仅为1.2%,处于全国中游水平。企业R&D投入不足的问题比较突出,2017年辽宁省R&D投入强度为1.8%,低于2.1%的全国平均水平。企业作为技术创新主体的作用尚未得到充分发挥,科技成果转化能力不强,科技与经济结合不够紧密,从成果供给环节看,辽宁省部分涉海高校、科研院所重学术、轻转化的问题依然存在[50]。此外,辽宁省科技人才激励机制不健全,对省外优秀海洋科技人才缺乏吸引力,导致海洋人才总量不足,高层次人次更加欠缺,难以满足海洋战略性新兴产业发展需求。

4.5 辽宁海洋战略性新兴产业政策分析

4.5.1 海洋战略性新兴产业政策支撑体系构建

海洋战略性新兴产业类型多样,包括多个处于不同发展阶段的海洋新兴产业门类,既具有高投入、高成长、动态变化性等战略性新兴产业的共性特征,同时,每个产业在发展过程中还表现出特殊的产业属性和发展路径。在制定促进海洋战略性新兴产业发展政策时,需要考虑多种政策工具,从法律法规、财税金融、体制机制、科技人才等多方面入手,形成规制保障、产业引导、市场扶持等多层次的政策体系。

按照对产业发展的作用领域、范围、形式和效果等方面差异,海洋战略性新兴产业政策可以分为产业技术政策、产业结构政策、产业布局政策和产业组织政策等四种类型[51]。产业技术政策是政府对产业的技术进步、技术结构选择和技术开发进行的预测、决策、规划、协调、推动、监督和服务等方面的综合体现,主要包括产业技术发展的目标、主攻方向、重点领域、实现目标的策略和措施[52]。产业结构政策是政府按照海洋产业结构演化的基本规律和一定时期内各海洋产业的变化趋势,通过确定各海洋战略性新兴产业的构成比例、相互关系和发展顺序,推进海洋产业结构的转换,实现海洋产业结构协调化,从而加速海洋经济增长的各种政策措施[53]。产业布局政策是指政府根据产业区位理论、国民经济发展的要求以及海洋资源的禀赋条件,制定和实施的有关海洋产业空间分布、区域经济协调发展和实现海洋产业分布合理化的政策。产业组织政策是指政府为了获得理想的市场绩效而制定的干预海洋战略性新兴产业的市场结构和市场行为,调剂企业间关系的公共政策[54],其实质是政府通过协调规模经济与竞争的矛盾,以建立正常的市场秩序,提高市场绩效。

4.5.2 辽宁海洋战略性新兴产业政策梳理分析

辽宁省及沿海市级政府都高度重视海洋战略性新兴产业的发展,将其列为战略性新兴产业的重点领域,出台了许多规划和政策推动海洋战略新兴产业发展。

1)《辽宁省壮大战略性新兴产业实施方案》

2015年7月28日,辽宁省政府印发了《辽宁省壮大战略性新兴产业实施方案》[55]。根据实施方案,在高端装备制造领域,将大力发展新型海洋工程装备,集中优势资源,重点突破海洋深水勘探装备、钻井装备、生产作业和辅助船舶的设计制造核心技术,全面提升自主研发设计、专业化制造、工程总包及设备配套能力。重点产品和关键技术包括:中高端自升式及半潜式钻井平台、钻井船、浮式生产储卸装置(FPSO)、物探船、起重铺管船、平台供应船、多用途工作船、液化天然气浮式生产储卸装置(LNG-FPSO)、立柱式平台(SPAR)、浮式钻井生产储卸装置(FDPSO)、深海水下应急作业装备、自升式平台升降系统、深海锚泊系统、动力定位系统、FPSO单点系泊系统。实施方案明确了9项保障措施,包括成立新兴产业创业投资基金、加大财税政策支持、提高科技成果本地转化率、壮大产业集群等。

2)《辽宁省国民经济和社会发展第十三个五年规划纲要》

2016年3月14日,辽宁省政府印发了《辽宁省国民经济和社会发展第十三个五年规划纲要》[56],对发展海洋新兴产业提出明确要求:大力发展海洋工程装备、海洋生物医药、海洋功能食品、海水淡化利用、海洋能源等海洋新兴产业;增强海洋经济发展的科技创新支撑能力,加强海水综合利用、海洋油气资源勘探、高性能海上移动观测平台、新型深水钻井平台等领域的核心技术研发应用。规划纲要将海洋工程装备产业链和生物医药产业链列入战略性新兴产业链名录。

3)《辽宁省沿海经济带建设补助资金管理办法》

2018年9月13日,辽宁省财政厅会同省发改委制发了《辽宁沿海经济带建设补助资金管理办法》,提出要进一步完善财政政策,通过投资补助、贷款贴息等方式,推动辽宁沿海经济带新旧动能转换、转型升级,提高公共服务水平[57]。首先通过固定资产投资补助的方式,对在辽宁沿海经济带落地的高新技术产业、战略性新兴产业、现代服务业等新动能培育项目,以及国家级创新平台项目给予支持。与此同时,通过费用补助的方式,对园区公共服务平台项目给予支持。此外,还通过贷款贴息的方式,支持现有企业转型升级改造为新动能培育项目。自该管理办法出台至2018年12月24日,省财政拨付资金1.4亿元,对辽宁沿海经济带12个战略性新兴产业项目给予支持,拉动固定资产投资93.9亿元[58]。

4)《关于鼓励沿海重点园区加快发展的意见》

2011年4月20日,辽宁省政府出台《关于鼓励沿海重点园区加快发展的意见》[59],重点鼓励发展战略性新兴产业。《意见》提出,省政府每年安排专项资金,对园区内属于战略性新兴产业、国家鼓励类产业或省政府认定的各园区主导产业项目(不包括基础设施、服务业和农产品加工项目),优先给予项目贷款贴息;对产业发展绩效突出的园区给予补助。

5)《大连市战略性新兴产业"十三五"发展规划》

大连是辽宁省海洋经济发展的桥头堡,也是发展海洋战略性新兴产业的先行者。2016年4月27日,大连市印发了《大连市战略性新兴产业"十三五"发展规划》[60],将海洋工程装备制造、高技术船舶和船舶电子、海洋生物医药列为"十三五"时期战略性新兴产业重点示范工程。在海洋工程装备制造方面,重点提高大型海洋工程装备的总装集成能力,打造具备总承包能力和较强国际竞争力的专业化总装制造企业。在高技术船舶和船舶电子方面,重点开展万箱级集装箱船舶设计研发、超大型油轮研发、超20万立方米LNG船设计研发、大型深水起重铺管船设计与建造等,突破海上风能工程装备、海水淡化和综合利用装备的关键技术,具备自主设计制造能力。在海洋生物医药领域,重点支持国家级大连现代海洋生物产业示范基地建设,扶持企业重点开展海洋创新药物、海洋生物活性物质和天然产物、生物医用材料、海洋保健食品、海洋生物酶等产品的研发及南极磷虾系列产品开发。该规划从创新体制机制、聚集创新要素、推进金融创新、扩大应用、深化开放等方面提出了保障措施。

6)《大连市战略性新兴产业发展实施方案(2018—2020年)》

2017年11月9日,大连市政府印发了《大连市战略性新兴产业发展实施方案(2018—2020年)》,其中对海洋战略性新兴产业发展进一步做出了具体部署[61]。方案提出,在海洋工程装备制造业领域,发挥大连船舶重工集团、中远船务等龙头企业的作用和优势,加强海洋油气资源开发新型装备、海洋大型浮式结构物等关键技术和新产品的研究开发,扩大海洋工程装备生产规模,提高国际竞争力。在海洋生物和海洋制品业领域,充分挖掘大连市海参、海带、裙带菜等优势海产品功能,加快形成以海洋生物制药、海洋生化制品、海洋生物基因制品、海洋功能保健食品为主的海洋生物医药、保健产业集群。在海水及海洋可再生能源开发领域,探索发展海洋能源、海洋环境处理及控制技术和海水淡化等产业,围绕核电、风电等清洁能源的开发利用,形成海洋资源区域循环,着力打造绿色能源、循环经济和低碳经济示范区。实施方案明确了到2020年各产业发展目标、主要任务及责任单位,并从建立组织推动体系、强化科技创新体系、健全人才支撑体系、完善投融资体系、推进军民融合、扩大对外开放等方面提出具体保障措施。

7)政策梳理小结

通过梳理分析辽宁省和大连市出台的战略性新兴产业相关政策文件,可以看出,海洋战略性新兴产业已成为战略性新兴产业的重要组成部分,相关规划、实施方案等都明确提出了海洋工程装备、高技术船舶、海洋生物医药、海水综合利用等产业的发展目标、重点技术方向、核心任务和保障措施,对促进海洋战略性新兴产业发展具有重要促进作用。不过需要指出的是,现有规划、实施方案、政策等有效期即将届满,当前国际发展环境、宏观经济形势等以发生较大变化,急需研究制定新形势下促进战略性新兴产业发展的政策措施。此外,上述政策文件规范对象为战略性新兴产业整体,相关措施对海洋战略性新兴产业的针对性和实效性有所欠缺,因此需要专门研究制定海洋战略性新兴产业政策体系,加速海洋战略性新兴产业培育进程。

4.6 国外海洋战略性新兴产业发展经验借鉴

在培育和发展海洋战略性新兴产业过程中,世界各沿海国家因社会制度、经济发展水平、人口资源禀赋、政治法律环境和科技发展水平的差异,会选择不同的培育政策与发展路径。从海洋经济发达国家发展经验来看,其之所以在海洋战略性新兴产业的许多领域占据领先地位,很大程度得益于加大政策、科技、金融财政、人才等方面的倾斜力度。

4.6.1 重视国家层面发展政策与规划的制定

海洋经济发达国家根据自身海洋战略性新兴产业的特点,通过制定国家层面发展政策和规划确定海洋战略性新兴产业的发展方向和运作模式,有效地规范和促进了本国海洋战略性新兴产业的发展。美国非常重视海洋科技发展战略规划,近年来先后发布了《绘制美国未来十年海洋科学发展路线——海洋科学研究优先领域和实施战略》《美国海洋大气局 2009—2014 战略计划》《一个海洋国家的科学:海洋研究优先计划修订版》《海洋变化:2015—2025 海洋科学 10 年计划》等系列战略规划[62],明确了一定时期内美国海洋科技领域的政策目标和重点,对海洋战略性新兴产业的发展起到了与时俱进的指向作用。英国作为老牌海洋强国,较为重视海洋研究的规划设计,近 10 年来推出了一系列国家级海洋战略和研究计划,如《英国海洋科学战略 2010—2025》《英国国家海洋学中心(NOC)中长期战略目标》《英国海洋能源行动计划 2010》等,这些计划和规划具有显著的国际视野,致力于"建设世界级的海洋科学"和领导欧洲海洋研究。日本除了在 20 世纪 90 年代制定的面向 21 世纪的《海洋开发推进计划》及《海洋科技发展计划》外,在《海洋产业发展状况及海洋振兴相关情况调查报告 2010》中就明确提出计划 2018 年实现海底矿产、可燃冰等资源的商业化开发生产;计划到 2040 年整个日本的用电量的 20% 由海洋能源(海洋风力、波浪、潮流、海流、温度差)提供[12]。在海洋战略性新兴产业具体领域的发展方面,比较有代表性的是英国的《海洋能源行动计划 2010》、日本的《深海钻探计划》和韩国的《海洋装备产业发展方案(2013—2017)》,这些规划有效地引导和促进了英国海洋可再生能源业、日本深海产业和韩国海洋工程装备制造产业的发展。

4.6.2　成立专门的管理或协调机构

建立合理高效的海洋管理体制,加强政府对海洋活动的领导和协调力度是发展海洋事业的重要保证。美英等海洋强国成立了"国家海洋政策委员会""国家研究理事会海洋研究委员""国家海洋科学技术协调委员会"等专门机构,管理和协调海洋战略性新兴产业的相关事宜,其主要职责包括制定和实施涉海事务管理活动的共同原则和国家海洋目标,协调政府各涉海部门的海洋活动,促进政府部门、非政府部门、私营机构、科研机构和公众之间的伙伴关系,扩大宣传和教育活动,提高公众对海洋及沿海资源经济价值的认识,协调产业发展过程中的内部矛盾等[63,64]。这些机构的成立对其国内海洋战略性新兴产业的统筹协调发展起到了至关重要的作用。我国由于受到海洋管理体制的束缚,缺乏全面统筹管理与协调海洋产业发展的专门机构,使得海洋战略性新兴产业发展缺乏整体规划,产业发展过程中存在的诸多矛盾和问题没有得到及时的协调和解决,难以实现各种资源的有效利用和合理配置。

4.6.3　重视海洋科技研发和成果转化

海洋经济发达国家依靠雄厚的科研实力和先进的技术装备,在海洋战略性新兴产业的许多核心技术上能够进行自主研发,在很大程度上实现了关键技术的自给。此外,依托产学研的一体化机制和科技成果产业化服务平台将技术研发与应用推广紧密衔接,使海洋科技成果的转化速度和转化率都达到了较高的水平。美国为了巩固其在海洋经济中的强势地位,在科技成果转化方面做了大量的工作,通过完善技术转移法律、知识产权制度,建立健全科技转化信息网络等措施,搭建起比较完整的科技成果转化体系。美国科技成果转化的全过程可以分为科技成果转化前、科技成果转化中、科技成果转化后三个阶段。科技成果转化前,明确科研资金来源、人才储备、法律政策支持、发明所有权归属等问题;科技成果转化中,明确技术发明的情况、协议签订以及技术授权等问题;科技成果转化后明确收益分配问题[65]。三阶段的无缝对接、有机统一,成就了美国科技成果转化的巨大成绩。再来看邻国日本,自 20 世纪 90 年代确立技术创新立国战略后,为了使高校的科研成果尽快转化为现实生产力,先后制定实施了一系列法律法规和政策措施,形成了比较完善的法律政策体系及有利于成果转化的制度环境。日本高校科技成果转化工作主要靠设立的专门机构(即 TLO)运作完成,在实践中形成的模式和做法取得了较好的效果,促进了日本高校科技成果的转化,增强了高校通过科研为企业和社会服务的功能,为推动日本的各产业技术进步和经济发展发挥了重要作用[66]。技术的自主研发与成果的快速转化为海洋战略性新兴产业的可持续发展奠定了坚实的基础。

4.6.4　建立有效的投融资机制

海洋战略性新兴产业具有高投资性、高风险性以及较长的周期性等特征,雄厚的财力支撑是实现其可持续发展的必要保证。海洋经济发达国家在不断加大海洋战略性新兴产业科研投入、推动关键核心技术突破的同时,多采取利用社会风险投资,吸引企业投入、信贷资本和民间资本等多元化的融资方式来筹集资金,有效地拓宽了资金的来源渠道,为海洋战略性新兴产业的可持续发展提供了物质保障。目前,国际上新兴高新技术产业的主流投融资模式可划分为两种类型:一种是以美国为代表,特征是"企业和政府共同投入＋股权直接融资＋政府引导和激励";另一种是以日本为代表,特征是"企业投入＋银行信贷间接融资＋政府引导和激励"[67]。美国采取的企业和政府共同进行资金投入,可有效提高全社会对战略性新兴产业投入规模尤其是技术研发和产业化初期的投入规模,有效满足战略性新兴产业庞大的投资需求;以风险投资和企业上市直接融资为主要特征的股权融资机制,在技术研发阶段就实现了资本、技术、信息和人力资源的有效整合,把投资者、风险资本家和企业管理层密切结合起来,建立起以效益和效率为标准的约束机制。与美国模式不同,日本模式以企业投入资金为主,政府资金投入比重相对不高,高科技企业的发展资金以银行信贷为主要来源。比较而言,美国模式运行效率和效益要高于日本模式。目前,我国银行间接融资体系比较完善,同时资本市场直接融资市场业在快速发展,因此,采取股权直接融资和银行信贷融资债券融资并重的机制,更适合我国海洋战略性新兴产业发展的现实需求。

4.6.5　注重培养海洋高科技人才

海洋人力资源是最重要的资源,是海洋事业发展的动力之源。海洋战略性新兴产业随着海洋科技的发展而发展,需要大量高科技人才作为坚强的发展后盾。各海洋经济强国一方面高度重视管理人才和专业技术人才的培养,给那些勇于创新创业的高科技人才创造良好的环境;另一方面注重对海洋高科技人才的激励,通过创造吸引科技人才的企业氛围、提供有利于实现自身价值的研发环境,以及实施适当的薪酬奖励等措施来激发高科技人才的积极性和创造性,为海洋战略性新兴产业的发展储备了大量的高科技后备人才。

4.6.6　注重加强国际合作

海洋经济发达国家本着互利共赢的原则,通过实施重大综合性海洋科学研究计划、建造一些高水平的设施和实验设备供各国科研人员共同利用、向发展中国家提供资金和技术援助等积极举措,在技术研发、设备使用、人才交流等方面建立了国际双边和多边合作机制,实现了在海洋生物医药、海水淡化与综合利用、海洋可再生能源等海洋战略性新兴产业各个领域的国际合作,取得了多位一体的综合效益。相比之下,我国海洋战略性新兴产业的国际合作尚处于起步阶段,虽然这其中积累了一些国际合作的事项和经验,但总体来说国际化程度还是比较低,还没有形成大规模、全方位的国际合作趋势。为顺应国际海洋战略性新兴产业发展的国际化趋势,应切实加强国际交流与合作,提高引领发展能力。

4.7 辽宁海洋战略性新兴产业发展对策

基于对辽宁省海洋战略新兴产业发展现状及存在问题的综合分析,根据国家和省政府对战略性新兴产业的部署安排,借鉴海洋经济发达国家发展海洋战略性新兴产业的经验,结合辽宁省经济社会实际,特提出以下对策建议。

1) 研究制定海洋战略性新兴产业发展专项规划

积极提升海洋战略性新兴产业在全省战略性新兴产业中的总体定位,研究编制专门的海洋战略性新兴产业发展规划以及海洋工程装备制造、海洋生物医药、海水综合利用、海洋可再生能源等产业规划,确定发展目标、重点领域、主攻方向和区域布局。研究建立海洋战略性新兴产业统计指标体系,开展规划后续统计监测,建立任务落实监督机制,确保规划顺利实施。

2) 加强科研协作,提升海洋科技自主创新能力

围绕海洋战略性新兴产业培育和优势产业需求,梳理技术创新链和创新点,凝练重大关键技术攻关方向,组织实施重大创新工程。完善"产学研"合作机制,积极推进相关企业与海洋科研院所、高等院校建立以知识产权为纽带的海洋科技创新体系,形成以市场为导向、以高校和科研院所科技力量为依托、以涉海企业生产为载体的"三位一体"的科技创新战略联盟,开展重大产业关键共性技术、装备和标准的研发攻关和协同创新。积极支持以企业为主体实施关键技术研发和重大科技成果产业化项目,推进大中型骨干企业建立工程研究中心、工程技术研发中心、企业技术中心等创新平台,集聚创新人才,提高科技资源配置效率。完善双边或多边科研合作机制,使各方科技力量相互关联、优势互补,实现海洋科技人才的合理流动,形成区域海洋科技创新网络化发展的综合优势。政府部门要进一步加大对海洋科技研究支持力度,充分发挥政府资金对全社会研发经费投入的引导和拉动作用,激发市场主体开展研发活动的积极性,同时,要通过科研项目管理体制的深化改革,提升研发经费投入的针对性和有效性,提高科技研发资金的使用效率。加快聚集

高端创新要素,通过掌握特定产业链中的关键技术,推动海洋战略性新兴产业由低端走向高端,提升国际竞争力。

3)完善海洋科技成果转化机制

积极培育和发展海洋科技服务专业市场,推动海洋科技研发、成果转化、产业培育和经济发展的一体化。鼓励和引导海洋科研单位主动进入技术市场开展技术研发与服务活动,促进知识流动和技术转移,加快先进海洋技术成果的推广。积极发展和引进各类海洋科技中介服务机构,加快中介服务体系建设,在资产评估、产权交易、技术转让、专利代理、信息咨询、人才培训等方面提供全方位、高效率的优质服务,推动海洋创新成果、创新活动在更大范围、更深层次实现有效流动和转化。在充分利用现有海洋科技创新基地、科技成果转化中心、生产力促进中心等专业科技服务机构的基础上,在省内具有海洋科研优势的地区建立海洋科技产业化平台和研发基地,包括海洋高新技术发展及成果转化基地、海洋新兴产业培育示范基地、海洋科教创新综合试验基地和海洋高新技术成果交易市场,建设全方位、多层次的海洋科技成果转化平台体系。鼓励国内外知名海洋科研服务机构和企业来辽开展海洋科技成果推广服务,加快海洋高新技术成果的转化和产业化进程。

4)加强海洋科技人才队伍建设

应把加快培育集聚创新型海洋科技人才队伍放在优先位置。针对海洋战略性新兴产业的发展需求,创新海洋人才培养、引进和使用模式,不断优化人才发展环境,推进海洋科技高级专业人才队伍建设。整合优化全省现有海洋科技实验室资源和布局,大力开展海洋战略性新兴产业核心技术和关键领域的攻关,以国家重大海洋科研项目、洋科技产业化平台和研发基地、企业技术工程中心等为载体,在海洋工程装备制造、海洋生物医药、海水综合利用、海洋可再生能源利用等领域集聚一批具有自主创新能力、掌握核心技术的科技领军人才和高级技术研发人员,形成海洋战略性新兴产业的人才高地。借鉴和引进发达国家海洋科技人才和成果,对重点项目和重大工程进行国际联合攻关,推动国际海洋科技成果转移,鼓励境外企业和研究开发、设计机构在辽宁省设立合资、合作研发机构,通过强化全球海洋合作,加快海洋科技高端人才培养。完善海洋科技创新人才管理机制,形成一套科学合理的人才选拔和任用机制,以及政府、大学、企业密切合作形成的人才培训和终身教育机制。

5)优化海洋战略性新兴产业投融资环境

依托国家和地方产业扶持资金,针对不同类型海洋战略性新兴产业的发展需求,设立规模不同的产业发展专项基金、创业扶持基金与专项技术研发基金。进一步创新财政支持产业发展的方式方法,重点支持海洋战略性新兴产业重大关键技术研发、重大产业创新发展工程、重大创新成果产业化和重大应用示范工程。建立海洋重点技术研究与开发补助金制度,通过财政预算拨款,对符合政策规定的企业研发项目提供高强度的财政补贴,提高企业参与海洋技术开发的积极性和资本投入力度。

根据海洋战略性新兴产业发展的资金需求规律,以市场机制为基础,充分发挥政府作用,引导社会资本和金融资本投入战略性新兴产业,构建和优化投融资环境,通过资金链引导创业创新链,创业创新链支持产业链,切实增强对战略性新兴产业的支撑能力。鼓励和引导产业、创业和天使基金向海洋战略性新兴产业倾斜,支持民间资金、社会资金参与产业园区基础设施建设、企业并购重组、技术改造升级等。综合运用风险补偿、财政贴息等扶持政策,引导金融机构建立符合海洋战略性新兴产业特点的信贷管理和贷款评审机制,促进金融机构加大支持海洋战略性新兴产业发展的力度。

6)加强涉海部门之间及行政区域间的统筹协调

组建高层次、综合性、跨区域的海洋产业协调管理机构,负责制定全省海洋产业政策及相关发展规划,协调各涉海部门之间的关系。打破行政分割和地域界限,遵循"互惠互利、优势互补、结构优化、效率优先"的原则,协调省内沿海产业分工、基础设施等重点项目布局,加强区域功能互补,促进跨区域的海洋战略性新兴产业发展合作。加强各级海洋行政主管部门的海洋经济跟踪和研判能力建设,积极做好海洋经济运行的监测和评估工作,为合理布局海洋产业提供决策依据。同时,海洋行政主管部门要与经济部门联合,通过宏观政策的调整和实施,引导海洋产业结构升级,促进海洋产业布局优化。

7)构建海洋战略性新兴产业标准体系和市场准入制度

一是加快建立海洋战略性新兴产业行业和产品技术标准体系。推进海洋高新技术专利化和生产标准化,促进行业、产品标准与科研开发、设计制造相结合,建立完善以技术标准为核心的海洋高新技术企业标准化体系、运行机制和信息服务平台。实施重点领域、重点产品的标准化战略,重点支持海洋战略性新兴产业中的优势产业及其产业优势技术转化成为国际标准。

二是实施海洋战略性新兴产业市场准入制度。结合不同产业发展需要,制定技术与产品市场准入标准,对各类海洋技术成果和产品进行筛选,为各类资本进入海洋战略性新兴产业创造良好的软环境。

三是组建海洋战略性新兴产业行业协会。在政府主管部门指导下,鼓励海洋新兴产业结合自身发展需要,成立由重点企业、科技机构及专业服务组织等产业相关各方参与、具有产业特色的海洋战略性新兴产业行业协会。协会参与制定技术、产品和工艺等行业标准,促进技术成果转让,提供市场与管理信息咨询,协调行业冲突和不当市场竞争等行业管理服务。同时,应对阻碍海洋战略性新兴产业开拓国际市场的不利因素,帮助企业克服跨国技术转移限制和贸易保护等问题。

8) 加强国际合作交流

抓住国家实施"一带一路"倡议、建设中韩自由贸易试验区、设立国家级金普新区和沈大国家自主创新示范区等有利契机,广泛开展高技术领域的国际交流合作,鼓励和支持海洋战略性新兴产业企业引智引资,有针对性地研究有利于企业国际化发展的政策措施。根据辽宁省海洋战略性新兴产业发展市场需求,重点支持海洋工程装备、高技术船舶等产业开拓国际市场。鼓励企业在境外开展联合研发和设立研发机构,在国外申请专利,直接开展境外投资、在海外建设科技和产业园区、在境外发行股票和债券等多种方式融资。支持企业通过并购海内外科技型企业,获得国际先进的高技术产品、专利技术和品牌,支持企业境外注册商标,开拓海洋战略性新兴产业领域重点产品、技术和服务的国外市场,培育国际品牌。围绕海洋战略性新兴产业重点产业链,加强高端项目引进,吸引海外创新资源。鼓励境内外企业和科研机构在辽宁设立研发机构,支持符合条件的外商投资企业与内资企业、研究机构合作开展重大科技创新项目。

本章参考文献

[1] 于会娟,姜秉国. 海洋战略性新兴产业的发展思路与策略选择:基于产业经济技术特征的分析[J]. 经济问题探索,2016(7):106-111.

[2] 刘堃,韩立民. 海洋战略性新兴产业形成机制研究[J]. 农业经济问题,2012,33(12):90-96.

[3] 韩立民,等. 中国海洋战略性新兴产业发展问题研究[M]. 北京:经济科学出版社,2016.

[4] Rostow W W. The stages of economic growth:A non-communist manifesto [M]. Cambridge University Press,1960.

[5] 赫希曼. 经济发展战略[M]. 曹征海,潘照东,译. 北京:经济科学出版社,1991.

[6] 筱原三代平. 产业结构论[M]. 北京:中国人民大学出版社,1990.

[7] 宁凌,王微,杜军. 海洋战略性新兴产业选择理论依据研究述评[J]. 中国渔业经济,2012,30(6):162-170.

[8] 姜秉国,韩立民. 海洋战略性新兴产业的概念内涵与发展趋势分析[J]. 太平洋学报,2011,19(5):76-82.

[9] 姜江,盛朝迅,杨亚林. 中国战略性海洋新兴产业的选取原则与发展重点[J]. 海洋经济,2012,2(1):21-26.

[10] 宁凌，张玲玲，杜军. 海洋战略性新兴产业选择基本准则体系研究[J]. 经济问题探索，2012(9)：107-111.

[11] 汪亮，杜军，宁凌. 海洋战略性新兴产业选择分析技术综述[J]. 科技管理研究，2014，34(1)：47-51.

[12] 仲雯雯. 国内外战略性海洋新兴产业发展的比较与借鉴[J]. 中国海洋大学学报(社会科学版)，2013(3)：12-16.

[13] 杜军，宁凌，胡彩霞. 基于主成分分析法的我国海洋战略性新兴产业选择的实证研究[J]. 生态经济，2014，30(4)：103-109.

[14] 宁凌，杜军，胡彩霞. 基于灰色关联分析法的我国海洋战略性新兴产业选择研究[J]. 生态经济，2014，30(8)：31-36.

[15] 刘名远，卓子凯. 福建省海洋战略性新兴产业发展路径研究[J]. 发展研究，2018(11)：54-60.

[16] 李晨，冯伟，刘大海，等. 中国海洋战略性新兴产业评价指标体系构建与测度[J]. 海洋经济，2019，9(3)：8-17.

[17] 管华诗，潘克厚. 浅论海洋生物医药产业发展现状、趋势与建议[J]. 中国海洋经济，2016(1)：3-13.

[18] 方琼玫，罗茵. 海洋生物产业发展迎来新契机：培育超千亿元的海洋生物战略性新兴产业[EB/OL]. [2019-03-25]. http://www. sohu. com/a/303782011_726570.

[19] 中投顾问产业研究中心. 2018—2022年中国海燕生物医药产业深度调研及投资前景预测报告(上下卷).

[20] 顾劲松，于江，邹向阳，等. 借鉴欧洲模式加快辽宁海洋生物医药研究与开发[J]. 中国科技论坛，2008(2)：63-66,70.

[21] 谭冲，王笑，李琨. 辽宁省生物医药产业发展现状与对策研究[J]. 微生物学杂志，2018，38(3)：98-102.

[22] 智曼卿. 国家级"现代海洋生物产业示范基地"落户大连[N]. 大连日报，2013-06-21.

[23] 马飐，慈艳柯，马修水，等. 海洋工程装备产业发展现状及对策研究[J]. 电子世界，2018(12)：21-22.

[24] 中铁置业城市开发运营商搜狐号. 高端细分领域—海洋工程装备全维解读. 2018-08-18.

[25] 李琴. 辽宁船舶工业70年：不可磨灭的烙印[EB/OL]. [2019-10-09]. https://www. sohu. com/a/345739014_120044723.

[26] 官雄杰，李楠. 大连中远船务交付超级海上浮式生产储油装卸船[N]. 大连日

报,2016-12-18.

[27] 中国船舶网. 大连中远船务 2 座 Super 116E 型自升式钻井平台交付[EB/OL]. [2016-08-26]. http://www.cnshipnet.com/news/13/60520.html.

[28] 渤海装备辽河重工退出海工装备制造业[N]. 上游报,2017-11-24.

[29] 娄成武,吴宾,杨一民. 我国海洋工程装备制造业面临的困境及其对策[J]. 中国海洋大学学报(社会科学版),2016(3):26-31.

[30] 自然资源部海洋战略规划与经济司. 2017 年全国海水利用报告[J]. 自然资源通讯,2018(24):29-34.

[31] 赵旺初. 我国海水循环冷却达到国际先进水平[J]. 发电设备,2008,22(3):240.

[32] 尹建华,李亚红. 我国海水冷却技术应用研究[J]. 海洋开发与管理,2017,34(12):72-76.

[33] 陈艳丽,宋维玲,王波,等. 我国海水利用业发展现状与问题分析[J]. 海洋经济,2015,5(4):11-17.

[34] 佚名. 辽宁年海水直接利用量达 21.6 亿立方米[EB/OL].[2005-12-17]. http://info.water.hc360.com/2005/12/27092360858.shtml.

[35] 大连利用海水源热泵供暖制冷面积达 1100 万平[N]. 制冷快报,2015-12-28.

[36] 高艳波,柴玉萍,李慧清,等. 海洋可再生能源技术发展现状及对策建议[J]. 可再生能源,2011,29(2):152-156.

[37] 王项南. 加快开发海洋可再生能源的现实思考[N]. 中国海洋报,2018-10-25(2).

[38] 中国储能网新闻中心. 英国欲建世界最大潟湖潮汐发电站[EB/OL].[2014-02-14]. http://www.escn.com.cn/news/show-108885.html.

[39] 刘富铀,张榕,王传崑,等. 我国海洋可再生能源资源状况[C]. 国家海洋技术中心,国家海洋局,2013:642-653.

[40] 张理,李志川. 潮流能开发现状、发展趋势及面临的力学问题[J]. 力学学报,2016,48(5):1019-1032.

[41] Falcāo A F D O. Wave energy utilization:A review of the technologies[J]. Renewable and Sustainable Energy Reviews,2010,14(3):899-918.

[42] 张亚群,盛松伟,游亚戈,等. 波浪能发电技术应用发展现状及方向[J]. 新能源进展,2019,7(4):374-378.

[43] 岳娟,于汀,李大树,等. 国内外海洋温差能发电技术最新进展及发展建议[J]. 海洋技术学报,2017,36(4):82-87.

[44] 王传崑,陆德超. 中国沿海农村海洋能资源区划[M]. 北京:海洋出版

社,1989.

[45] 王燕,刘邦凡,段晓宏.盐差能的研究技术、产业实践与展望[J].中国科技论坛,2018(5):49-56.

[46] 朱延雄,王春莉,王静.国内外海洋能源微藻技术及产业分析[J].资源节约与环保,2016(2):30-31.

[47] 郝晓明.辽宁:从工业大省到科技强省的嬗变[N].科技日报,2019-08-29(3).

[48] 曲亚图,刘一祎.东北亚共同体视阈下辽宁海洋经济高质量发展的法治化路径研究[J].海洋开发与管理,2020,37(3):54-61.

[49] 岳惠来.促进东北亚海洋经济合作 共建"一带一路"[J].东北亚经济研究,2017(2):5-11.

[50] 辽宁省发展改革委.辽宁:高新技术产业主要集中在沈阳、大连[J].中国战略新兴产业,2018(41):80-81.

[51] 张静,姜秉国.我国海洋战略性新兴产业发展的政策体系研究[J].中国渔业经济,2015,33(4):4-11.

[52] 刘家顺,杨洁,孙玉娟.产业经济学[M].北京:中国社会科学出版社,2006.

[53] 于谨凯,张婕.海洋产业政策类型分析[J].海洋信息,2007(4):17-20.

[54] 韩立民.海洋产业结构与布局的理论和实证研究[M].青岛:中国海洋大学出版社,2007.

[55] 辽宁省人民政府.辽宁省人民政府关于印发辽宁省壮大战略性新兴产业实施方案的通知[EB/OL].[2015-07-28].http://www.ln.gov.cn/zfxx/zfwj/szfwj/zfwj2011_106024/201508/t20150810_1816626.html.

[56] 辽宁省人民政府.辽宁省人民政府关于印发辽宁省国民经济和社会发展第十三个五年规划纲要的通知[EB/OL].[2016-03-14].http://www.ln.gov.cn/zfxx/zfwj/szfwj/zfwj2011_111254/201603/t20160318_2093888.html.

[57] 辽宁省财政厅.关于就《辽宁沿海经济带建设补助资金管理暂行办法(征求意见稿)》向社会公开征求意见的通知[EB/OL].[2018-09-13].http://czt.ln.gov.cn/hdjl/yjzjnr/201809/t20180913_3310297.html.

[58] 唐佳丽.今年省财政已拨付1.4亿元 支持沿海经济带12个项目发展[N].辽宁日报,2018-12-25(1).

[59] 辽宁省人民政府.辽宁省人民政府关于鼓励沿海重点园区加快发展的意见[EB/OL].[2011-04-20].http://www.ln.gov.cn/zfxx/zfwj/szfwj/zfwj2011/201204/t20120426_865670.html.

［60］大连市人民政府办公厅. 大连市人民政府办公厅关于印发大连市战略性新兴产业"十三五"发展规划的通知［EB/OL］.［2016-04-27］. http://dl. gov. cn/gov/detail/file. vm? diid＝101D0500016050407531605 1735＆go＝affair

［61］大连市人民政府办公厅. 大连市人民政府办公厅关于印发大连市战略性新兴产业发展实施方案（2018—2020 年）的通知［EB/OL］.［2017-11-09］. http://www. dl. gov. cn/gov/detail/file. vm? diid＝101D05000171209220717120550＆lid＝3_4_3.

［62］高峰，王辉，王凡，等. 国际海洋科学技术未来战略部署［J］. 世界科技研究与发展，2018，40(2)：113－125.

［63］钱春泰，裴沛. 美国海洋管理体制及对中国的启示［J］. 美国问题研究，2015(2)：1－21,198.

［64］石莉. 美国的新海洋管理体制［J］. 海洋信息，2006(3)：24－26.

［65］吴卫红，刘佳，王阳阳，等. 美国研究与实验基地科技成果转化系统构建与分析［J］. 科技管理研究，2014，34(21)：41－45.

［66］李晓慧，贺德方，彭洁. 日本高校科技成果转化模式及启示［J］. 科技导报，2018，36(2)：8－12.

［67］汪文祥. 中国战略性新兴产业投融资模式：借鉴美日经验探索自己道路［J］. 中国战略新兴产业，2015(18)：62－65.

第五章
辽宁海洋产业结构优化升级研究

5.1 海洋产业结构优化升级的理论基础

5.1.1 海洋产业结构的内涵

海洋产业结构是海洋经济的基本结构,是决定海洋经济的其他结构(例如就业结构、技术结构)的重要因素。海洋产业结构是指开发、利用和保护海洋资源的各产业之间和产业内部的技术经济联系和数量比例关系。虽然海洋产业结构不能完全体现一个国家或地区海洋经济发展的先进或落后,因为各个国家或地区的资源禀赋、发展定位、发展水平存在差别,其海洋产业结构有一定的特殊性,但海洋产业结构能在一定程度上反映海洋经济发展的不同阶段,是评价海洋经济发展水平的重要手段之一。由于研究目的和分析方法不同,出现了不同的海洋产业分类,形成了海洋三次产业结构、海洋产业部门结构以及传统、新兴和未来海洋产业结构等不同的海洋产业结构。

1) 海洋三次产业结构

按照中华人民共和国国家标准《国民经济行业分类》(GB/T 4754—2017)和《海洋及相关产业分类》(GB/T 20794—2006)可以把海洋产业划分为海洋第一产业、海洋第二产业和海洋第三产业。其中:海洋第一产业指海洋渔业中的海洋水产品、海洋渔业服务业,以及海洋相关产业中属于第一产业范畴的部门;海洋第二产业指海洋渔业中的海洋水产品加工、海洋油气业、海洋矿业、海洋盐业、海洋化工业、海洋生物医药业、海洋电力业、海水利用业、海洋船舶工业、海洋工程建筑业,以及海洋相关产业中属于第二产业范畴的部门;海洋第三产业指除海洋第一、第二产业以外的其他行业,包括海洋交通运输业、滨海旅游业、海洋科研教育管理服务业,以及海洋相关产业中属于第三产业范畴的部门。

表 5-1　海洋三次产业标准分类

类别	产业名称
海洋第一产业	海洋渔业中的海洋水产品、海洋渔业服务业,以及海洋相关产业中属于第一产业范畴的部门
海洋第二产业	海洋水产品加工、海洋油气业、海洋矿业、海洋盐业、海洋化工业、海洋生物医药业、海洋电力业、海水利用业、海洋船舶工业、海洋工程建筑业,以及海洋相关产业中属于第二产业范畴的部门
海洋第三产业	除海洋第一、第二产业以外的其他行业,包括海洋交通运输业、滨海旅游业、海洋科研教育管理服务业,以及海洋相关产业中属于第三产业范畴的部门

资料来源:《中国海洋统计年鉴2016》。

2) 海洋产业部门结构

海洋产业部门结构是按照部门分类法对海洋产业进行分类形成的海洋产业结构,指各海洋产业之间的构成及数量比例关系,这里指主要海洋产业结构。海洋产业部门结构与海洋三次产业结构可以相互贯通。海洋产业部门结构可以重新归纳为海洋三次产业结构,而海洋三次产业分别包括在不同的产业部门中。属于海洋第一产业的主要是海洋渔业(不包括水产品加工业);属于海洋第二产业的有海洋水产品加工、海洋油气业、海洋矿业、海洋盐业、海洋化工业、海洋生物医药业、海洋电力业、海水利用业、海洋船舶工业、海洋工程建筑业;属于海洋第三产业的有海洋旅游业、海洋交通运输业、海洋科研教育管理服务业。

5.1.2　海洋产业结构演进的一般规律

海洋产业结构演进是指海洋产业发展过程中其结构在数量和质量两方面的提高,从量的方面来看,它是指海洋经济中各产业之间及各产业内部的比例关系;从质的方面来看,它是指海洋经济中各产业的质量分布情况,即技术水平和经济效益的分布状态。

1) 海洋三次产业结构演进的一般规律

根据世界海洋产业发展的过程和趋势,海洋产业的发展和演进一般表现是,首先从第一产业到第三产业,然后从第三产业到第二产业,再从第二产业到第三产业为主导的演进特征。即海洋产业结构首先表现为"一三二"结构,继而发展到"三一二"结构,随着海洋资源开发能力的增强,海洋第二产业获得发展,发展为"二三一"结构,最终发展为"三二一"结构。其演进过程大致可以分为四个阶段:

第一阶段是原始阶段,即传统海洋产业发展阶段,这一阶段是海洋经济的起步阶段。人类最初对于海洋的开发和利用活动主要局限于近海的渔盐之利和舟楫之便。以中国为例,1978年以前,中国海洋经济主要限渔业、盐业和交通运输业三大传统产业,主要海洋产业总产值只有几十亿元。在资金缺乏和技术条件落后的情况下,海洋产业的发展一般以海洋捕捞、海洋运输、海盐等传统产业作为发展重点,海洋经济主要以传统海洋产业为主导,这一阶段的海洋产业结构明显呈现出"一三二"型结构。

第二阶段是初级阶段,即海洋第三、一产业交替演进阶段。随着海洋经济发展水平的提高以及资金和技术的逐步积累,滨海旅游、海产品加工、包装、储运等后继产业呈现出加快发展的趋势。在这一阶段,滨海旅游、海洋交通运输等海洋第三产业在产值上逐渐超过海洋渔业,在国民经济中占据主导地位,海洋产业结构也相应地由"一三二"型转变为"三一二"型。

第三阶段是中级阶段,即海洋第二产业大发展阶段。在这一阶段,资金和技术已积累到了一定的程度,海洋产业的重点逐渐转向海洋生物工程、海洋石油、海洋矿业、海洋船舶等海洋第二产业,海洋经济进入高速发展阶段,海洋产业结构逐渐变为"二三一"型。

第四阶段是高级阶段,即海洋产业发展的"服务化"阶段。在这一阶段,一些传统海洋产业采用新技术成果成功实现了技术升级,规模进一步扩大,发展模式也更加集约化,同时,海洋第三产业重新进入高速发展阶段,尤其是海洋信息、技术服务等新型海洋服务业开始快速发展,从而推动海洋第三产业重新成为海洋经济的支柱,海洋产业结构再次演进为"三二一"型。

此演进规律只是代表了海洋产业结构演进的一般规律。但是具体到不同国家或地区时往往会表现出很大的差异。不同的地区由于各自的海洋资源构成、产业发展基础、传统文化等方面差别,决定了彼此产业结构演进的路径有所不同。对于发展有先后顺序的不同地区,即使按照同一路径演进,在演进的速度上也是不一样的。有些后起地区的海洋经济发展,由于会受到政府的积极干预,其产业结构的演进有可能出现跳跃式发展。

2) 海洋产业生产要素密集程度变动的一般规律

根据世界海洋产业发展过程和一般产业的发展状况,海洋产业结构的成长与发展大致经历三个阶段:第一阶段,以劳动密集型产业为中心阶段,这一时期主要是以海洋渔业、海洋盐业、海洋交通运输业等传统劳动密集型产业为主。第二阶段,以资本密集型产业为中心阶段,主要是海洋船舶工业、海洋油气、海洋工程建筑等产业快速发展。第三阶段,以技术密集型产业为中心阶段的高级化演进历程,海洋生物医药、海洋能利用、海水综合利用业迅速发展。

3) 传统、新兴海洋产业演进的一般规律

在一个国家或地区海洋经济发展的不同阶段,会出现传统、新兴海洋产业的阶段式循环。在每一阶段的初期,海洋传统产业占据明显优势,而海洋新兴产业由于技术不成熟则非常弱小。随着技术的进步,海洋新兴产业发展出现加速,在海洋经济中的比重不断上升。到了每一阶段的末期,海洋新兴产业技术成熟,在海洋经济中占据比重较大,逐渐演进成为传统海洋产业,而此时海洋未来产业随着技术成熟演进为海洋新兴产业,从而进入下一阶段的循环。

5.1.3 海洋产业结构优化的理论与研究

1)海洋产业结构优化的概念

海洋产业结构优化是指海洋各产业实现协调发展、总体发展水平不断提高的过程。要在国民经济整体效益最优的目标下,根据本国、本地区的海洋资源条件、海洋经济发展水平、海洋科学技术能力、海洋产业产品的市场需求以及海洋经济与非海洋经济的关系等因素,对各海洋产业之间的比例关系加以调控,以达到一种既能合理有效地开发利用海洋资源,又能保护好海洋生态环境,保持海洋经济持续、快速、健康发展的海洋产业结构的过程。海洋产业结构优化涵盖两个层面,即海洋产业结构合理化和高级化。海洋产业结构优化的目的是在海洋产业结构合理化的基础上实现产业结构的高级化。

产业结构合理化是指产业与产业之间相互协调,有较强的产业结构转换能力和良好的适应性,能适应市场需求变化,并带来最佳效益的产业结构。学术界对产业结构合理化的定义大致有四种:资源配置论、结构功能论、结构协调论和结构动态均衡论。产业结构合理化的特征有:第一,产业之间的相对地位协调,即各产业之间主次分明,轻重有序,形成了比较丰富的层次性。第二,产业之间的联系方式协调,即各产业之间能够实现相互促进和相互服务,一个产业的发展不是以削弱另一个产业的发展为代价。第三,产业之间技术水平是协调的,即各产业的比较劳动生产率数值分布的比较集中而且具有层次性,不存在断层。

产业结构高级化是指产业结构由低层次向高层次的调整和转变的过程,高级化代表着国家或地区的经济发展程度以及经济处于何种阶段。产业结构高级化具有下列几个特征:第一,产业结构沿着第一、二、三产业分别占优势地位顺向发展。第二,产业结构沿着劳动密集型产业、资本密集型产业和技术、知识密集型产业分别占优势地位顺向演进。第三,产业结构沿着低附加值产业向高附加值产业演进的方向发展。第四,产业结构沿着低技术含量产业向高技术含量产业演进的方向发展。

2)海洋产业结构优化的目标与原则

根据我国的实际情况,优化我国海洋产业结构的指导思想是要坚持以国际、国内两个市场为导向,以海洋科技进步为动力,以提高海洋开发的经济和社会效益为目标,积极稳妥地调整各海洋产业部门的发展速度和发展规模,做到既能保持海洋经济总量的持续、快速、健康发展,又注意各海洋产业部门之间的协调发展,从而实现海洋经济产业结构的优化升级。

依据上述指导思想,区域海洋经济产业结构的优化升级应遵循以下原则:一是市场需求导向原则。市场需求对产业发展具有重要的导向作用,市场需求旺盛的产业其发展就具有潜力,反之市场需求不足的产业其发展就受到制约。因此,在优化海洋产业结构时,应坚持以市场需求为导向的原则,充分利用市场来优化和配置资源。二是产业结构升级原则。这一原则要求在优化海洋产业结构时,遵循产业结构由低级到高级逐步演进的一般规律。它包含两方面的含义:一方面是第一、二、三产业之间的比例关系在产业升级中由"一二三"的结构转变为"三二一"的结构;另一方面是产业内部结构也发生同样方向的调整,即产业先由资源密集型、劳动密集型过渡到劳动力资金密集型,并最终过渡到资金技术密集型。三是科技进步推动原则。海洋产业与陆地产业相比,更需要先进的科学技术作依托。没有先进的海洋科学技术作后盾,传统海洋产业不仅得不到转型升级,同时新兴和未来海洋产业的发展也将受到阻碍。四是可持续发展原则。可持续发展的原则要求我们在发展海洋经济的过程中既要满足现有需求,又要在海洋资源的开发和利用方面不损害子孙后代利益。它在社会观上主张公平分配;在经济观上主张在保持地球自然生态平衡的同时经济持续发展;在自然观方面主张人与自然和谐相处。海洋作为一种有助于实现可持续发展的宝贵财富,在对其开发和利用过程中,更应该坚持可持续发展原则。五是以海为主,海陆兼顾的原则。海洋经济既具有相对的独立性,又与陆地经济存在极为密切的联系,事实上海洋经济是无法脱离陆地经济而存在的。因此,优化海洋产业结构必须从国民经济的整体出发,在考虑海洋产业结构优化的同时,兼顾陆地产业结构,注意海洋产业与陆地产业的协调发展。六是综合效益原则。效益是一切事业的根本,优化海洋产业结构同样必须坚持效益原则,不仅要追求经济效益和社会效益,还要追求生态效益。优化海洋产业结构的一切措施不能顾此失彼,应力求实现经济、社会和生态效益的统一。

3) 海洋产业结构优化的研究进展

海洋产业结构的优化对海洋经济增长具有显著的正向作用。国内外关于产业结构和经济增长关系的研究比较深入,研究体系也相对比较完善,所得的理论成果也比较成熟。Timmer 和 Szirmai 提出"结构红利"假说,表明产业结构与经济增长之间存在正向关系[2]。罗神清和王胜对产业结构高级化与经济增长关系进行了实证研究,表明两者相互促进[15]。翟翠霞采用辽宁省 1978—2011 年的相关数据,通过格兰杰因果关系检验以及回归分析等多种计量方法证明了辽宁省产业结构与经济增长之间的因果关系[26]。胡晓丹以广东省为例进行了实证研究,表明:广东省的海洋产业结构与海洋经济增长息息相关,海洋产业结构变动是海洋经济增长的格兰杰原因,其中海洋第三产业的推动作用最强,第二产业次之,第一产业最小[9]。王端岚认为福建海洋产业结构的变动对海洋经济增长具有巨大的推动作用[21];王园等认为海洋经济发展与海洋产业结构演进形成了良性的互动机制[22]。狄乾斌等探究了我国1997—2011年海洋产业结构变动与海洋经济增长之间的关系,认为我国海洋产业结构变动与海洋经济之间是正相关关系[5]。马学广等采用计量面板模型对我国1997—2014年沿海地区进行海洋产业结构与海洋经济之间的影响研究,研究发现,海洋产业结构变动对海洋经济增长的作用越来越小[16]。王波等在VES生产函数的基础上构建了以海洋产业结构为门槛变量的估计模型,用此模型来分析海洋产业结构变动对海洋经济增长的影响,实证结果表明,海洋产业结构高级化并不能对海洋经济产生积极影响,而是会产生负影响[19]。但章成等的研究结果却与王波等的结论相反,通过对1996—2013年沿海11个省、市、自治区的海洋数据进行固定效应模型分析,得出结论:海洋产业结构合理化对海洋经济增长虽具有负影响却不显著,而海洋产业结构高级化对海洋经济增长具有正向作用且显著[28]。李佳薪等对2005—2015年我国海洋产业结构"两化"与海洋经济增长之间进行实证分析,认为海洋产业结构合理化、高级化会促进海洋经济的增长[13]。因此,大多数学者们的研究证明了海洋产业结构优化存在结构性红利,对海洋经济产生积极影响,推动海洋经济的增长。如今学术界探讨的热点问题是如何调整产业结构以促进海洋经济更好地发展。

对于海洋产业结构的优化方向,部分学者从海洋三次产业结构角度出发,根据海洋产业结构的演进规律和海洋经济发展现状,提出产业结构的调整方向。在海洋产业结构演进规律方面,张耀光等根据三次产业结构重心轨迹的动态变化,发现我国海洋产业在1978—2004年间呈左旋模式,且与国民经济产业的演进过程相反[29]。王丹等基于产业功能的角度,应用主成分分析法总结了辽宁省海洋经济产业具有支柱产业地位稳定、主导和潜导双向转移的演进模式[20]。翟仁祥和李敏瑞则利用偏离-份额分析法,从海洋三次产业和海洋产业部门两个层次对沿海地区的海洋产业结构进行了时间和空间的分异研究,发现沿海海洋产业结构存在明显的时空分异特征[27]。另外,还有学者通过构造海洋产业结构变动系数、海洋经济产业结构熵数、Moore结构变化系数和WT系数等来分析我国区域海洋产业结构的变化特征。在海洋三次产业结构调整方面,郭晋杰分析了广东省主要海洋产业发展过程及存在问题,提出大力发展海洋第三产业及新兴产业的对策建议[7]。袁建强等运用偏离-份额模型(SSM)对河北省海洋产业结构进行深入分析,并提出相应对策建议[25]。张耀光等在研究中应用分析区域空间差异的定量方法,对各省(市、区)海洋三次产业结构的空间集聚与扩散程度进行分析,从而探索出海洋经济形成规律[30]。韩增林等和叶波等从静态、动态等角度分别对辽宁省和海南省海洋产业结构进行分析,探索海洋产业结构变动规律[8],[23]。孙瑛等以山东省为例建立了多准则的层次分析模型,考察了山东省和其他沿海省市海洋产业结构差异,在此基础上分析海洋产业结构优化的调整方向[18]。

5.2 辽宁海洋经济产业结构现状

5.2.1 海洋三次产业结构现状

辽宁省海洋三次产业结构呈现高级化的"三二一"格局。2017 年,辽宁省海洋生产总值构成中第一产业占 13.7%,第二产业占 31.8%,第三产业占 54.5%,为"三二一"结构。根据海洋产业结构演进规律理论,辽宁省海洋经济已进入产业结构发展的第四阶段,即高级化阶段。但辽宁省海洋第一产业所占比重较高(13.7%),远高于全国平均水平(4.7%),在 11 个沿海地区中列第三位,排在海南和广西之后;是同处于环渤海区域的山东省的 2.7 倍;是海洋经济总量最大的广东省的 7.6 倍。辽宁省海洋第二产业所占比重 31.8%,比全国水平低 5.9 个百分点,全国排名第九位;比山东低 10.8 个百分点,比广东低 6.4 个百分点。辽宁省海洋第三产业所占比重 54.5%,比全国水平低 3 个百分点,全国排名第七位,比山东高 2.2 个百分点,比广东低 5.5 个百分点。因此,从海洋三次产业结构上看,辽宁省在发展海洋经济的过程中,需要结合自身优势,找准与海洋经济发达省份之间的差距,持续调整优化产业结构,为未来的高质量发展打下良好的基础。

表 5-2 2017 年辽宁省及其他沿海地区海洋三次产业产值及比重

地区	海洋生产总值(亿元)	第一产业产值(亿元)	第二产业产值(亿元)	第三产业产值(亿元)	占沿海地区生产总值比重	第一产业比重	第二产业比重	第三产业比重
合计	76 749.0	3 628.1	28 951.9	44 169.0	16.6%	4.7%	37.7%	57.5%
天津	4 646.6	10.5	2 155.2	2 480.9	25.1%	0.2%	46.4%	53.4%
河北	2 385.5	86.0	827.2	1 472.3	7%	3.6%	34.7%	61.7%
辽宁	3 284.1	449.6	1 045	1 789.5	14%	13.7%	31.8%	54.5%

地区	海洋生产总值（亿元）	第一产业产值（亿元）	第二产业产值（亿元）	第三产业产值（亿元）	占沿海地区生产总值比重	第一产业比重	第二产业比重	第三产业比重
上海	8 494.7	4.9	2 854.9	5 634.9	27.7%	0.1%	33.6%	66.3%
江苏	6 933.4	440.7	3 163.7	3 329.0	8.1%	6.4%	45.6%	48.0%
浙江	7 041.4	517.7	2 203.6	4 320.1	13.6%	7.4%	31.3%	61.4%
福建	9 384.0	598.1	3 179.9	5 606.0	29.2%	6.4%	33.9%	59.7%
山东	14 191.1	720.0	6 046.8	7 424.4	19.5%	5.1%	42.6%	52.3%
广东	17 725.0	315.2	6 776.0	10 633.8	19.8%	1.8%	38.2%	60.0%
广西	1 377.0	219.4	462.0	695.6	7.4%	15.9%	33.5%	50.5%
海南	1 286.3	266.1	237.7	782.5	28.8%	20.7%	18.5%	60.8%

数据来源：《中国海洋统计年鉴2018》。

5.2.2 海洋产业部门结构现状

辽宁省海洋产业门类较全面,形成了以海洋渔业、海洋交通运输业和滨海旅游业三大产业为基础,以海洋船舶工业、海洋化工、海洋工程建筑业为支撑的现代海洋产业体系。基于辽宁省所拥有的海洋资源,该地区主要海洋产业部门共12个,分别是海洋渔业、海洋油气业、海洋矿业、海洋盐业、海洋化工业、海洋生物医药业、海洋电力业、海水利用业、海洋船舶工业、海洋工程建筑业、海洋交通运输业以及滨海旅游业。滨海旅游业、海洋渔业和海洋交通运输业是三大支柱产业,2018年占主要海洋产业增加值的比重分别为47.1%、25.9%和16.9%,三者比重之和为89.9%。

辽宁海洋产业部门结构与我国海洋产业部门结构基本相同,都是以海洋渔业、海洋交通运输业和滨海旅游业为三大支柱产业。但辽宁省海洋渔业很发达,占主要海洋产业增加值的比重25.9%,远高于全国平均水平的14.3%。

除三大支柱产业外,辽宁海洋船舶工业占比6.2%,高于全国平均水平。其他产业发展力不足,规模依然较小。与全国平均水平相比,海洋化工业、海洋油气业、海洋工程建筑业、海洋矿业和海洋生物医药业等产业发展较落后,占全国的比重低于1.5%。辽宁具有发展这些产业的资源基础,如辽宁沿海不仅富有金刚石、锆英石、独居石、石榴子石、沙金、型砂、砂砾等矿种,还蕴藏较丰富的潮汐能且有适宜建设潮汐电站的地形,但这些海洋矿产资源和海洋能资源基本处于潜在的资源状态,尚未被充分开发利用。

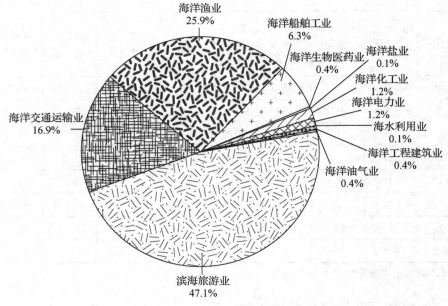

图 5-1 2018 年辽宁省海洋生产总值构成情况

资料来源:辽宁省自然资源厅。

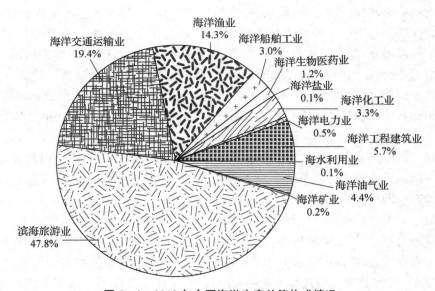

图 5-2 2018 年全国海洋生产总值构成情况

资料来源:《2018 年中国海洋经济统计公报》。

5.3 辽宁海洋产业结构的演进与分析

5.3.1 海洋三次产业结构的演进

辽宁海洋资源种类繁多且数量较为丰富,为其海洋产业的兴起、存立和发展提供了坚固的根基。30 多年来,在海洋渔业、海洋船舶修造、海洋交通运输、海洋盐业等传统产业发展壮大的同时,滨海旅游、海洋化工、海洋油气、海水综合利用、海洋生物制药、海洋信息服务、海洋环境保护等新兴产业不断涌现。至今辽宁海洋产业已经发展成为集第一、第二、第三产业为一体,融传统、新兴、未来产业为特色的现代化产业体系。

辽宁省海洋产业结构不断优化,2010 年后进入"三二一"高级阶段。2001 年,辽宁海洋产业结构不具有优势,海洋三次产业结构为 10.7∶50.9∶38.4,第二产业所占比重较大,对比全国的 6.8∶43.6∶49.6 而言,结构处于劣势。2001—2009 年,辽宁省海洋三次产业以第二产业为主,海洋产业结构处于"二三一"的中级阶段;但此时期第二产业比重逐渐下降,第三产业比重逐渐上升。2010 年,第三产业比重超过第二产业比重,辽宁省海洋三次产业结构为 12.1∶43.4∶44.5,初步实现"三二一"结构。2010—2018 年,海洋第一、二产业增加值总体上呈先升后降趋势,海洋第三产业发展迅速,产业结构呈现"三二一"的高级模式,海洋产业结构不断调整,至 2018 年,辽宁省海洋三产结构为 9.8∶30.2∶60,已经接近于全国平均水平4.4∶37∶58.6。

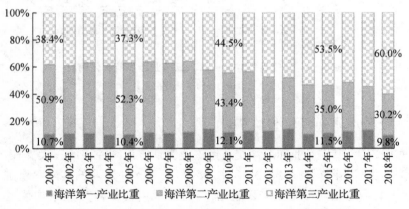

图 5-3 2001—2018 年辽宁省三次产业结构变化情况

资料来源:《中国海洋统计年鉴》。

海洋三次产业结构逐渐向"三二一"格局演进是海洋产业内部优化的结果。其中,海洋第一产业经历了由"捕捞为主"向"养殖为主"的转变,在捕捞业内部,由于近海渔业资源的约束和技术装备水平更高的远洋渔业日益壮大,远洋渔业逐步取代近海捕捞,成为海洋捕捞业的新的增长点;在养殖业内部,深水网箱养殖、工厂化养殖等高效、集约化养殖方式异军突起,拓展了海水养殖空间,在一定程度上提高了海水养殖效率。海洋第一产业比重呈现先增后降的过程,从 2001 年的 10.7% 增加至 2013 年的 14.6%,又降低至 2018 年的 9.8%;其增加值也是先增后降,从 73.3 亿元增长至 566.2 亿元,后又降至 324.9 亿元。海洋第二产业不断丰富与发展,新技术的创新与应用对其发展有至关重要的作用。辽宁省海洋第二产业比重持续下降,从 2001 年的 50.9% 下降至 2018 年的 30.2%;其增加值呈现先增后降的态势,在 2001—2013 期间获得快速增长,从 347.3 亿元增长至 1 446.5 亿元,随后受辽宁整体经济下行的影响,海洋第二产业增加值持续下降至 2018 年的 1 001.1 亿元。海洋第三产业逐渐成为辽宁海洋经济的新增长点,其增加值快速增长,于 2010 年超过第二产业增加值,2018 年增至 1 989 亿元;其比重持续上升,从 2001 年的 38.4% 增加至 2018 年的 60%。

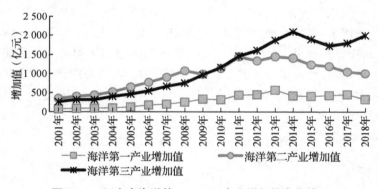

图 5-4　辽宁省海洋第一、二、三产业增加值变化情况

资料来源:《中国海洋统计年鉴》。

5.3.2　海洋产业部门结构的演进

滨海旅游业、海洋渔业和海洋交通运输业为辽宁海洋经济的三大支柱产业,对海洋经济的贡献不断提高。2012—2018 年间,三大支柱产业的实际总增加值变化不大,从 1 405 亿元增加至 1 412 亿元,但占地区主要海洋产业增加值的比重由 2012 年的 84.7% 升高至 2018 年的 89.9%。三大支柱产业内部结构变化剧烈,滨海旅游业发展迅速,赶超海洋渔业成为辽宁海洋经济发展的领头军。从产业增加值排序看,由海洋渔业＞滨海旅游业＞海洋交通运输业变为滨海旅游业＞海洋渔业＞海洋交通运输业;从产业增加值的增长速度看,滨海旅游业、海洋渔业和海洋交通运输业增加值的增量分别是 226 亿元、－87 亿元和－132 亿元,2018 年同比2012 年增长率分别是 44％、－24.7％和－24.5％;从占地区主要海洋产业增加值的比重看,滨海旅游业增加值所占比重增加显著,由 31％增加至 47.1％,海洋渔业和海洋交通运输业增加值所占比重均显著下降,由 32.5％、21.2％下降至 25.9％、16.9％。

海洋船舶工业对辽宁海洋经济的贡献排名第四位,产业下滑趋势明显。2012—2018 年间,受国际航运市场需求减弱和航运能力过剩的影响,造船完工量显著减少,新接船舶订单数大幅下降,海洋船舶工业面临较为严峻的形势。辽宁海洋船舶工业增加值从 150 亿元下降至 98 亿元,下降了 34.7％;占地区主要海洋产业增加值的比重从 9％下降至 6.2％。

表 5－3 2012—2018 年辽宁省海洋主要产业增加值及比重

海洋主要产业	2012 年		2015 年		2018 年	
	增加值（亿元）	比重	增加值（亿元）	比重	增加值（亿元）	比重
滨海旅游业	514	31.0％	542.6	33.2％	740.0	47.1％
海洋交通运输业	352	21.2％	426.3	26.1％	265.0	16.9％
海洋渔业	539	32.5％	479.8	29.4％	407.0	25.9％
海洋船舶工业	150	9.0％	79.9	4.9％	98.0	6.2％
海洋生物医药业	2	0.1％	0.1	0.0％	6.0	0.4％
海洋盐业	3	0.2％	2.2	0.1％	2.0	0.1％
海洋化工业	27	1.6％	20.9	1.3％	19.0	1.2％
海洋电力业	11	0.7％	15.8	1.0％	19.0	1.2％
海水利用业	1	0.1％	0.6	0.0％	0.9	0.1％
海洋工程建筑业	57	3.4％	58.6	3.6％	7.0	0.4％
海洋油气业	5	0.3％	6.5	0.4％	7.0	0.4％

资料来源:《中国海洋统计年鉴》。

海洋盐业、海洋工程建筑业和海洋化工业等产业发展落后。海洋工程建筑业受国家围填海管控及经济下行压力加大等因素影响,海洋工程项目审批大幅缩减,呈大幅下滑趋势,其产业增加值从 2012 年的 57 亿元下降至 2018 年的 7 亿元,占地区主要海洋产业增加值的比重从 3.4％下降至 0.4％。海洋化工业受生态环境和技术创新的双重约束,产业下滑,增加值由 27 亿元下降至 19 亿元,占地区主要海洋产业增加值的比重从 1.6％下降至 1.2％。海洋盐业规模减小,受工业盐下游产品产能过剩和国家节能减排政策影响,其产值从 3 亿元降至 2 亿元,下降了 33.3%。

海洋生物医药业、海洋电力业和海洋油气业等新兴产业发展速度加快,成为辽宁海洋经济发展的新增长点。2012—2018 年间,海洋生物医药业发展迅速,随着科技兴海战略的实施,以及政府的大力培育、相关科研技术研发的进步和企业较快的生产转化能力,不断建立并完善海洋生物医药的产业链和规模化产业集聚,海洋生物医药业研发不断创新突破,其增加值成倍增长,从 2 亿元增加至 6 亿元,增长率 200%。随着海上风电装机规模扩大、海洋可再生资源开发力度以及风能发电技术开发体系的系统规划,海洋电力业稳步发展,其增加值由 11 亿元增加至 19 亿元,增长率 72.7%,占地区主要海洋产业增加值的比重从 0.7% 上升至 1.2%。海洋油气业稳步发展,增加值从 5 亿元增至 7 亿元,增长率达 40%。

5.3.3 海洋产业结构演进的 SSM 分析

偏离—份额分析(SSM)是用来分析产业结构和区域经济常用的方法。SSM 是由 Creamer 最初提出,由 Dunn、Perloff、Muth 等学者总结并逐步完善起来。该方法主要从产业结构和竞争力两个方面反映区域经济增长速度的差异性,具有较强的综合性和动态性。此处使用的 SSM 分析模型是将区域海洋经济与海洋产业结构的发展变化视为一个动态的过程,从国家发展层面制定标准参考系,从海洋产业结构演进和竞争力因素等方面解释海洋经济发展的差异性。SSM 分析模型将区域海洋经济发展总量在选取的研究时期内变动情况分为三部分:份额分量、结构偏离分量和竞争力偏离分量,用来解释区域海洋经济发展和滞后的原因,同时对区域海洋产业结构的合理程度和自身竞争力的强弱情况进行评价,据此寻找自身的优势海洋产业部门,定位自身海洋产业优化方向及区域海洋经济发展的主导海洋产业。

标准区用 E 表示,研究区用 e 表示,研究基期用 0 表示,报告期用 t 表示,将区域经济划分为 n 个部门用 j 表示($j=1,2,3$)。

标准区第 j 产业基期至末期的变化率为:

$$R_j = \frac{E_{j,t} - E'_{j,0}}{E'_{j,0}}$$

其中,$E'_{j,0}$ 为标准区基期第 j 产业产值;$E_{j,t}$ 为标准区末期第 j 产业产值;R_j 为标准区第 j 产业基期至末期的变化率。

研究区第 j 产业基期至末期的变化率为:

$$r_j = \frac{e_{j,t} - e'_{j,0}}{e_{j,0}}$$

其中,$e'_{j,0}$为研究区基期第j产业产值;$e_{j,t}$为研究区末期第j产业产值;r_j为研究区第j产业基期至末期的变化率。

以标准区第j产业部门所占份额将研究区第j产业部门的规模标准化为:

$$e'_j = \frac{e_0 \cdot E_{j,0}}{E_0}$$

其中,e_0为研究区基期的产业总产值;E_0为标准区基期的产业总产值;$E_{j,0}$为和标准区基期产业产值对应的第j产业产值。

设研究区基期至末期海洋第j产业部门的增量为G_j,则G_j可以分解为以下三个分量:份额分量N_j反映研究区海洋第j产业部门增长情况,是指j产业所在区域或全国总量按比例分配,区域j产业规模所发生的变化,即区域标准化的产业部门如果按照所在区域或全国的平均增长率发展所产生的变化量;结构偏离分量P_j反映研究区海洋第j产业结构对整个海洋经济的贡献大小,是指区域产业比重与所在区域或全国相应产业部门的比重差异引起的区域j产业的部门增长,相对于区域或全国标准所产生的偏差,其值越大,说明部门产业结构对经济总量增长的贡献越大;竞争力偏离分量D_j反映研究区海洋第j产业部门所具有的竞争力水平,是指区域j产业部门增长速度与所在区域或全国相应部门增长速度的差别引起的偏差,反映区域j产业部门相对竞争能力,其值越大,说明区域j产业部门竞争力对经济增长的作用越大。

其中结构偏离分量P_j和竞争力偏离分量D_j合称为偏离分量S_j,具体表示如下:

$$G_j = S_j + N_j = (e'_{j,0} - e'_j)R_j + e'_{j,0}(r_j - R_j) + e'_j R_j$$
$$S_j = P_j + D_j = (e'_{j,0} - e'_j)R_j + e'_{j,0}(r_j - R_j)$$

SSM分析模型的计算基期一般取5年或10年,在此将2001—2018年的数据指标分为四个阶段进行计算分析,即2001—2005年、2006—2010年、2011—2015年和2015—2018年。以辽宁省作为研究区,以全国为标准区,全国和辽宁省海洋生产总值、海洋三次产业增加值、主要海洋产业部门增加值等相关数据来源于《海洋经济统计方法与实践》《中国海洋统计年鉴2011—2018》和《2018年中国海洋统计公报》。

"十五"期间(2001—2005年),辽宁省海洋产业结构为"二三一"模式,海洋第一、二产业实际增长量高于全国份额分量,第三产业发展较滞后。在此期间,海洋第一产业规模不断扩大,其实际增长量高于全国份额,总偏离分量S最大,产业竞争优势明显,对海洋经济的发展起着积极地正向推动作用。辽宁省具有丰富的渔业资源,海洋渔业一直为传统优势产业,产业基础雄厚,此时期发展势头良好,尚未受到资源约束条件的限制。与海洋第一产业相比,海洋第二产业的实际增长量G

最大,部门结构优势显著,对海洋经济发展的贡献高于第一产业,结构偏离分量 P 最大,为 46.51 亿元。但第二产业部门的增长速度低于全国平均水平,区域竞争力方面处于弱势,竞争力偏离分量 D 达 -28.58 亿元。海洋第三产业发展不充分,实际增长量 G 仅 198.3 亿元,低于全国额份分量,总偏离分量 S 达 -79.89 亿元,意味着第三产业的发展空间巨大。在这一时期,为促进海洋新兴产业的发展,国家、省市均出台了一系列政策。2003 年国务院出台了《全国海洋经济发展规划纲要》,明确提出要把我国建设成为海洋强国的目标。此后,各地区相应编制海洋经济"十一五"规划,海洋产业结构不断优化,我国海洋产业从此迈入了快车道。同年,辽宁省出台了《关于实施东北地区等老工业基地振兴战略的若干意见》,要求把大连建成东北亚重要国际航运中心。2005 年,颁布施行《辽宁省海域使用管理办法》,辽宁省委、省政府提出打造"五点一线"沿海经济带的战略构想。在这一时期,海洋渔业、海洋交通运输、海洋船舶修造、滨海旅游、海洋盐业、海洋化工、海洋生物制药、海洋油气等产业发展成辽宁主要海洋产业,期末海洋生产总值已完成 1 232.7 亿元,占全省生产总值的 15.3%。

表 5-4　2001—2005 年辽宁省海洋三次产业 SSM 模型计算结果(单位:亿元)

产业	实际增长量 G	份额分量 N	结构偏离分量 P	竞争力偏离分量 D	总偏离分量 S
海洋第一产业	54.60	26.00	15.12	13.48	28.60
海洋第二产业	297.20	279.27	46.51	-28.58	17.93
海洋第三产业	198.30	278.19	-62.84	-17.05	-79.89

"十一五"期间(2006—2010 年),海洋产业结构由"二三一"模式向"三二一"模式转变,并于期末完成转变。在这一时期,海洋第一产业仍保持较强的结构优势和区域竞争优势,海洋第三产业迅速发展,具有明显的区域竞争优势。海洋第一产业稳步增长,实际增长量 139.4 亿元,高于全国份额分量,结构偏离分量 P 和竞争力偏离分量 D 均为正值,分别为 55.82 亿元和 29.82 亿元,产业增长速度高于全国平均水平。海洋第二产业结构优势突出,但实际增长量 369.9 亿元,低于全国份额分量,区域竞争力方面处于劣势地位,总偏离分量 S 最小,为 -275.85 亿元。海洋第三产业发展势头强劲,实际增长量为三次产业中的最高值 624.9 亿元,且高于全国份额分量,区域竞争力强,竞争力偏离分量 D 最大为 189.46 亿元,其发展速度高于全国平均水平,在海洋三次产业中逐渐占据主导地位。但海洋第三产业的结构偏离分量 P 最低,为 -144.57 亿元,仍需不断调整产业结构,使其能表现为积极的正向作用。在这一时期,得益于辽宁省"沿海经济强省"建设和"五点一线"沿海经济带发展战略的推进,海洋综合开发水平不断提高,着重建设渤海沿线的辽西锦州湾

沿海经济区、营口沿海产业基地、大连长兴岛临港工业区以及黄海沿线的庄河花园口工业园区和丹东产业园区,形成了沿海与内地互动的对外开放新格局,形成以大连、营口为中心,以葫芦岛和锦州以及丹东为两翼的海上交通运输体系,海洋经济规模不断扩大,海洋产业结构不断调整。2010 年,初步实现了"三二一"结构模式,开始步入产业结构高级化阶段。

表 5-5　2006—2010 年辽宁省海洋三次产业 SSM 模型计算结果(单位:亿元)

产业	实际增长量 G	份额分量 N	结构偏离分量 P	竞争力偏离分量 D	总偏离分量 S
海洋第一产业	139.40	53.76	55.82	29.82	85.64
海洋第二产业	369.90	645.75	85.74	−361.59	−275.85
海洋第三产业	624.90	580.01	−144.57	189.46	44.89

"十二五"期间(2011—2015 年),辽宁省海洋三次产业结构为"三二一"模式,海洋三次产业的实际增长量和发展速度均低于全国平均水平。海洋第一产业实际增长量为负,区域竞争力大大削弱,但仍具有一定的结构优势。传统海洋渔业发展受渔业资源和生态环境的双重制约,开始寻求新的发展空间,海洋渔业不断与二产和三产融合,逐渐向具有服务性的休闲渔业、生态养殖等方面发展。海洋第二产业实际增长量为负,低于第一产业,结构偏离分量 P 和竞争力偏离风量 D 均为负值,区域竞争力处于前所未有的劣势。从主要海洋产业 SSM 计算结果看,辽宁海洋第二产业中的优势产业,海洋船舶工业和海洋工程建筑业的结构优势和竞争力优势都很弱,结构偏离分量 P 和竞争力偏离分量 D 均为负值。海洋第三产业虽然结构偏离分量 P 和竞争力偏离分量 D 皆为负值,但实际增长为 425.7 亿元,滨海旅游业发展缓慢,发展速度低于全国平均水平。海洋交通运输业的实际增长量最大(95.5),且为正值,其竞争偏离分量 D(−16.16)高于船舶业的竞争偏离分量 D(−115.36),这说明交通运输业与船舶业相比,其产业仍具有竞争优势。在该时期,各海洋产业发展水平均出现了不同程度的下滑,主要出现在 2015 年及以后,2011—2014 年辽宁省海洋经济增速仍为正增长,实现增速分别为 27.7%、1.4%、10.3% 和 4.7%,2015 年受经济大环境的影响,辽宁省海洋经济增速出现了多年来的第一次负增长(−9.9%)。

表 5-6　2011—2015 年辽宁省海洋三次产业 SSM 模型计算结果(单位:亿元)

产业	实际增长量 G	份额分量 N	结构偏离分量 P	竞争力偏离分量 D	总偏离分量 S
海洋第一产业	−33.00	69.55	104.01	−206.56	−102.55
海洋第二产业	−209.00	440.20	−41.11	−608.08	−649.20
海洋第三产业	425.70	963.76	−69.13	−468.93	−538.06

表 5-7　2011—2015 年辽宁省主要海洋产业 SSM 模型计算结果(单位:亿元)

产业	实际增长量 G	份额分量 N	结构偏离分量 P	竞争力偏离分量 D	总偏离分量 S
滨海旅游业	24.5	404.12	−18.80	−360.82	−379.62
海洋交通运输业	95.5	118.20	−6.54	−16.16	−22.70
海洋渔业	−40.8	87.42	93.74	−221.95	−128.22
海洋船舶工业	−102.7	15.23	−2.57	−115.36	−117.93
海洋生物医药业	−0.8	19.57	−18.71	−1.66	−20.37
海洋盐业	0.1	−0.21	−0.77	1.08	0.31
海洋化工业	5.9	7.34	−1.55	0.12	−1.44
海洋电力业	4.8	1.31	10.00	−6.52	3.49
海水利用业	−0.1	0.61	−0.39	−0.32	−0.71
海洋工程建筑业	2.6	66.41	−15.57	−48.24	−63.81
海洋油气业	1.5	−38.02	35.87	3.65	39.52

　　"十三五"期间,辽宁省海洋经济进入"转方式、调结构"阶段,推进供给侧结构性改革,产业结构持续调整。海洋第一产业实际增长量仍然不断降低,结构优势下降,区域竞争力不断提升,竞争力偏离分量 D(−117.12)高于上个时期。海洋渔业发展空间逐渐缩减,按照"控制近海、拓展外海、发展远洋"的原则,严格控制近海捕捞强度,陆续实施生态红线、退养还滩(湿)、水源地保护等制度措施,加强养殖水域滩涂用途管制,海洋捕捞产量和水产养殖产量双降,经过海洋渔业内部结构的调整,海洋渔业将呈现出新的发展活力。海洋第二产业实际增长量持续下降,结构偏离分量 P 和竞争力偏离分量 D 均为负值,但海洋船舶工业、海洋生物医药业和海水利用业的区域竞争力逐渐显现,海洋电力业和海洋工程建筑业的结构优势逐渐显现。海洋第三产业实现正增长,结构优势突出,但区域竞争力仍然较弱,竞争力偏离分量 D(−685.78)为三次产业中最低。与其他产业相比,滨海旅游业的实际增长量(197.4)最大,对辽宁省海洋经济的增长做出突出贡献。这主要是得益于国家出台一系列促进滨海旅游业发展的政策意见,例如,《国务院关于加快发展旅游业的意见》中提出"支持积极利用边远海岛等开发旅游项目";《中国旅游业"十二五"发展规划纲要》中提出"努力培育海洋海岛等高端旅游市场、推动专项旅游产品发展"等,使得滨海旅游业更具多元化,产业发展竞争力进一步加强。

表 5-8 2015—2018 年辽宁省海洋三次产业 SSM 模型计算结果(单位:亿元)

产业	实际增长量 G	份额分量 N	结构偏离分量 P	竞争力偏离分量 D	总偏离分量 S
海洋第一产业	−79.20	16.82	21.11	−117.12	−96.02
海洋第二产业	−235.60	171.58	−29.19	−377.99	−407.18
海洋第三产业	100.60	774.47	11.91	−685.78	−673.87

表 5-9 2015—2018 年辽宁省主要海洋产业 SSM 模型计算结果(单位:亿元)

产业部门	实际增长量 G	份额分量 N	结构偏离分量 P	竞争力偏离分量 D	总偏离分量 S
滨海旅游业	197.40	316.33	−57.14	−61.79	−118.93
海洋交通运输业	−161.30	43.93	22.64	−227.87	−205.23
海洋渔业	−72.80	36.55	17.20	−126.54	−109.35
海洋船舶工业	18.10	−49.86	25.07	42.90	67.96
海洋生物医药业	5.90	6.48	−6.44	5.86	−0.58
海洋盐业	−0.20	0.00	−0.11	−0.09	−0.20
海洋化工业	−1.90	8.31	−4.95	−5.26	−10.21
海洋电力业	3.20	1.12	5.70	−3.63	2.08
海水利用业	0.30	0.43	−0.29	0.16	−0.13
海洋工程建筑业	−51.60	−7.38	2.62	−46.84	−44.22
海洋油气业	0.50	13.99	−10.71	−2.78	−13.49

综上所述,从产业整体看,辽宁省海洋三次产业结构已呈现出高级化演进趋势,海洋高新技术产业、海洋战略性新兴产业以及海洋现代服务业不断孕育,并取得不同程度地发展,促进海洋经济开始复苏,步入了战略转型期。从海洋三次产业的发展看,第一一产业结构优势显著,竞争优势在不断提高;海洋第二产业需加快结构调整,以海洋船舶工业为基础,不断提高海洋电力业、海洋生物医药业和海洋化工业等新兴产业的竞争实力;海洋第三产业交通运输业的结构优势和滨海旅游业的竞争优势总体上呈上升趋势,对辽宁省海洋经济发展的推动作用日益显著。

5.3.4 海洋产业结构演进的驱动要素分析

海洋三次产业结构逐渐向"三二一"格局演进,是海洋产业体系内部持续优化的结果,也是新技术催生的新型产业形态取得突破性进展的结果,区域硬环境是演进的基础,区域软环境决定着演进的方向与速度。独特的环境、资源优势和区位优势为辽宁省海洋产业结构的合理演进提供了基础。资源禀赋塑造了辽宁省海洋产业结构的宏观背景和发展基础;沿海地区独特的区位优势使得辽宁省海洋产业结构的发展演进有别于其他地区;社会环境和政策支撑是海洋产业结构演进的外部推动力量。综上,辽宁省海洋产业结构演进的驱动要素有:

1)海洋资源要素禀赋

资源禀赋是辽宁省海洋产业结构演进的基础条件。海洋资源要素禀赋是在海洋内外力量作用下形成并分布在海洋地理区域内的自然资源和自然环境条件。辽宁濒临黄海和半封闭的渤海,是中国最北端的沿海省份,处东北亚经济区和环渤海经济圈的关键地带,是东北三省和内蒙古东部的出海通道,是连接东北与华北两大经济区的重要纽带和桥梁。此外,与日本、韩国、朝鲜隔海邻江相望,是对外开放的前沿,是"一带一路"建设的重要区域,区位优势非常显著。辽宁沿海经济带是在辽宁海洋经济发展的核心区域,包括大连、营口、锦州、丹东、盘锦、葫芦岛等 6 个沿海城市,有丰富的海洋空间资源、港口资源、海洋生物资源、海洋矿产资源、海洋能源资源。辽宁大陆岸线长度 2 292.4 公里,约占全国的 1/8,宜港岸线约 1 000 公里,80% 以上尚未开发;拥有 6 大港,其中大连港、营口港两个吞吐量超亿吨大港,万吨级以上生产性泊位 123 个,最大靠泊能力达到 30 万吨级,形成了东北地区最发达、最密集的综合运输体系;拥有约 2 000 平方公里的低产或废弃盐田、盐碱地、荒滩和 1 000 多平方公里可利用的滩涂;镁、硼、钼、石油、天然气等资源储量较大。辽宁湿地资源和滨海旅游资源丰富,双台河口、丹东鸭绿江口湿地等国家级和省级自然保护区陆域面积 1 300 多平方公里;有岛屿、浴场、滨海湿地、人文古迹、民族风情等多种类型项目。这些为辽宁海洋第三产业的发展提供了充分的支撑条件,2018 年实现增加值 1 989 亿元,同比增长 11.1%。

2)市场需求

在经济发展过程中,市场在资源配置发挥决定性的作用。市场需求是产业结构演进的基本动因,带来分工的自发演进,分工演进的外在表现即产业结构的高级化,二者是同一过程。完善的市场体系有利于为海洋产业分工与发展提供良好的外部环境,促进资源流向经济效益好、市场需求前景广阔的海洋产业部门,使资源配置更合理,产业结构更优化。2010 年后,辽宁海洋经济已经迈入工业化后期阶段,随着生活水平的提高,消费结构加速升级,由最初的保证基本生活需要的食物转向对高品质消费品的需求,供需矛盾突出,供给侧结构性改革持续深化。与此同时,随着中国城镇化进程进入中后期发展阶段,对海洋第二产业的投资趋稳,海洋第三产业的新型业态不断涌现,服务质量水平不断提升。这种市场需求结构的变化推动着辽宁海洋产业结构从以基础工业为重心的海洋第二产业向以现代海洋服务业为重心的海洋第三产业转换,广阔的市场需求极大地推动了海洋第三产业的发展。

3）政策支撑

政府的有效干预会形成一种外生性推进力量,有利于加快海洋产业结构演进的步伐。虽然市场需求是海洋产业结构演进的决定性因素,但是在演进过程中,存在很多偶然性因素,会推迟或延缓专业化分工演进的步伐,导致海洋产业结构内部的部分产业的发展方向出现偏离,产生"市场失灵"现象,需要政府制定产业政策,创造充分的市场交易环境,确保海洋产业结构演进的方向。因此,宏观海洋经济政策的制定就显得尤为重要,它对区域海洋经济发展至关重要。因此,产业政策是推动海洋产业成长重要的因素,区域产业政策根据海岸带的要素供给特征、资本积累类型、市场容量条件和现有的产业基础,选择适宜本地的产业,并在产业政策的大力扶持下实现海洋产业规模增长和结构优化。辽宁"五点一线"沿海经济带的建设及发展,省发改委和省财政厅在税收减免、财政返还、项目贷款贴息、招商引资奖励、鼓励外贸出口、帮助融资并提供优先贷款担保、免收行政事业性收费等方面发挥财政资金引导作用,聚焦重点行业和重大项目,对在辽宁沿海经济带落地的高新技术产业、战略性新兴产业、现代服务业等新动能培育项目提供政策支持,打造东北振兴区域性发展高地。一系列的财税政策吸引了资金、技术、人才等生产要素不断聚集,极大地推动辽宁海洋产业结构向高级化转变。

4）技术创新

新增长经济理论认为,创新是经济增长的重要推动力。海洋资源开发利用的广度和深度取决于科学技术发展的水平。新兴海洋产业产生及传统海洋产业转型升级均依赖于现代科学技术的进步和高端人才的培养,特别是随着新兴海洋科学技术的发明和应用,将产生一系列上下游的关联配套产业,不断延伸产业链的长度,提高产业竞争力。因此,科技含量是推动海洋产业结构演进的一个重要因素,作为海洋经济发展的重要主体,公司或企业通过不断学习引进和自身技术创新,实现由传统海洋产业向高附加值、高科技含量的海洋新兴产业转变。目前,辽宁省沿海经济带汇集了一批拥有先进科技配备的公司和企业,这些市场主体日益成为辽宁省海洋经济增长的主要力量,也是辽宁省海洋产业优化升级的发源地。

5.4 辽宁海洋产业结构与产业发展存在的问题

5.4.1 辽宁海洋产业结构存在的主要问题

辽宁省海洋产业结构整体上呈现高级化的演进趋势,但依然面临着诸多问题,制约着产业结构持续优化升级的演进步伐。

1) 海洋三次产业内部与产业部门内部结构不协调

2017 年,辽宁省海洋三次产业结构实现 13.7:31.8:54.5,处于全国中等水平。虽然第二、三产业对海洋经济贡献不断增强,结构不断优化,但与第一梯队的广东省 1.8:38.2:60 和山东省 5.1:42.6:52.3 相比,与同为第三梯队的天津市 0.2:46.4:53.4 相比,仍有一定的差距。体现在海洋三次产业整体发展速度均低于全国平均水平,第二产业在竞争力方面和结构方面均处于劣势。海洋第一产业中的海洋渔业作为辽宁省传统支柱产业,对辽宁省海洋经济的发展具有较大的推动作用,但其竞争力明显不及滨海旅游业与海洋船舶工业,海洋第二、第三产业的迅速发展对海洋第一产业的发展有着明显的排挤现象,体现在海洋第二、三产业中港口建设及临港产业的发展大量侵占了海洋资源,给海洋第一产业的发展造成了极大的压力,缩减了海洋第一产业的发展空间。在第一产业内部,海洋渔业的粗放式养殖模式仍占据大量养殖水域,资源破坏与掠夺式的捕捞行为尚未得到根本遏制,海洋渔业的可持续发展能力受到严重挑战。

海洋第二产业中传统重工业的发展会带来陆源污染的直排入海、海洋生物多样性锐减、海洋渔业资源日渐衰竭等一系列问题,这种不可持续发展的海洋资源利用方式会影响海洋渔业和滨海旅游业的发展,也给辽宁省海洋产业结构的优化升级带来极大的阻碍。对于隶属第二产业的海洋船舶工业来说,在经历了世界船舶工业市场的多次分工重组之后,高端海洋装备制造能力有一定的提升,但从总体上看,船舶修造活动仍主要集中于位于价值链低端的生产环节上,研发、设计与销售、服务两头在外的局势未得到根本扭转。隶属海洋第三产业的滨海旅游业,旅游业态以近岸观光旅游为主,旅游产品结构单一,对海上旅游产品的开发尤其不足。

2) 海洋产业结构演进过程缓慢

辽宁省海洋产业发展仍处于以海洋资源开发利用为主的粗放型阶段,资源产品比较初级且仍以单项资源开发为主,产品缺少精、深加工;海洋产品存在产品附加值低、海洋产业链不长、科技含量水平低的等问题,导致海洋产品在国际市场上缺乏竞争力。辽宁要大力发展海洋经济,产业结构必须从劳动密集型转向资本密集型和技术密集型,科技是海洋产业发展的有力支撑。然而,从中国层面看,海洋科技成果转化率仅为 25%,真正实现产业化的不足 5%,海洋技术对海洋经济发展的贡献还不到一半,部分海洋技术甚至处于缺失状态。

3) 海洋战略性新兴产业发展不充分

从技术创新水平、产业带动能力、产业成长性等因素考证,国家战略性新兴产业海洋生物产业、海洋能源产业、海水利用产业、海洋制造与工程产业、海洋物流产业、海洋矿业等应成为海洋经济的主导产业,但目前该类产业发育不充分。传统海洋产业仍是辽宁海洋第二、三产业发展的主要力量,而国家重点支持鼓励的战略新兴海洋产业占比很小,占地区海洋主要产业的比重低于 2%,仍处于培育阶段。2018 年,辽宁海洋第二产业中除海洋工程建筑业负增长外,其他产业均实现了正增长,但增幅仍较低;海洋第三产业中的滨海旅游业发展较为突出,但在海洋产业管理、技术及配套服务上仍存在不小的差距,结构优势和竞争力优势均不显著。

4)海洋产业同构化问题突出

辽宁省海洋经济发展呈非均衡状态,辽宁省有 6 个沿海城市,其中大连市在辽宁省域内拥有最长的海岸线和最为丰富的海洋资源,海洋经济发展处于领军地位。大连市海洋经济生产总值占全省一半以上,海洋产业及滨海旅游业发展较为充分彻底;其他 5 市海洋经济规模较小,发展不够充分,经济发展极不平衡。并且,由于缺乏统一的规划,产业同构和重复建设问题突出,沿海经济带各市在支柱产业构成、产业政策重点支持领域等方面具有明显的同质化倾向。海洋产业同构化是地方利益至上的行政管理理念具体实践的结果,违背了按比较优势原则布局产业活动的经济规律,限制了在更大地域范围内的专业化分工演化,还因为各地的低水平重复建设而造成了资源的浪费和生产要素使用的低效率。例如,沿海经济带的其余 5 个滨海城市都将滨海旅游业、海水养殖业、海洋运输业等涉渔涉海行业作为各市的支柱产业,这种产业同构模式日趋明显,不仅容易引发恶性竞争,而且会对海洋资源的充分开发和利用带来危害。

5.4.2　辽宁海洋产业发展存在的问题

1)供给侧产能过剩与供给不足并存

目前辽宁省海洋经济的发展面临着全新的挑战与深刻变化。新时代下,社会对海洋需求更加趋向高端化、多元化和现代化,而传统海洋产业的产能过剩,供给体系的效益偏低,供需方面失衡严重,且产业的升级转化和适应性调整明显滞后。海洋生产要素投入成本逐年增加,导致产业利润空间不断被挤压,增长动力逐渐萎缩;海洋新兴服务业创新性不足,海洋产业的有效供给不足;海洋产业的生产要素中高端供给不足,对海洋经济运行效率造成了影响。这都成为制约辽宁海洋经济可持续发展的瓶颈,海洋经济有效需求倒逼供给升级,供给侧结构性改革势在必行。

2)要素整合力度不够

海洋经济建设是一项复杂的系统工程,其进展主要取决于两个层级要素的整合及其良好运行。一是参与要素的整合和协调,即需要各地区、各部门、各行业的通力协作和社会各界的积极推进,这方面辽宁尚缺乏统一协调部署;二是投入要素的组合和优化,即每个海洋产业本身是一个投入多种生产要素的子系统,生产要素主要涉及劳动力、土地和海域及其自然资源、资本、技术、信息等范畴,这方面辽宁亦尚未形成优势组合。海洋产业生产要素的有效配置是一项重要课题,按照迈克尔·波特的竞争理论,它将决定海洋产业的竞争力。除了自然资源、地理气候、海洋气候等基本要素,现代科技、高端人才等高级要素对海洋产业竞争优势的重要性更加凸显。

3) 海洋科技支撑弱

辽宁海洋产业整体上仍处于粗放发展阶段,海洋科技支撑力不强,其技术装备相对落后,如海洋渔业资源开发、海洋农牧化生产、海洋矿产资源勘探、海洋油气资源开发、海洋预报和信息服务等领域的核心技术装备大部分依赖进口。其实,辽宁拥有众多海洋、水产科研院所和高等院校,在海洋、水产科技方面有一定的实力和支撑平台,但仍难以满足快速发展的海洋经济的需求;在现有海洋、水产科技人员中,从事海洋生物研究的较多,而从事海洋工程装备以及高尖端技术研究的相对较少,从事海洋经济发展战略研究的则更少。

4) 生态环境压力大

辽宁周边海域生态环境主要面临两个方面的压力:一是沿岸城镇居民生活污水、工业废水以及径流污水的排放及扩散(径流污水是雨雪淋洗城镇及工厂大气污染物和冲洗建筑物、地面、耕地、废渣、垃圾而形成的污水,具有季节变化和成分复杂的特点,在降雨初期所含污染物甚至高出生活污水多倍),现已得到确认的全省入海排污口多达137处;二是伴随沿海经济带开发而产生的大规模围海填海工程、大面积园区建设用地的占用及扩张。可见,两个方面的压力规模均较大,将会成为辽宁海洋经济可持续发展的"瓶颈"制约。

5) 资金投入与政策支持不足

辽宁海洋产业发展面临资金匮乏问题也已是不争的事实,其成因可归于3个方面:一是海洋产业的特点所致。海洋产业涉足行业多、关联企业多、投资数量大、融资风险高、回报周期长,这些特点决定其融资相对困难。二是投融资的长效机制尚未形成。海洋产业及其企业发展所需投入资金仅靠有限自身积累和银行贷款是难以满足的,应通过股票发行、债券发行、基金设立、民间筹集等资本市场和筹资渠道解决投融资问题,方可形成长效机制。然而辽宁海洋产业中仅有15家上市公司,触摸资本市场的企业偏少。三是政策支持力度仍不够。辽宁区域经济发展已经"转身向海"并正在"走向海洋",产业政策应随之做出相应调整,注重海洋产业并向其倾斜,制定金融支持政策框架,加大海洋产业的财政投入和税费优惠,健全风险补偿和共担机制。

在全国涉海省市加快海洋产业结构优化升级之时,辽宁省错失国家政策红利,海洋经济发展后劲不足。2012年6月,财政部、国家海洋局联合下发《关于推进海洋经济创新发展区域示范的通知》,决定设立专项资金,重点支持山东、青岛、浙江、宁波、福建、厦门、广东、深圳8个省(市)发展海洋经济,重点在4个方面对海洋经济创新发展示范区域予以支持:海洋生物等战略性新兴产业领域科技成果的转化、产业化和市场培育,以及海洋产业公共服务平台建设;海洋生物等战略性新兴产业的应用技术研发和应用示范;以高等学校为实施主体的面向海洋经济,尤其是海洋生物等战略性新兴产业核心共性问题以及区域发展的重大需求等开展的协同创新;海域海岸带整治修复。2014年4月,国家发展改革委、国家海洋局联合下发《关于在广州等8个城市开展国家海洋高技术产业基地试点的通知》,明确在广州、湛江、厦门、舟山、青岛、烟台、威海、天津8个城市开展国家海洋高技术产业基地试点工作。通过试点,推动海洋高技术产业高端发展、集聚发展,促进区域产业结构优化升级,加强高技术产业技术创新,壮大海洋高技术产业规模。2016年10月,国家海洋局和财政部共同批复"十三五"期间海洋经济创新发展示范城市工作方案,确定天津滨海新区、南通、舟山、福州、厦门、青岛、烟台、湛江8个区市为首批海洋经济创新发展示范城市后;2017年6月,秦皇岛市、上海市浦东新区、宁波市、威海市、深圳市、北海市、海口市7个区市被批为第二批海洋经济创新发展示范城市。以上国家政策红利未辐射至辽宁省,国家的政策和财政支撑不足。

5.5　辽宁海洋产业结构优化升级的对策建议

海洋产业结构优化的最终方向是建立现代化海洋产业体系。以结构形态的优化带动技术、资本、劳动力等生产要素在传统海洋产业与新兴海洋产业之间,以及在新型生产方式与旧生产方式之间的合理流动和优化配置,促进海洋产业能级提升。

海洋产业结构优化升级的核心是产业升级,具体包括传统海洋产业的转型升级、海洋战略性新兴产业的培育以及海洋现代服务业的充分发展等多个层面。升级路径包括工艺升级、产品升级、功能升级、跨产业升级等,其中技术创新与技术转化是关键。各海洋产业主体的竞争行为从数量竞争转向创新竞争,各产业互动互联,形成各产业的高端化深度融合结构,注重体系内海洋产业的融合发展,包括海洋三次产业融合、传统与新兴产业融合,以及基于同类海洋资源开发利用的不同海洋产业部门在产业链和价值链上的融合,最终形成一个产业结构优化升级的系统。

海洋产业结构的优化还表现为各海洋产业的内部优化,包括新型生产方式的创立及新技术、新工艺对旧生产方式的改造,并最终表现为行业生产效率的提升。以海洋渔业为例,在传统捕捞业内部,由于近海渔业资源的约束和技术装备水平更高的远洋渔业日益壮大,远洋渔业逐步取代近海捕捞,成为海洋捕捞业的新增长点。在海水养殖业内部,深水网箱养殖、工厂化养殖等高效、集约化养殖方式异军突起,拓展了海水养殖空间,在一定程度上提高了海水养殖效率。基于此,对辽宁省海洋产业结构优化升级提出诸多对策与建议。

5.5.1 推动要素禀赋升级

要素禀赋是海洋产业结构演进的先决条件,可分为基本要素和高级要素。基本要素是指先天拥有或不需要太大代价即可获得的,如自然资源、地理区位、非熟练劳动力等;高级要素是指需要通过长期投资和后天开发才能创造出来的,如专业劳动力、高新技术人才、高级管理人才和先进科学技术等。正是由于高级要素的后天可创造性,决定了可以通过要素禀赋的升级改变专业化分工格局,提高生产效率,促进生产要素和资源的流动和合理配置,从而推进海洋产业结构的高级化进程。推动要素禀赋升级的具体措施包括:第一,对海洋科技创新给予政策性支持,鼓励开展各种形式的产学研合作,针对关系海洋产业发展的核心技术与关键设备组织联合攻关,提高海洋产业技术水平;第二,注重海洋人才培养与引进,优化学校与研究院所设置,以高等学校、科研院所和职业技术学校为载体,整合辽宁科研院所海洋领域研究力量,培养专业化海洋技术及高级管理人才,重视对在岗劳动力的培训以及对转产转业人才的再教育,增强劳动力在海洋产业之间,尤其是从传统海洋产业向新兴海洋产业转移的可能性。

5.5.2 明确海洋三次产业优化方向

1)促进海洋第一产业转型升级与稳步发展

海洋渔业为辽宁传统优势产业,是海洋经济的重要组成部分,为劳动密集型产业,对渔业资源依赖度较高。近些年来,辽宁海洋渔业受海洋生态环境和海洋渔业资源的限制,产量与产值均下降。因海洋渔业的产业基础良好,结构优势显著,需要推进稳步发展的同时进行转型升级,尤其是对产业内部结构进行调整,促进生产要素在产业内由传统生产模式向创新型生产模式的转移。在海洋捕捞业方面,控制压缩近海捕捞渔船数量,积极发展远洋捕捞业,巩固提高过洋性渔业,开辟新的作业海域和新的捕捞资源。在海水养殖业方面,一是要加大力度发展海水养殖技术,逐步扩大海水养殖面积和规模,大力推广生态健康养殖模式,积极拓展深水网箱等海洋离岸养殖,支持发展工厂化循环水养殖;二是赋予养殖业者长期有保障的海域使用权,以确保养殖业者拥有长期的稳定的海域使用权,使其能对未来形成稳定的预期,对海域渔业资源实施可持续利用。

2)推动海洋第二产业中传统产业提质增效

海洋第二产业中的传统海洋产业主要海洋盐业、海洋船舶工业和海洋化工业等产业。要以建设海洋强国为目标,以提升产业竞争力为导向,以技术创新和结构调整为重点,推动传统海洋产业从粗放发展向精益发展转变、从要素驱动向技术驱动转变、从低端竞争向高端升级转变、从过度开发向绿色发展转变,提升海洋产业的质量效益,形成一批具有国际影响力的海洋龙头企业和知名品牌,参与国际分工,提高产业的国际竞争力。

在海洋盐业方面,加强现有盐场的使用和保护,不断采用新技术对现有盐田进行制盐工艺的改造,进行工厂化生产,以减少占用海岸带土地资源。重点提高单产和产品质量,不断降低成本。在海盐生产过程中尽量使用蒸发池,而减少使用造价较高的结晶池。此外,海盐加工要向精细化、多样化、高档化的方向发展,生产公路化雪用盐、洗浴用盐和高纯度工业盐等高附加值产品,以满足市场不同消费者的需求。

在海洋化工业方面,重点推行节能减排政策,坚持可持续发展原则,改造生产工艺,减少污染物的排放,同时增加环保设备,降低环境污染。加快循环经济能力的建设,与海洋盐业、海水淡化、海洋电力等产业捆绑发展。形成以高附加值产品为主的产业新优势,建成一批重点海洋化学品和盐化工产业基地。加快海洋化工产业转型升级,推进海洋化学资源的综合利用和技术革新,重点发展化肥及精细化工产品,积极开发海藻化工新产品,大力发展海水化学新材料。

在海洋船舶工业方面,加快发展船舶设计研发业,提升船舶设计研发机构的能力和水平,引导、支持重点骨干企业建设国家级船舶、船用配套设备研发中心,组织实施一批产业创新发展工程。优化提升船舶制造业,推进造船总装化、管理精细化、信息集成化,加快散货船、油船、集装箱船等主流船型升级换代,提高大型液化天然气船及石油气船、超大型散货船及集装箱船建造能力,发展冰区船舶、海洋科学考察船舶、游艇等新型船舶。大力发展船舶配套业,鼓励重点骨干配套企业由设备加工制造向系统集成转变,形成核心部件的国产化设计和配套能力,提高船用设备本土化。

3）加大战略性新兴产业的培育力度

培育海洋战略性新兴产业,实质上是为现行海洋经济培育并导入高质量、高效率产业基因。海洋战略性新兴产业兼具战略性产业与新兴产业的特征,主要是一些技术含量高、成长能力大、带动作用强、能够代表海洋经济未来发展趋势的海洋产业。海洋战略性新兴产业一旦成长起来,将从根本上提升海洋产业结构层次与发展效率。其形成可以是从无到有的过程,表现为在市场需求的推动下,某项海洋新技术产业化的结果;也可以从既有海洋产业当中演化而来,表现为新技术的采用从根本上改变传统海洋产业的发展方式,从而形成具有战略性新兴产业特征的新型产业形态。在上述两种形成路径中,除市场机制发生作用外,经济主体也具有充分的发挥主观能动性的空间,可以凭借对海洋产业发展趋势的把握,有意识地组织或引导生产要素和创新资源向特定领域聚集,加快海洋战略性新兴产业的形成过程和培育力度。

在海洋工程装备制造业方面,充分利用基础雄厚优势,巩固产业竞争地位,强化企业自主创新和关键领域科技攻关力度,进一步加大核心技术和关键配套产品的国产化、高端化、规模化,全面提升产业整体水平和综合素质,打造高端海洋工程装备产业集群。

在海洋生物医药业方面,抓住海洋生物资源与科技资源密集两大资源优势,推进陆地高新技术向海洋资源开发转移,构建以企业为主导的研发体系,打造国家级海洋新生物产业集聚区。一是提高海洋药物和生物制品海洋生物原料培植能力,构建面向国内外市场的新型海洋生物原料产业基地;二是依托大连双D港生物医药产业基地建设基础,强力促进规划中的"大连海洋生物医药产业园"建设,创建国家级现代海洋生物产业示范区;三是进一步做大现有11个海洋保健功能食品国家驰名商标,建设海洋功能保健食品市场体系。

在海洋可再生能源及海水综合利用业方面,提高海水利用技术水平,降低生产成本,提升市场供给能力,拉长电、热、水、盐一体化海水综合利用产业链条,逐步形成技术研发、装备制造、原材料生产和盐化工产业集聚发展的产业格局,打造辽宁海水淡化技术研发和生产高地。

4)以现代海洋服务业为重点发展海洋第三产业,促进产业链高端延伸

现代海洋服务业主要包括海洋交通运输业、海洋旅游业、海洋文化产业、涉海金融服务业和海洋科研教育管理服务业。要紧抓海洋产业结构调整机遇,以研发设计、公共服务、市场营销、金融物流等海洋生产性服务为重点努力向海洋产业链高端攀升。同时,积极发展海洋文化旅游等海洋服务业,推动海洋产业服务化、高端化发展。

在海洋交通运输业方面,积极融入"一带一路"建设和京津冀协同发展,主动适应经济发展新常态,深化供给侧结构性改革,坚持以强化弱项、补齐短板为主攻方向。坚持以陆海统筹为基调,促进港城融合,推进智慧港口建设,着力优化临港产业,坚守生态底线,提高港口综合韧性水平,切实提高交通运输发展质量和效益,充分发挥综合交通运输体系在经济社会发展中的支撑作用,为辽宁振兴发展和全面建成小康社会提供交通运输保障。

在滨海旅游业方面,从区域发展全局出发,统一规划,整合资源,凝聚全域旅游发展新合力,陆海融合、产业融合、军民融合为海洋旅游发展新动能,依托海洋、海岛优质资源,以海洋休闲度假为主线,大力推进"旅游+",深化供给侧结构性改革,全方位打造以海洋避暑休闲旅游、滨海自驾旅游、海洋休闲体育旅游、海洋文化旅游、邮轮游艇旅游、远洋观光旅游、海洋康养旅游等为产品支持的海洋旅游产业综

合体,把辽宁滨海地区建设成为"世界知名生态休闲旅游目的地"。

在海洋科研教育管理服务业方面,以科技服务带动海洋公共服务业发展。进一步落实"科技兴海"战略,建设一批海洋科技研发机构、孵化器和区域性海洋综合科技服务平台,推动海洋科技研发服务业发展。

5.5.3 明确海洋产业区域布局优化方向

海洋产业区域统筹布局要以地区的资源禀赋和比较优势为基础,优化方向是要打破区域间生产要素流动壁垒,建立起一体化的区域市场,逐步消除人为因素导致的产业同构化现象以及由此带来的资源分散、市场分割等不良影响。海洋产业区域布局优化方案的设计,要统筹考虑各地区的要素禀赋特征及不同海洋产业的属性特征,要注重不同海洋产业在区域内的协调发展,避免出现产业间相互争夺或挤占资源等现象。同时,要注重以产业链、产品链为载体为特定区域布局海洋产业门类,规划构建优势产业集群,提高区域海洋产业的聚集度和融合性。应以海洋交通运输业、现代海洋渔业、滨海旅游业、海洋船舶工业为重点,建设辽东半岛海洋经济区,形成以大连为核心,丹东和营口为两翼的"V"形沿海经济综合区。充分发挥大连的枢纽作用,完善航运基础设施和服务体系,打通国际贸易大通道,加快构建东北亚国际航运中心和物流中心。丹东海洋经济园区发展以海水生态养殖和滨海旅游业为主导的产业集群;营口沿海产业基地重点发展海洋渔业、海洋交通运输等产业;辽河三角洲海洋经济区以海洋渔业和海洋油气业为重点,发展石油装备制造与配件、石油高新技术、工程技术服务等相关产业;辽西海洋经济区应以海洋船舶工业和滨海旅游业为重点,建设临港工业区、物流园区和船舶制造园区。

本章参考文献

[1] Batty M. Less is more, more is different: Complexity, morphology, cities, and emergence[J]. Environment and Planning B: Planning and Design, 2000, 27(2): 167 - 168.

[2] Timmer M P, Szirmai A. Productivity growth in Asian manufacturing: The structural bonus hypothesis examined[J]. Structural Change and Economic Dynamics, 2000, 11(4): 371 - 392.

[3] 包特力根白乙. 辽宁海洋产业发展态势及问题透视[J]. 海洋开发与管理, 2016, 33(6): 9 - 14.

[4] 曹加泰, 管红波. 三大海洋经济区的海洋产业结构变动对海洋经济增长的贡献研究[J]. 海洋开发与管理, 2018, 35(11): 76 - 84.

[5] 狄乾斌，刘欣欣，王萌. 我国海洋产业结构变动对海洋经济增长贡献的时空差异研究[J]. 经济地理，2014，34(10)：98-103.

[6] 苟露峰，高强. 山东省海洋产业结构演进过程与机理探究[J]. 山东财经大学学报，2016，28(6)：43-50.

[7] 郭晋杰. 广东省海洋经济构成分析及主要海洋产业发展战略构思[J]. 经济地理，2001，21(S1)：209-212.

[8] 韩增林，狄乾斌，刘锴. 辽宁省海洋产业结构分析[J]. 辽宁师范大学学报(自然科学版)，2007，30(1)：107-111.

[9] 胡晓丹. 海洋产业结构与海洋经济增长关系的实证研究：以广东省为例[J]. 湖南商学院学报，2015，22(2)：54-58.

[10] 黄盛. 区域海洋产业结构调整优化研究：以环渤海地区为例[J]. 经济问题探索，2013(10)：24-28.

[11] 黄盛. 环渤海地区海洋产业结构调整优化研究[D]. 青岛：中国海洋大学，2013.

[12] 纪建悦，孙岚，张志亮，等. 环渤海地区海洋经济产业结构分析[J]. 山东大学学报(哲学社会科学版)，2007(2)：96-102.

[13] 李佳薪，谭春兰. 海洋产业结构调整对海洋经济影响的实证分析[J]. 海洋开发与管理，2019，36(3)：81-87.

[14] 刘洋，姜昳芃. 辽宁省海洋经济供给侧改革的政策体系研究[J]. 环渤海经济瞭望，2018(8)：95-96.

[15] 罗神清，王胜. 产业结构高级化与经济增长关系实证研究：基于全国及京沪粤鄂四省市数据的对比分析[J]. 商业时代，2012(13)：126-127.

[16] 马学广，张翼飞. 海洋产业结构变动对海洋经济增长影响的时空差异研究[J]. 区域经济评论，2017(5)：94-102.

[17] 孙才志，王会. 辽宁省海洋产业结构分析及优化升级对策[J]. 地域研究与开发，2007，26(4)：7-11.

[18] 孙瑛，殷克东，张燕歌. 海洋产业结构动态优化调整研究[J]. 海洋开发与管理，2008，25(4)：84-89.

[19] 王波，韩立民. 中国海洋产业结构变动对海洋经济增长的影响：基于沿海11省市的面板门槛效应回归分析[J]. 资源科学，2017，39(6)：1182-1193.

[20] 王丹，张耀光，陈爽. 辽宁省海洋经济产业结构及空间模式演变[J]. 经济地理，2010，30(3)：443-448.

[21] 王端岚. 福建省海洋产业结构变动与海洋经济增长的关系研究[J]. 海洋开发与管理，2013，30(9)：85-90.

［22］王园，张仪华，李梅芳. 我国新常态下海洋经济与产业结构演进的辩证研究［J］. 华东经济管理，2016，30（10）：44 - 49.

［23］叶波，李洁琼. 海南省海洋产业结构状态与发展特点研究［J］. 海南大学学报（人文社会科学版），2011，29（4）：1 - 6.

［24］于会娟. 现代海洋产业体系发展路径研究：基于产业结构演化的视角［J］. 山东大学学报（哲学社会科学版），2015（3）：28 - 35.

［25］袁建强，张世英. 河北省海洋产业分析［J］. 科技进步与对策，2003，20（6）：62 - 63.

［26］翟翠霞. 产业结构与经济增长关系实证研究：基于辽宁产业结构 30 年变迁的阐释［J］. 社会科学辑刊，2013（2）：131 - 135.

［27］翟仁祥，李敏瑞. 中国海洋产业结构时空分异研究［J］. 数学的实践与认识，2011，41（19）：44 - 51.

［28］章成，平瑛. 海洋产业结构优化与海洋经济增长研究［J］. 海洋开发与管理，2017，34（3）：38 - 44.

［29］张耀光，刘锴，王圣云. 关于我国海洋经济地域系统时空特征研究［J］. 地理科学进展，2006，25（5）：47 - 56.

［30］张耀光，魏东岚，王国力，等. 中国海洋经济省际空间差异与海洋经济强省建设［J］. 地理研究，2005，24（1）：46 - 56.

第六章

辽宁海洋经济发展的现代金融服务体系研究

6.1 辽宁海洋经济的金融服务现状

鉴于辽宁海洋开发的多阶段性和海洋产业的多层次性,在公益性、公共产品领域需发挥财政资金投入的基础和先导作用,在经营性产业领域要完善信贷融资的主渠道地位。同时不断挖掘现代融资工具的优势,鼓励企业通过资本市场融资,积极吸引民间资本和外资,发挥新兴融资渠道对海洋产业成长的促进作用。通过发挥各方面资金的协同配合优势,共同构筑海洋开发资金投入的完整保障体系。

6.1.1 涉海信贷

1) 政策金融

充分发挥政策金融的引领作用。辽宁海洋经济建设,实现了生态效益、经济效益和社会效益的统一,其中生态效益居于首位。从中可以看出,海洋经济建设具有正外部性,对于海洋持续开发、海洋环境保护具有良好的促进作用。为此,不仅要发挥好市场的主导性作用,还要更好发挥政府作用,调动好政府和市场两个方面的积极性。政策性金融正好契合了这种需求,因此,农业发展银行等金融机构,要在辽宁海洋经济发展中,起到更好的引领作用。

政策金融兼顾经济效益和社会效益,需要创造政银企合作的多赢局面。政府能够提供充分的政策和金融资源。海洋经济生产发展不仅是经营者的责任,政府也要提供必要的支持,弥补银企之间在一定程度上的市场失灵。为此,一是要提供信息。政府在服务海洋产业发展中,掌握了大量宝贵的信息,这些"大数据"就是财富,应该充分利用起来,及时提供给金融机构,减少信息成本,有助于其更好提供针对性的金融服务。二是提供财政补贴。农业发展银行在为海洋经济发展提供低利率资金支持的同时,政府要测算市场利率与优惠利率之间的差额,变暗补为明补,提供财政贴息。在规定的贷款额度、利率和期限内,对符合条件的担保贷款,财政部门给予贴息扶持,完善农业发展银行服务海洋经济建设的长效机制。2017年11月,辽宁省海洋与渔业厅与辽宁省农业发展银行签署促进海洋经济发展战略合作协议,共同解决涉海涉渔实体企业融资难、融资贵等问题,农发行专门增设海洋资源开发与保护贷款品种,进一步加大对海洋经济的支持力度。

2)开发性金融

开发性金融深耕于"两基一支"领域,与辽宁海洋开发的理念相一致。辽宁"转身向海",海洋经济发展处于大开发阶段,市场力量比较薄弱,迫切需要政府的有力支持。坚持市场在资源配置中的决定性作用,更好发挥政府作用。因此,政府不能包办代替,更不能政企不分。开发性金融在政府支持的前提下,坚持市场化运作,将财政资金金融化,不仅放大财政资金的作用,还与市场经济运行机制相吻合,有利于培育海洋经济的内生动力,促进海洋经济的可持续发展。在支持海洋经济发展的过程中,随着海洋经济发展壮大,开发性金融自身也获得了快速成长,因此,这也是金融服务于辽宁海洋经济的一种长效机制。国家开发银行具有银证关系密切、智力密集的优势,支持海洋产业既是义不容辞的责任,也能发挥自身的特长,提供全方位的金融和管理服务。

在海洋产业建设中,开发性金融能够发挥自身的资金和智力密集优势,为相关企业提供融资融智服务,建立在政府信用之上,进行市场化运作。在海洋产业规划阶段,开发性金融就结合自身的经验积累,参与发展的规划和设计。在企业融资过程中,开发性银行与政府部门签订融资协议,规定授信额度,提出信贷条件,政府对此负有一定的担保责任。这是因为开发性金融介入了当地市场失灵的领域,政府必须提供一定的支持,才使得开发性金融有能力破解市场的不足,承担起市场运作的责任。在辽宁省"五点一线"的规划建设过程中,国家开发银行不仅提供了信贷资金,还参与了规划的设计,提供了决策咨询服务。

3)商业金融

完善信贷融资的主渠道地位。商业金融在整个金融体系中居于中坚地位。海洋经济建设呈现技术密集和资金密集的特点,必须发挥各类商业金融作为主力军的作用,提供更多的融资支持。海洋产业具有良好的发展前景,一定会取得较高的经济效益,这符合商业金融对盈利的追求。辽宁海洋大开发还为商业金融与合作金融发展带来了良好机遇和巨大空间。有些海洋产业,尤其是高技术和有价格优势的产业报酬率很高,因此商业金融的引入似乎顺理成章、水到渠成。然而信贷资金对海洋经济的发展支持力度不够,当前迫切需要理顺信贷资金进入海洋产业的体制和机制。在海洋开发的初期,政策的介入必不可少,金融主管部门可以采取信贷政策倾斜的优惠举措,如实行差别存款准备金率,引导银行业金融机构将资金更多地投向辽宁省的海洋开发领域。各商业银行的省一级分行通过积极向总行争取更多的信贷额度和指标,为海洋经济发展提供有力的信贷支持。有些商业银行已经看到了拓展海洋产业融资业务的大好机遇,开始经营方式转变和机构人员设置,如 2011 年 4 月中国建设银行将总行船舶融资产品中心、物流金融产品创新实验室设在大连。2017 年 3 月 22 日,辽宁省海洋与渔业厅与上海浦发银行沈阳分行就海洋渔业产业金融支持政策进行对接,围绕支持海洋渔业基础设施建设、海洋渔业产业发展、龙头企业开展产业化项目等,初步达成了金融支持海洋与渔业发展意向。

4)合作金融

注重合作金融的普惠作用。合作金融是服务涉海小微企业的生力军。在海洋经济发展过程中,规模庞大的小企业面临着更加紧迫的资金需求问题。农村商业银行、农村信用社长期扎根渔村,坚持为"三渔"发展服务,熟悉和了解渔民的真实需求,能够量身打造合适的金融服务。因此,合作金融虽然处于金融服务金字塔的塔基位置,但事关广大的小微企业,能够提供普惠金融服务,为构建海洋经济金融服务体系筑牢坚实的基础。

在合作金融的业务运作中,金融机构充分发挥了走村串户的扎根乡土优势,构建良好的运行机制[4]。首先,掌握生产经营信息,落实第一还款来源。发挥深入渔民生产和生活的优势,实地调查了解渔民的海洋经济生产经营状况,包括产品、技术、管理、市场、水域资源等,核实渔民的盈利状况和偿债能力,掌握贷款项目的现金流状况,加强资金管理,确保还款资金的稳定和可靠,完善风险管理机制。其次,通过多种途径,落实第二还款来源。积极拓展抵押物、质押品。海洋经济投入多、产值高,目前正在各地普遍推广的海域使用权抵押贷款,可以大幅减少金融机构承担的信贷风险。还可以适当采用灵活的反担保方式。渔民担保贷款,可以只需一位反担保人。由于渔民大多没有能够抵押登记的房产,所以可采用养殖设施和多余农房进行反担保,拓展资产转让空间,加之渔民需要维护熟人社会里良好信用的压力,抵押反担保也会有比较可靠的还款保障。最后,注重发挥龙头企业和合作经济组织的担保作用,激活产业链金融。龙头企业在产供销和企业经营方面具备人才、技术、管理、资金优势,不仅有力地带动了群众渔业发展,还是构建产业链贷款模式的"牛鼻子"。例如獐子岛公司倡导并实践的"五合一"模式,发挥政府、银行、科研机构、公司和养殖户等五个方面的合力,实现了多方共赢成长。海洋经济在有效衔接"小生产"和"大市场"的组织化进程中,已经自发形成了许多合作经济组织。合作组织可以搭建起金融机构与小微企业的纽带,有助于解决融资难、融资贵和融资慢的问题。

6.1.2 金融产品创新

在发展海洋经济过程中,金融产品的创新非常重要。海域使用权抵押贷款是金融产品创新的典型,服务于海洋经济发展的成效非常显著。首先,提升了贷款便利。《海域使用管理法》明确了海域许可使用和有偿使用的原则,《物权法》则确立了海域使用权的用益物权属性。这一方面为海域使用权转化为抵押权提供了条件和可能,增加了海洋经济生产经营主体的信用程度,使其承贷能力大为增加;另一方面,海域使用权的有效抵押还降低了贷款的风险。权属清晰、风险可控使得海域使用权资产资本化成为现实。市场经济是匿名交易,现行贷款主流模式的抵押贷款对"物"不对"人",将资金借贷由"熟人社会"延伸至"匿名社会"。海域使用权抵押贷款在不影响资产所有人使用和收益的情况下,实现了抵押担保,拓展了海洋经济重要资产的金融功能,提升了海域使用权的价值。通过海域使用权抵押的"搭桥引线",海洋经济发展的贷款由之前的"两难"变为"双赢",贷款便利化程度大幅提升,也水到渠成。福建省南安市等地开办了海域使用权抵押贷款业务,解决了部分沿海地区存在的"海域使用业主贷款难,农村信用社贷款难营销"的问题[6],信贷产品的创新促进了贷款便利化程度的提高,进而带动海洋经济的大发展。其次,增加了资金供给。海洋经济的市场化不断推动产业化、规模化经营,海域使用权作为优良用益物权的价值不断获得提升。传统的海洋产业多集中在海陆交汇的沿海地带,随着海洋开发向外海、远海进军,海洋经济的离陆向海特性将愈发明显,海域使用面积快速扩大。同时伴随海洋经济发展规模和层次的提高,海域使用权增值潜力很大,作为有效贷款抵押物的价值必将获得越来越多的金融机构认可。不断增加的海域使用权价值大幅提升了海洋经济主体的信用能力和承贷能力,由此进一步激发了金融机构资金供给的热情。例如山东沾化鑫世纪化工有限公司和沾化县农村信用社合作联社共同签订了两宗海域使用权抵押贷款合同,随后该公司拿到了贷款额分别为 350 万元和 150 万元的抵押贷款。资金要素保障程度的提高,有利于更好确保微观经济主体简单再生产和扩大再生产的需要,促进海洋经济的健康快速发展。2014 年,全国办理海域使用权抵押登记 682 个,涉及海域面积 78 015.95 公顷,抵押金额 4 116 852.17 万元。资金供给的大幅增加夯实了海洋经济发展的基础。最后,降低了融资成本。相比信用贷款而言,海域使用权抵押贷款不仅增加了还款渠道和能力,还基于制度创新带来了成本降低,由此能被市场迅速接纳。海域使用权抵押贷款不仅提供了较为可靠的第二还款来源,而且不影响资金需求方对资产的占有和使用,资金要素的增加改善了经营现金流,提升了资金借贷的第一还款来源,资金的风险溢价随之降低,因此抵押贷款利率显著低于信用贷款的水平。海域使用权抵押贷款还有效制约了道德风险的发生概率。抵押相当于贷款需求者对资金供给方的事前承诺,一旦不能按照约定还贷,所抵押的海域使用权将会被拍卖或折价冲抵贷款,这将对生产经营造成重大不利影响,因此借款人逃脱还款责任的行为受到遏制,良好的还款状况会带动贷款风险成本降低和贷款利率下调。海域使用权抵押融资弥补或提高了抵押物价值,可有效降低融资成本。较低的融资成本减少了借款方的财务费用,增强了还款能力,对于提高企业可持续发展能力无疑是一大利好。2007年,中国农业发展银行辽宁分行发挥自身优势,在东港市试点开办了海域使用权抵押贷款业务,有力带动了当地海水养殖产业发展。

6.1.3 资本市场的融资

从股票市场来看,A股侧重于较为成熟的企业,辽宁海洋交通运输、船舶制造、渔业生产和加工等传统行业经过长期发展,已经进入行业的成熟期,这部分企业可以争取进入A股市场融资。大连港股份有限公司于2006年4月公开发行H股并在香港交易所上市,募资25亿元,2010年10月18日获准发行A股并在上海交易所上市,募集资金40亿元左右,极大缓解了企业做大做强主业的资金瓶颈。但资本市场的高准入要求以及高风险性使得海洋企业通过资本市场融资的难度很大,大量的新兴行业如海洋化工、海洋制药、海水淡化、海洋旅游等具备良好的发展潜力,但目前还没有成长为国民经济的支柱,这些行业可以在成长性较好的中小企业板、创业板上市融资。"新三板"原指中关村科技园区非上市股份有限公司进入代办股份系统,后来试点增加了天津滨海、武汉东湖、上海张江等地的非上市股份有限公司,现在已经成为全国性的非上市股份有限公司股权交易平台,为广大科技型中小微型企业融资创造了便利条件。2015年12月7日,主要从事海珍品研发、繁育、养殖、加工及销售的大连鑫玉龙海洋珍品股份有限公司在"新三板"成功挂牌。2016年4月8日,主要从事海水养殖和海洋水产品加工的大连玉洋集团股份有限公司成功登录"新三板"市场。辽宁的四板建设也取得长足发展。2013年4月,辽宁股权交易中心面向全省接收企业挂牌申请,辽宁四板市场正式开启。大连股权交易中心通过企业挂牌,增加了科技小微企业的融资渠道,既进一步深化了区域性金融中心建设,又为涉海成长型企业提供了孵化器。

6.1.4 财政投入

从海洋经济发达国家的经验来看,政府资金在海洋资源开发中起到了重要作用。如1989年10月由韩国西海岸开发推进委员会对外公布的西海岸开发规划,投资由中央政府承担62.2%,地方政府承担8.6%,政府资金的大力介入加快了海洋资源开发的进程。财政资金不仅在基础设施方面担负应有的责任,还发挥了托底的作用,减少了社会资金的投资风险。政府诱导性投资通过对海洋基础设施、技术研发等的投入导致资金收益率提高,吸引着大量社会资本进入海洋产业。近年来我国加大了对海洋基础设施建设的投入力度,沿海省市也投入了大量资金,用于改善海洋监测、观测等公益服务手段。然而政府对海洋经济发展的投资比例过低,财政投入仍然存在巨大的资金缺口,无疑制约了海洋经济的整体发展。通过公共资源的合理配置,财政资金投入能够把微观效益与社会效益紧密结合起来,充分发挥"四两拨千斤"的杠杆撬动作用。2007年至2012年,辽宁省级财政累计安排沿海经济带贴息资金18亿元,拉动银行贷款714亿元,带动产业总投资2093亿元,财政资金投入的拉动作用显著显现。在今后的海洋经济发展过程中,必须高度重视和发挥财政资金的基础作用,带动更多的社会资金进入辽宁省的海洋开发领域。

做好财政补贴的文章。辽宁海洋产业发展初期的投入和风险都比较大,许多社会资本对此保持谨慎观望的姿态,导致许多开发区和项目建设推进缓慢。为此需要通过财政补贴引导社会资源配置,更好发挥"四两拨千斤"的财政杠杆作用。对符合产业政策的行业、企业和产品,加大财政补贴的投入力度,更多承担起海洋开发项目的风险,提高资金投入产出效益,形成投资开发的"洼地效应",国有资本、民间资本以及外商资本就会源源不断地争相参与辽宁沿海经济带的开发热潮。财政补贴的方向和力度还是一个良好的投资信号。政府大力支持的产业,往往是银行贷款、上市融资的优先领域,各方面合力形成的良好的投资环境,吸引和鼓励着对市场信号极为敏感的各种社会资本。财政补贴手段还要发挥出更好的效率,在项目选择和项目评审环节,尽量减少直接干预和审批,充分体现社会中介组织、第三方评估的独立性,建立财政补贴的准入、过程和退出机制,变项目开始前补贴为完成后补贴,提高财政投入的绩效。

发挥好财政贴息的作用。在社会主义市场经济体制下,市场发挥决定性作用,财政政策需要与金融政策紧密结合起来,财政贴息就是通过减少贷款利息的支持措施,带动大量社会资本进入辽宁海洋产业开发领域。从产业和企业成长周期来看,初始阶段固定资产、产品研发成本较高,市场占有率较低,造成利润率较低甚至亏损,单靠市场自发的力量必然会投资不足。财政贴息减少了企业投入的财务成本,增加了企业生产和投资的积极性。财政贴息的方式可以采取贷款环节直接从商业利率中扣除贴息,也可以由企业先使用商业贷款,年终对项目建设情况进行评估,合乎要求的给予财政贴息。后一种方式减少了企业和金融机构寻租的空间,而且鼓励企业专注于项目建设的质量,改变重视项目申报、轻视项目建设的不良现象。

通过设立融资风险补偿金,调动更多金融资源。辽宁海洋产业发展初期,不仅行业前景具有一定的不确定性,而且许多企业的固定资产正处于建设过程中,不少小微企业缺乏土地、厂房等可抵押资产,致使融资难、融资贵问题严重阻碍着产业成长。市场失灵迫切需要政府及时恰当介入,由政府承担部分融资风险,不仅有利于促进企业融资便利化,而且降低了融资成本。目前可以选择海洋金融业务量较大的银行机构,投入一定的财政风险资金,存入专户,按照财政风险资金的一定放大倍数形成授信额度,由业务指定银行贷给符合条件的海洋开发企业。一旦出现不能按时还款的风险,首先由财政资金进行化解。还可以选择部分业务规范、业务量大的融资性担保机构进行合作,融资风险补偿金发挥托底保障的作用,指定的担保机构承担一定放大倍数的担保额度,降低担保费率,减少海洋企业的融资成本,促进海洋经济的发展。

积极探索建立海洋产业发展基金,完善运行机制。辽宁海洋产业是一项潜力巨大、影响深远的事业,需要大量资金投入,财政政策能够从不同方面调动社会资本的积极性,海洋产业发展基金是其中的一个优良选项。基金具有专款专用、滚动发展、保值增值的特点,因此能够带动海洋产业规模的不断扩大。对于符合产业政策、技术先进、市场竞争力强的企业,海洋产业发展基金可以通过股权投资的方式进入企业,成为企业的投资者,支持企业做大做强,在企业进入成熟期后在市场上退出。这样既补充了企业发展初期的资本金,使企业迅速成长壮大,同时海洋产业的优良前景必将带来丰厚的回报,海洋产业发展基金获得不断增长。海洋产业发展基金作为种子基金,除了财政资金的持续注入,政企分开尤为重要,尽量减少政府直接干预,充分发挥市场主体作用,不对企业的日常经营指手画脚,真正让"良种"成长为根深叶茂的参天大树,海洋产业就会犹如茂密的森林加快铺展开来。

6.2 辽宁海洋经济的金融服务问题分析

在看到金融支持辽宁海洋经济发展取得一定成绩的同时,还必须注意海洋经济和海洋金融毕竟是新生事物,既缺乏丰富的发展经验积累,也缺少成熟的发展模式,自身成长和配套机制都还不健全,需要在今后的探索实践中逐步进行完善。

6.2.1 海洋金融的风险大

海洋经济风险大,不仅受到人为因素的影响,还有"靠天吃饭"的特点,海洋经济的波动大,风险成因复杂。一方面海洋经济的自然风险大。伴随海洋开发的进程从沿海、近海走向远海,虽然海洋科学和技术增强了人们认识和利用海洋的能力,但未知领域和目前尚没有能力开发的海域依然很多,人类难以控制和克服的风险众多,如海洋气候变化比陆地更加频繁和剧烈等。人类目前的生产力布局主要集中在陆地上,在海洋开发需要与陆地联动的情况下,海洋经济的陆地配套和保障能力也受到考验。海洋经济的高风险带来了经营的不稳定性和现金流的不确定性,直接影响到了贷款的还款能力。海洋经济的高风险状况必然向金融链条传递,构成了涉海金融的客观风险来源。频繁的海洋灾害给人民群众的生命财产安全造成了很大威胁,对于海洋经济的发展也是巨大的挑战。与内陆相比,沿海地区经济开发的程度高,还受到海洋灾害的影响。海洋灾害影响频繁,赤潮、台风、风暴潮等事件时有发生,海洋经济企业自身防灾抗灾能力不足。例如,2014 年 10 月,大连獐子岛集团股份有限公司 105.64 万亩海洋经济遭受重大损失,公司经营业绩由之前的盈利变成亏损约 8.12 亿元。2018 年 1 月 30 日晚间,獐子岛公司再次公告表示,发现部分海域的底播虾夷扇贝存货异常,导致 2017 年净利润将亏损 5.3 亿元～7.2亿元。海洋产业的风险性、高投入以及回收周期长等特点,与银行信贷追求稳定收益的目标存在矛盾,致使金融机构对其望而却步[19]。例如,截至 2019 年 5 月末,中行为凌海市新海洋水产品养殖有限公司提供贷款 1800 万元,抵押物为海域使用权,已形成不良贷款,相关金融机构对于新增涉海贷款比较谨慎。另一方面,海洋经济的市场风险大。海洋产业中的相当部分,例如矿产开采、造船、海洋运输等,不仅受到国内经济周期的影响,而且深度融入国际市场的脉动,市场风险的变化因素更加复杂难测,带来的风险也比较大。海洋经济产业多为涉外企业,相对于一般陆地经济,要面临更多的汇率风险。例如,2020 年,世界经济受到新型冠状病毒冲击,涉外出口产业大幅下滑,相关的海洋产业一度陷入低迷,对相关涉海金融造成了风险。

6.2.2 海洋经济发展的资金支持不足

海洋经济和产业需要金融支持。海洋产业具有资金密集型的特征。海洋产业是资本和技术密集型产业,海洋经济发展需要巨大的资金投入,尤其是发展初期的基础设施建设投入和产业开发配套投入规模巨大。人们不能直接利用海洋进行生产。为此,必须借助于一定的生产工具,才能与海洋打交道。例如,海洋渔业生产过程中,需要使用船舶和网具,而海上石油开采则需要搭建钻井平台。也就是说,开发和利用海洋资源需要较多的生产资料相配套。因此,海洋经济作为技术密集型、资本密集型产业,需要生产要素充分保障的大力推动。基于社会分工需要从产业资本和商业资本中裂变出来的金融资本适度形成是经济稳定增长的必要条件。海洋经济具有投入高、风险大、周期长和技术性强等不同于陆地经济的特点,必须综合协调财政、税收、土地、产业等政策,动员各方面资金的投入,才能满足海洋经济快速发展的需要。海洋经济存有巨大成长空间,然而目前面临的制约因素还很多,以致市场动能和政策驱动乏力。其中资金短缺是海洋经济发展相对落后的重要因素之一,这既有主观认识问题,也有海洋经济自身发展不成熟、配套机制不完善的问题。目前海洋经济发展尤其是初期阶段所需的间接融资渠道并不通畅。信贷资金对海洋经济的发展支持力度不够[2],国内商业银行对海洋产业信贷投放积极性不高。就辽宁而言,海洋经济发展目前面临的制约因素还很多,资金匮乏是其中的一个明显瓶颈。

6.2.3 涉海中小企业融资难

辽宁海洋产业的资金需求者呈现金字塔形状。从市场主体看,既有处于塔尖的大企业,处于金字塔中部的中等规模企业,还有为数众多居于塔底的小微企业。大企业经营管理水平高,产品开发和创新能力强,市场信用高,融资途径的可选择余地大,处于买方市场。然而,目前我国海洋经济中大型企业集团相对较少,中小企业和高新技术企业比重较大,海洋经济的这些特征都与商业银行的经营准则相背离[14]。中等规模企业具有一定的研发创新和市场开拓能力,经营管理比较规范,能够提供适度的抵押担保,但在金融市场存在适度管制的前提下,加之海洋产业存在的较大风险,融资开始出现一定的难度。广大的涉海小微企业,多为劳动密集型的家族企业或者个体经营者,自身经营管理不规范,没有建立起来现代企业的法人治理体系,财务信息不够透明,再叠加海洋产业的高风险,自然而然地会出现融资难、融资贵。例如,我国大部分地区水产品加工项目90%以上都是自筹资金,一些前景较好的加工项目也只能依靠企业自身发展积累资金。辽宁省的情况跟全国的情形大同小异。

对涉海新兴战略性产业支撑不足,而在这部分企业中很大比例是中小企业。在供给侧结构性改革的大背景下,传统产业产能过剩,而新兴战略性产业体现出旺盛的生命力。传统海洋产业低下,增速缓慢,与之形成对照的是,新兴战略性海洋产业发展迅猛,市场潜力和产业成长空间大。然而,传统海洋产业发展比较成熟,具有相对稳定的现金流和抵押资产,因此,金融机构在开展业务的时候,得心应手。海洋新兴战略性产业处于起步阶段,技术、市场还没有达到成熟期,风险较大。另外,涉海新兴战略性产业的金融风险分担机制不完善。涉海高科技企业与传统的资源密集型企业不同,企业资产更多的是专利技术和人力资本等无形资产,而不是土地、设备等不动产,因此,金融机构为了回避风险,不愿意提供融资服务。辽宁沿海经济带各文化产业园的中小文化企业,因贷款风险过高,贷款抵押物不足等原因而被贷款银行拒之门外。对于涉海金融,目前多数金融机构尚不具备相应的管理知识和人员储备,风险管控技术不成熟,这也造成了海洋中小企业的融资困难。

6.2.4 担保条件的不健全

辽宁海洋开发需要大量资金投入,仅靠传统的房地产抵押信贷模式难以适应海洋经济快速发展的要求。但海洋经济投入多、风险高、时间长和技术复杂等区别于陆地产业的特征,海洋经济产业可用于贷款抵押的机器设备多属专用设备,其抵押率相对较低,大多仅在25%~60%。海洋经济与陆地经济在空间要素投入方面存在显著差异,陆地经济的不动产主要是土地和房产,而海洋经济的不动产对应的是海域及其构筑物。现行较为成熟的陆地金融制度体系和产品创新手段无法与海洋经济融合[20]，新的经济环境呼唤着新的金融服务方式。不动产抵押融资作为现代主流信贷模式，简单复制并推广运用到海洋领域，则难以适应甚至水土不服。海洋经济的特性与市场化条件下金融机构的审慎经营、风险规避的原则相背，导致现有金融体系很难与海洋经济相融合。海洋产业需要充足的资金要素保障，其中的资金需求和供给具有不同于传统陆地金融的特征。经济决定金融，金融只有适应于经济发展的需要，才能更好地反作用和服务于实体经济的发展，金融服务必须不断适应海洋经济发展的现实要求。

6.3　辽宁海洋经济的金融服务需求分析

6.3.1　财政资金投入的需求

辽宁海洋产业蕴含着巨大经济潜力，有助于引领传统产业转型升级并形成未来的主导产业，政府投入自然是题中应有之义。辽宁海洋产业发展初期，面临着基础设施缺乏、融资难等诸多困扰，财政投入责无旁贷。为此需要充分运用财政补贴、财政贴息、海洋产业发展基金、融资风险补偿金等投入方式，不断提高财政投入绩效，带动辽宁海洋产业做大做强。

海洋产业对于辽宁海洋经济转型升级发挥着重要的引领、带动作用。无论是从全国还是辽宁来看，多年来海洋经济的发展速度高于国民经济的发展速度，对于支撑整体经济发展具有重要作用。目前海洋渔业、海洋交通运输业、滨海旅游业、海洋船舶工业已经成为辽宁省的传统优势产业，是海洋经济的主体。然而从成长性来看，海洋生物育种与健康养殖业、海洋生物医药和功能食品业、海水利用业、海洋可再生能源电力业、海洋高端装备制造业、海洋新材料、深海战略资源勘探开发产业和海洋现代服务业等产业正在形成海洋经济新的增长点，增速高于传统海洋产业，而且还引领、带动传统产业的转型升级。作为未来的主导产业和对国民经济影响深远的关键产业，辽宁海洋产业在起步和培育阶段，还面临着基础设施严重不足、行业共性关键技术的研发推广缺失、普遍性的融资难题等困扰着行业发展。这不仅需要投入大量财力物力，而且由于外部性的存在，市场自发提供的积极性不足。因此破解辽宁海洋产业成长阶段的诸多难题，政府责无旁贷，财政投入自然是题中应有之义。

发挥财政资金投入的基础和先导作用。财政资金的公共性决定了其在海洋经济发展中只能起到引导性、杠杆性作用。海洋本身蕴藏着巨大财富，但海洋的天然状态不适合人类直接进行生产和生活，需要投入较高水平的技术和人力资本，因此海洋开发初期阶段的高投入、高风险特征难以形成较好的市场吸引力,政府大规模投入、基础设施建设先行已成为促进海洋经济发展的共识。全面的海洋开发广泛涉及海面、水体和海底,即不同的产业处于同一立体空间之中,海洋的多重利用使得产业发展互相作用和影响。与陆地开发不同的是,海水是流动的,相邻的水体甚至远距离的水体在不断地进行交换,由此海域开发的外部性较为突出,需要政府更多地介入海洋经济发展的过程,发挥财政投入的基础和先导作用自然是题中应有之义。在辽宁海洋产业的财政投入中,需要把握好重点领域和重点环节,处理好财政投入力度和投入方式的关系,不断提高财政投入绩效,带动辽宁海洋经济成功升级。对于外部性和公益性较为明显的海洋产业,可以采用财政补贴、财政贴息和融资风险补偿金的支持方式;至于营利性、竞争性特征突出的其他产业,则注重发挥海洋产业发展基金的市场主导作用。

6.3.2 信贷融资的需求

目前我国的经济融资结构以间接融资为主,银行业是金融业的主体,海洋经济发展同样需要发挥政策性金融、商业性金融、合作性金融的作用。海洋经济的资金密集型产业特征,使其仅仅依靠财政投入的资金是远远不够的。金融业已经成为海洋资源配置的核心和宏观调控海洋经济发展的重要手段,金融业的服务功能可以为各地区海洋经济发展提供全方位支持,但目前海洋经济发展尤其是初期阶段所需的间接融资渠道并不通畅。国内商业银行对海洋产业信贷投放积极性不高[17],因此适宜的信贷融资体系建设显得非常重要。政策性银行有着配合国家发展战略的职能,与海洋经济发展有着较好的政策与需求匹配。在辽宁海洋经济发展的起步阶段,政策金融的助力既可以发挥政策导向作用,又弥补商业金融的市场空白。

世界各国在海洋经济发展领域主要执行的是政府主导型的金融支持政策,借助财政资金的杠杆作用,撬动和引导更多的资金进入海洋经济,政策性金融无疑是合适的融资渠道。我国已经建立了三家政策性银行:国家开发银行、农业发展银行和进出口银行,主要业务领域分别是基础设施建设、粮棉油收购和进出口信贷,还没有针对海洋经济领域的政策性银行。海洋经济的发展亟须政策性金融的介入,为此,一方面可以考虑设置专门的海洋开发银行,专司海洋基础设施的资金信贷;另一方面可以从金融功能的角度发展政策性金融,即鼓励各金融机构开展海洋政策性金融业务,根据业务量给予相应的财政贴息。这样做能够减少机构设置的成本,但有效识别海洋政策性金融业务需要付出较多的信息成本。一般来说,在发生业务量较少的情况下,设立海洋开发银行尚没有经济上的必要,但随着海洋经济发展和在国民经济中地位的提高,社会需求非常迫切。另外,由于海洋产业以及海洋专利技术、成果、知识产权等无形资产的评估、融资、监管等具有较强的专业性,从长远看应组建和发展专业性金融机构,以适应不断变革的专业分工需要,从而降低金融交易成本,促进海洋经济发展。

运用好开发性金融机构的优势。开发性金融机构由于自身的性质,在国家信用支持下,服务于国家战略。海洋产业建设是做大做强海洋经济的需要,开发性金融机构承担着服务国家重大战略的责任,因此,开发性金融负有义不容辞的责任,也会在服务发展中获得自身的成长。在开发性金融机构与政府达成融资协议以后,政府还要向金融机构推荐融资对象的名单。由于政府对此承担一定的连带担保责任,因此政府会从自身利益出发,推荐符合产业政策发展方向,又具有较好市场潜力和还款能力的企业。唯有如此,政府达到了所有发展的产业目标,而开发性金融较好突破了信息不对称的限制,在政府的隐性担保下,贷款的风险水平得到较好控制,因此呆账率和坏账率能够长期保持在较低水平。另外,开发性金融的信贷对象限于"两基一支"领域,在海洋产业建设中发挥着基础性和引领性作用,政府通过"财政补贴、贴息"等不同程度介入了这些企业的发展,甚至直接以国有企业承担起这些方面的建设。因此,政府对这些市场主体有了很好的管理"抓手",可以直接约束企业的不合规行为,包括不能按时还款,政府可以直接采取一些制约手段。因此,在企业不能履行还款协议的时候,政府在承担连带责任的同时,必然会约束企业按时还款。所以,开发性金融机构通过一套健全的机制,使企业不仅愿意按时还款,而且也有能力按时还款。这对企业、银行和政府都是有利的制度安排,也会促进海洋产业的可持续发展。

商业金融是金融体系的主体,承担了主要的融资服务。金融业已经成为海洋资源配置的核心和宏观调控海洋经济发展的重要手段,金融业的服务功能能够为各地区海洋经济发展提供全方位支持。在辽宁海洋产业发展中,项目建设会带来大量的资金需求,商业金融发挥主力军的作用。实际上,有些海洋产业,尤其是高技术和有价格优势的产业报酬率很高[1],当前迫切需要理顺信贷资金进入海洋产业的体制和机制,引导银行业金融机构将资金更多地投向海洋开发领域。但是,银行一般是对发展成熟阶段的企业进行信贷投资,以回避较高的信贷风险。尤其是对于新兴的海洋产业而言,产品、产业的发展方向和成效都还不能明确,仅靠市场调节,银行和企业之间难以达成有效的契约,信贷资金的不足也会影响企业的发展。因此,政府的适时介入,是弥补市场失灵的需要。当信贷市场发展成熟起来,政府可以适时退出银企双方的市场交易。政府还要积极搭建融资服务平台,通过"政府搭台、银行和企业唱戏",促成企业和金融机构的项目、产品对接,建立常态化的业务联系,减少服务成本。还要发挥互联网的优势,建设企业资金需求和银行服务的信息平台,建立全天候、无缝对接的政银企资金业务协作网站。

在海洋产业建设和发展过程中,外资银行也可以大展身手。由于辽宁海洋海洋企业业务发展面向东北亚地区国家以及其他国家,国际化的经营必然需要国际性的金融服务。一方面,随着开放进程的加快,国内银行也越来越国际化,多数银行都可以办理外汇业务,而且人民币国际化进程在加快,为国内银行开办国际业务提供了便利。另一方面,由于长期形成的业务往来,银企之间建立了长久的合作关系,外资企业的到来也会相应吸引外资银行进驻。产业和金融的紧密对接不仅是文化、制度相容的需要,也能更好地控制业务风险。另外,外资银行尤其是发达国家的外资银行,具有成熟的跨国项目和企业的金融服务经验,经营管理水平较高,能够提供更加充足的金融产品,有助于促进海洋产业的多元化和国际化业务发展。对于国内企业而言,在不断拓展国际业务的同时,外资银行的高效服务无疑为国内企业的跨国、跨境业务提供了足够的金融服务,有助于业务的国际化拓展。在外资银行开展业务过程中,国内银行也可以快速学习,不断提高自身的国家化业务能力,更好培养和锻炼涉外金融人才。当然,外资银行在国内开展业务,对于国内的文化和营商环境有一个熟悉的过程,中资银行能够提供一些相应的支持。可见,外资银行的引入不仅在帮助外资企业发展中获得了发展,而且发挥了"鲶鱼效应",改善了国内银行业发展的竞争环境,促进国内银行业市场竞争力的提升,有助于为海洋产业的快速发展提供良好服务和有效支持。

鉴于当前辽宁涉海经济组织以中小型企业为主体,因此合作金融发展空间广阔。涉海中小企业盈利状况不稳定,缺乏银行所需要的抵押资产,而且财务状况透明度差,因此不符合现代银行业服务的要求,所以难以从商业性金融机构获得资金。中小型高新技术企业成长性好,然而创业风险大,缺乏固定资产,难以获得担保、抵押或质押,得不到银行贷款的支持,这极大束缚了海洋经济的发展活力和潜力。合作金融可以发挥贴近小生产者的网点优势,减少资金借贷过程中的信息不对称,更好地为大量处于初创期阶段和弱势地位的经营者提供资金支持。

6.3.3　资本市场融资的需求

当前我国正在大力培育和发展健康运行的资本市场以为国民经济的可持续发展战略服务,海洋经济发展为辽宁经济结构调整提供了良好契机,逐步改变辽宁上市公司偏向重工业的特征。资本市场融资较之于传统的银行信贷更为看重未来前景而不是当前的资产状况,海洋经济作为新兴战略性产业被社会广泛认可和看重,因此资本市场更适宜于海洋经济的融资。由于股票市场融资属于权益融资,投资者在行使货币投票权的同时获得了企业的经营决策权,而企业在获得资金的同时受到了股东的经营决策约束,因此增加了公司经营的透明度和决策的科学化,有利于形成高效的公司治理结构,促进涉海企业的健康发展。但资本市场的准入要求较高,高风险且经营规模普遍较小的海洋企业难以符合资本市场融资的要求[14]。所以需要不断完善多层次资本市场体系,满足辽宁众多涉海企业上市融资的需求。

债券市场目前发展态势良好,海洋经济的高成长性为债券市场注入了新鲜血液。资本市场的高准入要求以及高风险性使得海洋企业通过资本市场融资的难度很大[10],但海洋经济的地域性、周期性、高风险以及新兴性等特征决定了债券市场较之银行信贷和股票市场有着更大的优势和作为。债券由于要按时足额偿还,因此对发债主体的信用要求较高,大企业盈利能力和资产状况较好,能够在债券市场上获得优惠的利率、期限、金额等融资条件。而大量的中小企业经营实力较弱,凭借其自身的信用状况很难获得债券融资机会,为此中小企业集合债券是一条可行的路径。因为单一的中小企业可能具有一定的融资风险,但许多中小企业捆绑在一起,产业链条的紧密衔接和产业集聚效应降低了债券的风险水平,再经过高信誉机构的担保,信用等级获得改善和提升,能够以较低的成本获得资金。辽宁海洋经济明显的区域板块特征,加之政府对债券市场发展的大力扶持,债券融资必将为处于起步阶段的海洋经济发展发挥巨大作用。

6.3.4　产业基金的需求

在海洋产业的发展中,海洋制药等产业成长性好,但是风险大,社会资本和信贷资金的积极性并不高。产业基金一方面能够专款专用,体现政府对于特定产业的扶持,另一方面,又吸收了大量的社会资本,坚持市场化运作,发挥市场对资源配置的决定作用,通过市场机制选择和培育产业,提高产业的市场竞争力。基金具有专款专用的特点,打通了资金筹集和使用的专门通道,促进了投融资的便利化。海洋开发专项资金制度通过取之于海、用之于海,保证了海洋开发资金筹措的制度化、规模化,还可以设立类似西方国家的海洋信托基金,专项基金的设立能够更好地服务于国家海洋开发的战略。在进军和开发海洋初期,由于大量的基础设施急需先期建设,用于基础设施建设和公益性项目的海洋综合开发基金及发挥引领示范作用的海洋产业发展专项资金必不可少,由此激发社会资金进入海洋领域的热情和动力。

从产业基金的资金来源中,政府的财政资金占有一定比例,主要是种子基金,发挥托底作用,传递对海洋产业投资的信心,向市场传递投资方向和具体项目的信息,引领社会资金的投资方向。充分发挥蓝色经济区产业基金的作用,争取产业基金更多地投向特色海洋经济园区的项目[24]。政府作为利益相关方,也要向产业基金注入一定的资金,能够对于产业发展起到直接的扶持作用。除此之外,要广纳社会资金,对于民间资本和国有资本一视同仁,不仅是吸收资金,而且还可以发挥不同资金的优势。国有资本技术实力雄厚,管理水平较高,在开发海洋产业尤其是新兴产业中可以派上大用场。民营资本市场嗅觉灵敏,对于市场发展方向有着准确判断,能够将资源优势很好地转化为市场优势。辽宁国有企业众多,体制负担相对比较沉重,因此尤其要大力引进民营资本,注入市场的源头活水。要借助辽宁省与北京、上海对口合作的便利,积极从市场经济发达地区引入大量民间资本,改善产业基金的投资者结构,这是决定产业基金成效的关键一环。还要积极引进外商资本,尤其是相邻区域的俄罗斯、韩国、日本等国家的资金,多元化的投资者需要与之相对应的产业基金。

在产业基金的实际运作中,要坚持市场化的机制,政府资金更多的是作为战略投资者,发挥企业和市场投资者对市场的判断,相信民营资本和外商资本对市场的理解要高于政府。在选定支持的项目和企业以后,产业基金要守住战略投资者的定位,不干预企业的日常经营,精心培育产品和产业发展壮大,保持足够的耐心。当然,要关注项目的风险和收益,合理控制风险,不刻意追求基金的增值,但要做好基金的保值,避免亏损的出现。作为长线投资者,而不是短线的投机者,不会对企业短期出业绩形成大的压力。因此,产业基金可以说是产业的孵化器,精心呵护企业的成长,适应企业尤其是产业发展初期市场不明朗,成熟金融机构不敢贸然进入的需要。待企业发展到一定阶段,产品和产业都进入成熟期,企业通过市场已经具备了自生能力,市场化的融资条件已经具备,产业基金可以适时退出。可以通过股票公开上市交易,或者股权转让的方式,进行市场化的退出。一般说来,产业基金面向高成长性的企业,风险较大,企业有一定的失败率,但高风险伴随高收益,产业基金从初创期的介入到成熟阶段的市场化退出,会取得比较好的收益。这也会调动产业基金投资者的积极性,通过市场的内在激励,使产业基金在滚动发展和外延扩张中,获得快速发展。

6.3.5 其他方式融资的需求

海洋开发是新兴的战略性产业,因此需要走出为传统产业服务的现有金融模式,大力开拓新的融资渠道,积极引入风险投资资金。风险资本在追求高收益的同时具有较好的风险承受能力,适宜介入高成长、高技术行业,海洋经济战略新兴产业正好符合风险资本的投资特点,可谓一拍即合。辽宁省海洋开发的市场前景极为广阔,目前还处于种子期、培育期和成长期,为引入风险资本提供了良好契机。应积极鼓励国内外大型的风险投资公司进入辽宁省的海洋经济特别是新兴的战略产业,不仅是资本要素的注入带动了生产规模的扩大,而且风险投资公司还具有高效的管理团队和高超的市场运营能力,有助于初创期的海洋企业尽快成长起来,在追求高收益的同时,辽宁省的海洋产业发展也会由小到大、从大到强。

积极创造适宜的政策环境,吸引民间资本和外商资本进入辽宁海洋经济领域。

民间资本是开发海洋的重要力量。民间资本产权清晰,是内生成长于社会主义市场经济土壤的经济组织,对市场具有天然的嗅觉和灵敏性。国家采取多种措施积极鼓励民营经济发展,创造各种所有制经济公平竞争的发展环境。辽宁海洋经济发展是市场化改革进程不断增进的过程,民间资本与海洋经济较好的效益能够自然契合起来。随着非公有制经济的快速发展和国民收入分配体制改革进程的加快,民间资本的规模和比重不断增加,大规模民间资本的启动和引入为海洋经济的发展注入了源源不断的活力之源。充分发挥外商投资对海洋开发的促进作用。当前国际市场的闲置资金规模巨大,辽宁沿海经济带开发开放形成的投资洼地效应,像一块巨大磁石吸引着外资。正如我国沿海率先利用外资领跑全国一样,海洋领域的外资进入不仅带来了充足的资本,更重要的是附加在资本之上的先进技术、管理和人才,为海洋经济发展提供了数量充足而质量优良的生产要素保障。

6.4 国内外海洋经济资金投入的先进经验及借鉴

在发展海洋经济和海洋金融的历程中,发达国家和地区有先行优势,探索出了一些先进的经验,国内不同沿海地区也结合各自资源禀赋和政策优势竞相支持海洋经济发展,这为辽宁省进一步壮大海洋经济、完善金融服务,提供了有益的参考和借鉴。

6.4.1 国外海洋经济资金投入的先进经验

海洋金融是促进海洋经济发展的关键生产要素,海洋经济发达国家和地区有很多积极有益的探索。一方面,海洋金融是推动一国海洋产业腾飞的杠杆和加速器,奥斯陆和新加坡作为全球最具竞争力的海洋中心城市,其发展都是依托于强大的海洋金融体系。另一方面,海洋金融所提供的风险分散化工具,成为天然具有高风险特征的海洋产业保护自身的有力武器,伦敦金融城的保险和再保险正是满足了这一巨大的市场需求,才在全球海洋金融的风险管理领域独占鳌头。

1) 强化"政策金融"和"商业金融"相配合

挪威最大的银行挪威银行34%的股权为国有,挪威出口信贷银行和挪威出口担保机构都为国有独资公司,这些金融机构在尊重市场规则的前提下为挪威海洋产业提供了强有力支持,显示出政策性金融与商业金融模式相结合的优势。新加坡利用政策性金融推动海洋经济发展的力度更大,政府通过直接成立各种海事基金支持全球企业在新加坡开展海洋科研,并为海洋领域的中小企业提供融资支持。香港地区在20世纪60年代,与新加坡在海洋经济领域还是并驾齐驱,但是因为完全依赖自由放任的纯粹市场化模式,此后的海洋经济发展逐步落后于新加坡,不仅在海洋实业领域少有建树,甚至于在原先的强项——金融方面,也被新加坡超出。可以看出,政府引导配合市场需求,是现代海洋金融和海洋经济发展值得借鉴的成功模式。

新加坡对海洋经济和海洋金融的政策支持,主要体现在七个方面。一是注重产业规划和产业链集群发展,出台海事金融激励计划、船舶经济及远期运费协议,引导实施海事信托计划、新加坡海事组合基金政策,推动海洋经济发展。二是选择优势领域重点突破。重点发展航运和贸易,融合新加坡国际金融中心多项功能,不断完善海洋经济的金融支持,形成较为健全的海洋金融子行业。淡马锡还成立了子公司 Seatown 管理 30 亿美元资产,专司对海洋经济相关领域的投资,相当于是一个产业发展基金。三是开发性资金支持。四是官产研互动机制。产业机构提出前沿的研究课题,政府提供研究开发资金支持,科研机构开展深入的应用性研究。五是税收政策。海事信托基金可以免征 5～10 年的收入税。六是产业政策的动态调整机制。七是营造国际化的商业和生活环境。政府和企业间保持良好的平等互动和沟通,从不发号施令,审批简单快速。法律、金融制度环境良好,与国际完全接轨,没有任何障碍。香港地区政府在海洋金融发展中扮演小政府的角色,是"市场主导型"的发展模式,战略性的发展安排,这一"市场主导"模式遭遇瓶颈,传统业务被蚕食,新兴业务难以打开局面。

挪威是世界上少有的实现了海洋经济产业完整集聚的国家,从而确保了挪威成为全球海洋产业最为发达的国家。挪威拥有众多海洋金融领域的国际性金融机构,奥斯陆成为全球海洋金融中心之一。专业性是奥斯陆海洋金融中心的最突出特征。政府的透明度高、运作效率高,加之奥斯陆的海洋企业集群发展,尤其是法务、财务、管理咨询等中介机构发达,专业化的社会分工和配套服务带来了极大便利,使得奥斯陆海洋金融服务的竞争力极为明显。

英国和伦敦政府对海洋金融的良好支持主要体现在四个方面。一是政府与海洋经济金融领域的从业者保持了动态、有效的沟通合作机制。二是政府具有非常开放和全球化的视野,积极引导和支持海洋金融的海外发展。三是各级政府积极发挥配套的专业工商服务、法律服务以及生活设施。四是较低的税率水平。

2)产融紧密结合

金融的发展必须服务于实体经济,反过来,实体经济的发展也能够大大促进金融业的持续繁荣并防止金融泡沫的出现。挪威和新加坡都是在海洋经济领域实现产融结合的典范。两国都是小型经济体,但是在海洋经济的实业领域,均形成了较为完整的产业链,渔业、航运、船舶制造和海洋工程都十分发达,这就保证了两国的海洋金融能够扎实地服务于本国的海洋实业。相比之下,香港地区由于出现了产业空心化,金融对海洋经济的支持只能局限在航运领域,其金融产品的丰富程度以及金融机构在海洋领域的专业竞争力就远远落后于挪威和新加坡。

3）财政支持是基础

海洋经济具有高风险性。与陆域相比，海洋的自然条件更加恶劣多变，这就决定了海洋经济对技术的要求比陆域经济对技术的要求更高，海洋经济的技术密集型特征更强，海洋高新技术在现代海洋经济中扮演了关键角色。经过多年探索，各国在海洋生物技术、新材料技术、新能源技术和海洋工程装备技术为代表的新一代海洋高新技术上取得了诸多重大突破。各国在上述领域的科技发达程度决定了该国在世界海洋经济领域中的地位。高新技术创新意味着高额的研发资金投入，海洋产业的高风险也需要实力雄厚的资本支持。现代海洋经济产业的技术密集型特征和高风险特征决定了其资金密集型的特征。自然灾害是海洋经济面临的巨大风险，海洋经济的政治安全风险高，海盗活动始终构成安全风险，市场风险。现代海洋经济的发展所需要的高技术、巨额资金和较长项目周期等因素，海洋经济的高风险特征表现得十分明显，这就使得海洋经济的发展无法单纯依靠市场机制来驱动。

财政支持是现代海洋经济发展一种十分重要的资金来源渠道与融资方式，一般流向具有较强的公共产品、自然垄断性质的海洋经济产业领域，如海洋基础设施建设、基本公共服务、生态建设和新技术开发等。这些投资一般具有规模大、投资周期长、风险高等特点，多数领域的投资收益也比较低。以海港经济区建设为例，世界主要海洋港口的建设资金都离不开政府投资。美国每年投入到海洋开发的预算为 500 亿美元以上。美国政府通过多种渠道集资来为渔船建造提供贷款支持，向远洋船队提供直接补贴等。一些发达国家采用贴息、担保等方式吸引商业银行从事支持海洋经济开发活动。德国联邦政府经常采用这种方式，对海洋产业贷款提供担保，从而为满足海洋经济开发的资金需求起到了重要的保障作用。

4）金融产品趋向多样化

现代海洋金融的工具包括财政支持、银行贷款和信贷担保、海洋基金、企业债券及资产证券化、融资租赁、海洋保险及再保险。目前全球海洋产业的融资还是以银行贷款为主。海洋银行贷款可划分为三种类型：一是政策性银行贷款。一国政府通过设立专门的政策性银行，通过向海洋企业提供低息或无息贷款，或提供比正常分期偿还期限长的贷款等方式，扶持海洋产业的成长。20 世纪 50 年代，尚处于战后复苏和经济起飞早期阶段的日本，造船业无法从商业银行获得贷款支持，资金匮乏问题十分严重。日本政府为此特别推出了"造船计划"，通过设立专门的政策性银行，为造船企业提供优惠性政策贷款。这项典型的政策性金融措施大幅缓解了日本造船业的资金压力，解决了市场失灵问题，扶植了一批优质的造船企业，促进了日本船舶制造业的技术升级，推动日本造船业在国际市场逐步占据领先地位。二是专业银行贷款。政府成立专业的海洋银行，以优惠利率和分期偿还的形式向购买或改造船舶、基础设施、海洋技术研发以及其他涉海产业活动的企业提供贷款。例如，挪威国家银行、德意志船舶银行等。欧洲是全球船舶海工融资中心，其商业银行部门的船舶信贷占全球市场份额 80％以上。三是商业银行的普通贷款。商业银行发放普通海洋贷款的决策，通常由其内部专门负责海洋信贷业务部门制定实施，且贷款利率通常为市场利率。许多著名的商业银行从事海洋贷款业务，如德国北方银行、汇丰银行、苏格兰银行等。

基金既能体现专款专用，又能提高使用效率，是政策性海洋金融的重要产品。创建海洋信托基金，能够充分运用财政资金发展处于成长期的海洋产业。美国海洋信托基金遵循"取之于海洋，用之于海洋"的原则，主要来自联邦政府归集的海洋资源费，例如海洋矿产资源开采应缴纳的使用费，还有商业企业在联邦所属海域生产经营应上缴的使用费，该项基金专项用于海洋管理工作。海洋产业投资基金以多元化融资模式为依托，持有涉海产业的股权或债权，以出让或租赁等方式经营，为涉海经济提供股权或债权形式的直接融资支持。新加坡海事信托基金是目前国际上颇具创新性和吸引力的海洋投资基金模式，在股票市场上公开发售，拓宽了融资渠道和退出渠道，还会购买不同的船舶并以长期租约的形式出租，从而分散风险并能够获取稳定现金流。

新型融资工具不断涌现。涉海产业通过发行债券融资，能够获取的资金期限较长且稳定，但市场门槛较高，投资者要求的收益率较高。资产证券化是以特定资产组合或特定现金流为支持，发行可交易证券的一种融资形式。船舶融资租赁是国外较普遍的一种融资方式，航运企业向融资租赁公司、信托公司或其他专业金融机构融资租入船舶，按期交纳租金，船舶的所有权不为航运公司所有，通过船舶所有权和使用权分离，以融物的方式达到融资的目的。

6.4.2　国内海洋经济资金投入的先进经验

1) 重视出台政策规划

在海洋强国战略推动之下，各省纷纷出台金融支持海洋经济发展的政策，也涉及海洋产业金融的发展举措。2011 年 5 月，人民银行杭州中心支行联合浙江省海洋经济工作办公室出台《关于金融支持浙江海洋经济发展示范区建设的指导意见》，要求全省金融机构根据浙江省海洋经济发展战略导向，树立陆域金融与海洋金融协调发展理念，把金融支持海洋经济发展摆上重要的战略位置，加强资源集聚、鼓励先行先试、加快金融创新、拓宽融资渠道、提升金融服务、深化多方合作，为浙江省海洋经济发展构建强有力的金融支撑体系。一是要突出支持重点，加大对海洋经济的信贷投放和金融资源集聚；二是加快金融创新，发展海洋经济多种融资模式；三是要拓宽融资渠道，扩大海洋产业直接融资规模；四是要优化金融管理，促进海洋经济投资贸易便利化；五是要夯实基础，加强海洋经济金融基础设施建设。2011 年 11 月，中国农业银行福建省分行、福建省海洋渔业厅联合出台《中国农业银行福建省分行、福建省海洋渔业厅关于支持福建省海洋经济发展的指导意见》，明确全省各级农业银行将加强涉海企业的金融服务，支持闽台海洋产业合作，加大信贷投放，促进福建海洋主导产业转型升级，加快发展。为加快实施海洋发展战略，促进区域金融业加快发展，充分发挥金融在推动区域经济发展中的先行作用，山东省人民政府 2011 年 11 月印发的《山东省人民政府关于金融支持山东半岛蓝色经济区发展的意见》。2013 年 2 月，海南省政府办公厅出台《海南省人民政府办公厅关于金融支持海洋经济发展的指导意见》，编制五大规划助推"蓝色金融"，从政策导向、信贷投入、直接融资等方面发力，拓宽融资渠道。在服务海洋经济的基金、债券、设备租赁等"蓝色金融"新领域开展探索。2014 年 4 月，财政部与国家海洋局联合下发《关于在天津、江苏实施海洋经济创新发展区域示范的通知》，决定在天津市、江苏省实施海洋经济创新发展区域示范，要求示范省（市）做好顶层设计和科学规划，促进目前分散在相关部门和单位的资金、资源、人才等要素集中，结合产业发展的不同阶段和特点，运用补助、贴息、风险投资、担保费用补贴等多种有效方式，加强与所在地金融机构的衔接，创新金融产品，引导社会资金更多投向海洋经济。这又一次将海洋金融这个大主题提了出来。2014 年 7 月，国家海洋局印发《关于支持青岛（西海岸）黄岛新区海洋经济发展的若干意见》，支持青岛西海岸新区海洋经济创新发展，增强引领示范效应，其中涉外金融和涉海金融是两大亮点，提出设立为海洋渔业、海运、游艇等海洋经济产业服务的金融租赁公司，甚至设立西海岸发展银行等，这将使青岛在涉海金融方面探索一条新的道路。

2）金融机构积极支持海洋经济成长

为探索一条针对海洋产业特色、符合涉海企业发展需要的开发性金融支持路径，2014 年 12 月，国家海洋局和国家开发银行联合印发了《关于开展开发性金融促进海洋经济发展试点工作的实施意见》，希望通过试点工作的开展，促进海洋产业发展转型升级。按照该实施意见确定的目标，到"十二五"末期，力争为海洋经济发展提供 100 亿元～200 亿元的中长期贷款额度，使涉海中小企业融资难的现状有效缓解，海洋经济发展方式明显转变，达到资金扶持方向明确、融资服务水平明显提升、融资服务体系基本健全的目的，形成引导、推进开发性金融参与海洋经济建设的良好局面。2017 年 4 月，国家海洋局、中国农业发展银行在京召开促进海洋经济发展战略合作座谈会，双方签署战略合作协议，农业政策性金融支持海洋企业发展迎来历史性的拐点。双方本着"政策导向、优势互补、分业施策、务实创新"的原则，给予市场前景好、技术水平高的海洋企业约 1 000 亿元人民币的授信额度，全力支持海洋海洋产业和经济发展示范区更快发展。农业发展银行和海洋局的合作,充分发挥了各自优势,是海洋领域产融结合的典型示范,具有重要复制和推广价值。中国农业发展银行山东省分行发挥政策性金融周期长、利率低、额度大的优势,优选支持领域,找准业务发展方向定位。通过促进渔业转型升级、投身海洋基础设施建设和海洋运输业发展、促进海洋新兴产业发展、支持企业"走出去"战略,带动海洋经济快速发展。

自 2011 年《浙江海洋经济发展示范区规划》被国务院正式批复后,浙江海洋经济区建设上升为国家战略。浙江省许多金融机构已将海洋金融列为业务发展的战略重点,积极制定具有针对性的发展规划和管理制度,建立专业服务团队,完善金融支持海洋经济的长效机制,突出对海洋经济重点领域的信贷投放和金融支持,海洋经济发展的资金支持力度不断加大。宁波市依次改制重组了通商银行、东海银行、昆仑信托 3 家地方法人金融机构,成立首家以海洋产业为投资方向的专业基金公司。建立舟山现代海洋产业金融服务中心,鼓励金融机构在舟山设立金融租赁、航运保险等专业性机构或开展离岸金融业务。2012 年 6 月 28 日,民生银行海洋渔业金融中心在青岛市正式成立,作为服务海洋渔业实体经济的创新型产业金融组织,该中心业务范围辐射全国,将助推我国海洋渔业实现快速发展提升。2013 年10 月,福建石狮成立海洋产业金融中心。根据协议,民生银行将在三年内为石狮市各类海洋产业客户提供合计不低于 30 亿元人民币的各类资金支持,通过产融结合,实现石狮市海洋产业的整合和升级。2014 年 10 月,国内首个航运和金融产业基地在上海陆家嘴正式启动,金融与航运产业的结合由此开启。上海许多银行都有专门的航运金融事业部。但像船舶经纪、金融、保险等高端航运服务业还是以离岸模式为主,业务环节集中在国外。2015 年 4 月,中国人民银行青岛市中心支行《关于金融支持西海岸新区发展的意见》发布,双方将合力发展海洋金融,推动海洋经济与金融深度融合对接。

3) 大力创新金融产品

海洋产业具有典型的资金密集型特征,传统的融资方式依然是主流。以航运为例,2004 年至 2010 年我国航运业最主要的资金来源为航运企业自筹资金,约占所有资金的来源的 60%,第二大资金来源为国内贷款,约占所有资金来源的 30%。必须拓展融资渠道,创新金融产品,满足传统海洋产业升级和新兴战略性产业的需求。2011 年 11 月,全国第一家以海洋产业为投资方向的专业基金管理公司——宁波海洋产业基金管理公司宣布挂牌成立。该基金由上海航运产业基金管理有限公司、宁波开发投资集团有限公司、宁波国家高新区开发投资公司等三家单位以 4:4:2的比例,共同出资 6 000 万元,是宁波海洋产业基金的发起、募集、投资、管理主体。中集集团拥有包括物流、高端海洋装备制造和融资租赁在内的多个业务板块,为契合前海深港现代服务合作区未来的定位,中集集合自身的业务基础和产业优势在前海发展海洋金融与高端服务业。2012 年开始,中集集团大规模以融资租赁的方式实施产融结合的转型。海南琼海推动信贷产品创新,支持涉海产业发展壮大,银行业金融机构积极支持涉海产业发展,创新开展深海种养殖、远洋捕捞、涉海物流业、船舶抵押等信贷业务,推出了融资租赁、圈链会联合担保、"房产—造船厂阶段性担保—渔船抵押"等信贷模式,拓宽贷款质押范围,破解涉海产业贷款难瓶颈。

浙江舟山市则创新蓝色信贷金融产品,重点发展船舶融资、航运租赁、离岸金融等服务业态,鼓励涉海企业债券融资,推动涉海企业上市的培育和发展。舟山市还为远洋渔业、塑机螺杆制造业等特色产业提供专业化的金融支持,保险资金积极支持舟山群岛新区建设,PPP 融资模式和离岸金融逐步兴起。2016 年 2 月,舟山大宗商品交易所与交通银行舟山分行、中国水产舟山海洋渔业公司合作,推出了鱿鱼仓单质押融资新模式,受到了众多远洋渔业企业和水产加工企业的欢迎,一方面盘活了资金;另一方面也可以平滑全年的出库销售量,进一步稳定鱿鱼价格。

海洋产业投资基金与海洋产业回收周期长、风险高的产业特性相吻合。2012年 2 月,蓝色经济区产业基金管理有限公司暨中国蓝色经济产业基金管理有限公司在山东济南成立。该基金总规模为 300 亿元人民币,由山东海洋投资公司发起,采用"母子基金"的运作模式,还按照封闭式"母基金"的要求,继续发起设立多个产业子基金,不断扩大融资规模,放大资金杠杆功能。2015 年 9 月,烟台海洋产权交易中心有限公司发起成立了山东省"海上粮仓"建设投资基金。这只基金规模高达3.2 亿元,是山东省通过财政投入推动海洋渔业发展的重要举措,成为烟台海洋产权交易中心投身海洋产业发展的重要载体。这是山东省首个面向"海上粮仓"建设的专门基金,"海上粮仓"建设基金以入股等方式,做现代海洋渔业发展的坚定支持者,对于促进海洋经济建设意义重大。海南是我国发展海洋旅游业最早、规模比较大的沿海省份,根据国家发展改革委批复的《海南国际旅游岛建设发展规划纲要》,海南创新融资机制,按资金来源和用途分工,分别设立海南国际旅游岛开发基金、旅游发展专项资金、文化产业发展专项资金、生态旅游建设专项资金、旅游产业投资基金、房地产投资信托基金等六大旅游基金,为海南海洋旅游的发展提供了一个重要的资金渠道。近年来出现了与私募基金相关的投资案例,主要分布在海洋工程建筑业、海水利用业、海洋船舶工业、海洋生物医药业、海洋油气业、海洋渔业等领域。

6.4.3　国内外经验对辽宁的启示

1) 充分发挥政府的引领和支撑作用

国内外海洋产业金融发展的经验表明,政府要发挥基础和关键的作用。海洋金融和海洋经济都是未来产业,目前正处于出生和成长期,只有给予适当的引领、扶持和帮助，才能少走弯路，行稳致远。政府要创造良好的发展环境，明确政府和市场的定位，不越位，不缺位，呵护市场，又不与市场争利。新加坡和挪威政府都对海洋经济和金融提供了多种帮扶措施，包括优惠的财税和产业政策，有利于支持海洋产业金融快速做大做强。

做好发展规划，是政府义不容辞的责任，也是最基础的公共产品。福建、浙江和山东等海洋经济和金融发展较快的地区，早在2011年就出台了金融支持海洋经济发展的指导意见，明确了海洋产业金融发展的方向，之后又发布了省域内海洋金融发展的定位、重点以及保障措施。这不仅为市场提供了明确的信号，还调动大量人力、物力和财力，使海洋产业金融迅速发展壮大起来，又促进了海洋产业的繁荣。

2）注重产融结合

服务实体经济，是金融创新发展的源头活水。脱离了实体经济的金融，只会集聚泡沫和风险，最终也难以带动金融自身的发展。香港经济在逐步空心化以后，原先兴旺发达的金融业也有衰落迹象，这对产融结合的产业金融是一个巨大警醒。挪威海洋产业金融中心的成功，就是围绕本国的优势产业，在渔业、造船、航运等领域开拓金融业务，为海洋金融提供了发展的原动力。

国内的沿海地区，围绕本地的优势产业，形成一个完整的海洋产业金融服务链条。浙江的水产、航运、海工装备、大宗商品交易等产业发达，因此大力开展了银行贷款、资本市场融资、债券融资、产业基金、期货等金融服务。这是海洋产业金融发展的生命线和生命力，必须牢牢守住和坚持。

3）加快创新探索

海洋经济是经济增长的新空间和新动力，水产、航运等海洋传统产业的转型升级和海工装备、海水淡化、制药等新兴战略性产业的崛起，更是新兴事物，相对应的金融服务也亟须从无到有、从小到大地发展起来。目前的金融体系还属于陆地金融，海洋金融的探索和实践才刚刚开始。因此，海洋产业金融推进供给侧结构性改革，重点和难点都在于加快补上短板，这就需要以创造性思维，围绕海洋产业链，部署海洋产业金融的创新链。面对新的融资主体和融资条件，要搭建新的市场平台，研发适应新环境的金融产品，设立新的金融机构和组织，创造风险防范和转移的新机制。当然最关键的创新，是掌握了海洋产业金融新知识，具备创新能力的从业人员。政府工作也要创新，创造性地为资金供需双方搭桥铺路，引领海洋产业金融的发展方向，通过积极的政策扶持，使其走上发展的快车道。

6.5 辽宁海洋经济现代金融服务体系的构建

通过上述研究，理清了辽宁省海洋经济的金融支持现状，分析了其中存在的问题,梳理了金融服务辽宁省海洋经济的需求。在此基础上,提出现代金融服务体系的框架,并且明确具体的对策和措施。

6.5.1　辽宁海洋经济现代金融服务体系框架

辽宁省是东北地区唯一的沿海省份,辽宁省不仅是对外开放的窗口和桥头堡,而且肩负着东北地区融入世界市场的重任。辽宁省在全国较早提出了开发海洋的战略,早在 1986 年就提出了向海洋进军的"海上辽宁"战略,在"转身向海"思想的指导下,2005 年 12 月辽宁省提出"五点一线"战略,并逐步演变成"沿海经济带战略"。海洋产业发展具有较好的规模和优势。发展海洋经济是培育发展新的经济增长极、加快转变经济发展方式、调整优化经济结构的重要途径。伴随着海洋强国战略的深入实施和传统海洋产业的转型升级,以及新兴海洋产业的不断涌现,资金保障和支撑作用日益重要。海洋产业具有典型的技术、资金密集特点,海洋经济的跨越式发展需要资金的强力支持。

为此,需要从财政资金、政策金融、商业金融、合作金融、股票市场、债券市场、产业基金、风险资本等方面,构建辽宁海洋海洋经济发展的金融服务体系。通过分析不同类别资金的特点和优势,能够构建适应辽宁海洋经济发展要求的融资体系,深度挖掘各种资金的潜力,发挥各种投入的整体效率和结构效应,完善支撑海洋经济发展的融资架构。为加快建设辽宁海洋经济的基础设施,要发挥好政府的作用尤其是财政的导向、支持作用。政策金融要更多关注国家战略和区域海洋经济发展重点,例如辽宁海洋经济的重点领域和重点产业。商业金融作为涉海金融的主力军,重点支持海洋船舶工业、海洋交通运输、海洋盐业、海洋化工、海洋工程等辽宁海洋传统产业结构调整升级。合作金融要坚守普惠金融的定位,加大对海洋渔业、海洋旅游等劳动力密集型产业的扶持。股票市场在支持辽宁海洋行业龙头企业的同时,要更加关注海洋生物医药、海洋电力业、海水利用业等海洋战略性新兴产业,做产业培育的孵化器。债券市场在为涉海大企业继续做好融资服务的基础上,更大力度支持区域中小微企业的发展。产业基金叠加了政府支持海洋经济的意图和市场经济的灵活性,更多采取股权投资的方式,通过高效资本运作促进涉海高新技术产业发展。风险资本则发挥战略性投资者的专业优势,放眼长远,培育好龙头企业,占领辽宁海洋经济未来发展的制高点。

6.5.2　实施措施

1) 进一步明确发展海洋产业金融的政策目标

海洋产业金融无论是对海洋实体经济的成长,还是壮大金融业自身,都具有重要意义,因此要积极鼓励发展。辽宁海洋金融要高起点谋划,对标国内外先进标准,立足辽宁实际,兼顾长远和当前,考虑必要性和可能性,充分满足海洋产业的需求。具体来说,要建立政策性金融、开发性金融、商业性金融、合作性金融等多层次海洋产业金融体系,开发信贷、证券、保险、基金、租赁、信托、基金等多种金融工具,发展国有、集体、民营、外资等混合所有制结构,焕发体制机制优势,具有良好市场适应性,为海洋产业的健康发展提供有效支持。还要注意的是,一定要有省级层面的海洋产业金融规划,统一全省海洋金融发展的目标,形成合力,有利于全省上下一盘棋,全省海洋产业金融的发展会成为一个有机整体。

2) 加强海洋产业金融支持政策的协作配合

财政政策具有直接性、见效快的优点,然而受制于决策时滞长,以及财力有限的因素。货币政策决策时滞短、灵活性强,但见效慢、目标瞄准难。产业政策对一个具体产业提出明确的鼓励或者限制政策,短期内就能引导社会资本的投向和资源配置,推动产业发展朝着政府预期的方向发展,但政府对市场判断的能力是有限的,甚至会形成过剩产能。人才政策是任何产业发展的基础,表面上促进经济发展的因素包括资本、劳动、技术、资源等,但最核心的还是人才的因素。对海洋产业金融的发展来说,人才更是发展的最重要因素,"得人才者得天下"。然而,"良禽择木而栖",人才引进不仅需要提供好的环境和待遇,更重要的是要有事业发展的平台,从这个意义上说,人才政策不是孤立的,而是必须要与其他政策结合起来。

由于支持海洋产业金融发展的经济政策各有特点,因此需要发挥不同政策的长处,克服短处,通过所有政策的协作配合和有机组合,达到取长补短,体现政策组合的整体效果。具体来说,财政政策发挥鼓励高端和托住低端的作用。海洋产业金融包括政策性金融、开发性金融、商业性金融和合作性金融,其中政策性金融、开发性金融、商业性金融是主体,承担了服务海洋高端产业的重任,如装备制造、石油勘探等战略性新兴产业,业务风险大,财政政策要对此承担的风险负有一定的责任,通过补贴或注入资本金的方式化解超出市场承受能力的风险。合作性金融主要面向传统的海洋中小企业,服务的对象是广大的生计群体,金融交易成本较高,完全按照市场化原则运行,则中小企业要承担较高的市场利率,这又与扶持中小企业发展的初衷相背离,因此财政政策会充分发挥保底的作用,通过财政补贴或者贴息的方式,减轻海洋合作性金融的运营成本,最终减轻中小企业的资金成本和生产成本,以期达到涉海中小企业繁荣、富裕的目标。

3) 创造良好的营商环境

不断改进行政服务,进一步简政放权,营造有利于海洋产业金融发展的环境,引导和鼓励各类金融机构发展海洋产业金融。2017 年 3 月 15 日,国务院印发中国(辽宁)自由贸易试验区总体方案,提出要形成与国际投资贸易通行规则相衔接的制度创新体系,营造法治化、国际化、便利化的营商环境。第一,要构建良好的金融生态,政府带头讲信用,完善社会信用体系,使海洋金融机构形成稳定可靠的经营预期。第二,要进一步深化"放管服"改革,减少不必要的干预,放手、放权于市场。在此基础上,对于初创期的海洋产业金融,由于还处于市场的弱势,政府要从财政、金融、产业、人才政策等方面给予大力扶持,呵护市场成长,加快行业发展的进程,尽早建成适应辽宁海洋经济发展的金融体系。

4) 积极引入民营资本

民营资本是发展海洋产业金融的重要力量。民营资本产权明晰,伴随社会主义市场经济逐步壮大起来,对市场保持天生的灵敏度。随着民营经济的飞速发展,民营资本的社会影响力日益增加,对海洋经济和金融做出了很大贡献。民营资本聚集了大量优秀人才、先进科技和管理资源,为海洋产业金融发展带来了一股清泉。海洋产业金融业的高成长性,对大量民营资本具有巨大吸引力,要鼓励广大社会资本投资海洋产业金融,实现海洋金融和民间资本的双赢。结合民间资本的特点,在海洋金融机构准入、监管和政策扶持方面给以优惠,既可以对现有金融机构实施重组改造,又可以组建服务海洋产业的专业民营银行。

5) 集聚创新资源

海洋产业金融是一个新生事物,只有让市场主体大胆探索和实践,才有可能发展起来。否则,政府一开始就限制住了市场的手脚,市场的活力和动力就窒息了,也就谈不上有多大的发展。所以要处理好创新与监管的关系,保持适度监管,让海洋金融新领域的创造者轻装上阵。经济政策的出台还要聚焦提高市场效率和建立竞争机制,经济政策对不同所有制的投资经营者一视同仁,因为竞争是促进创新的原动力。另外,各项政策的出台,都要鼓励创新、宽容失败,考虑海洋金融的创新者风险承受能力,建立风险转移和化解的有效机制,以减少创新者的后顾之忧。

6) 促进政金企合作

发展海洋产业金融需要发挥相关各方合力,搭建政府、金融机构和企业的合作互动平台,明确政府、银行、企业三方的定位和作用,建立良性互动机制。建立高效的政金企协调机制,政府积极推荐重点建设项目和优质客户,适时组织银企项目对接会,提高资金供需对接效率,共同做好海洋经济的金融服务。政府主管部门要利用信息资源优势,及时向金融机构通报产业政策、发展规划及海洋产业龙头企业动态监测情况,金融机构要将金融服务工作动态和业务发展情况向政府部门及时报告。在政府的统筹协调之下,企业与海洋产业金融机构按照市场规律发展,增强内生动力,以良好的经营成效立足于市场。

7) 加强政银保合作

完善银保合作平台,促进海洋经济融资风险的合理分担。目前尚未建立专门针对海洋经济贷款的利息风险补偿机制[18],影响了金融机构贷款的积极性。首先,应完善海洋保险制度。仅仅依靠市场化的商业保险,必然会出现保险公司缺乏积极性,造成海洋经济无处投保的困境。所以,要积极建立财政资金支持的政策性保险,减轻投保压力,有效化解和分担海洋经济的风险。其次,建立海洋经济融资风险基金,由政府、银行和企业共同出资设立,一旦发生不能按期偿还贷款的情形,由该基金进行代偿。这种多方参与的金融风险补偿机制,能够有效防范"逆向选择"和"道德风险",可以多方筹集资金,降低金融机构贷款风险水平,进而带动融资成本的下降。再次,构建政府融资性担保平台。海洋经济在国民经济发展中发挥着战略性、基础性、引领性的作用,政策关联度高。海域所有权属于国家,海域使用权衍生于海域所有权,因此海域使用权与政府的联系比较密切,相应的政策性风险难以通过市场转移和消化。海洋经济融资难、融资贵的症结归于融资担保机制的不健全,为此要充分发挥融资担保的增信功能,架起金融机构等资金供给方与涉海企业等资金需求方的桥梁,促进渔业经济和金融发展的双赢以及良性互动。海洋经济事业具有正外部性,单靠市场力量难以充分体现社会效益和生态效益,因此政策扶持势在必行。各级政府要加大投入力度,直接出资或参股控股设立为海洋经济服务的融资性担保机构,完善税收优惠举措,为有效化解"担保难"起到托底作用。发挥政府性融资担保平台的业务、资金和政策优势,在借款人不能按时还款的情况下,能够代为偿还欠款,降低商业银行承担的信用风险,有利于商业金融更好地支持海洋经济发展。最后,还要积极争取政策性担保公司的支持。政策性担保公司具有支持力度大、担保费率低的优势,海洋产业作为国家政策大力扶持发展的领域,自然需要政策性担保公司的助力。2018 年 3 月 26 日,辽宁省海洋与渔业厅与省农业信贷担保有限责任公司签署金融支持渔业发展战略合作协议,共同建立互惠共赢、风险共担的政担合作新模式。这标志着,辽宁海洋经济有了政策性担保机构的支持。

8)发展涉海资产流转市场

包括海域使用权、渔船等涉海资产的顺利流转对于海洋金融的推进具有重要意义。一方面,大量的买卖双方集中进场交易,逐步成熟的海洋资产交易市场能够降低交易双方的成本。另一方面,涉海资产流转市场能够为海洋资产提供明确的价格信号,为涉海的评估和变现提供了可靠的参考依据,促进海洋金融的增加。依托政府支持,搭建涉海资产流转市场,实现场内交易,规范交易行为,逐步建立交易活跃、规模和结构合理的交易市场。海洋资产二级市场云集了较多的卖方和买方,供求双方价格博弈激烈,建设市场化交易平台的条件已经具备。

9)培育专业人才

发展海洋金融,加大力度支持海洋经济,关键在人才。应加大人才培养力度,充分调动国家海洋主管部门的行政资源优势,整合辽宁省内相关业务部门和科研院校的力量,将基层一线的经验及时上升为可复制、可推广的标准,组织力量编写培训教材。还要注意挖掘各地的先进做法和典型。积极向其他先进省份学习。我国海域面积广阔,类型多样,各地在互学互鉴中累积形成了丰富的实践经验,在实践中强化人才锻炼和培养很有必要。还要加强大中专院校人才培养,鼓励大胆试点和探索,设置相应专业,完善课程体系和实践教学模式,为海洋金融事业输送大量合格的专业人才。

　　10）成立专门信贷机构

　　涉海贷款是一个新生事物,海洋经济的蓬勃发展使其前景可期,在银行贷款中比重会逐步提高,因此从市场预测和判断来看,设立专门信贷机构很有必要。而且海洋抵押贷款与传统陆地金融以房地产抵押为主要特征不同,有必要建立全新的业务流程,发挥知识经验积累的"学习"效应,更好应对业务跨越式发展的需要。可以在现有的银行内部,增设海洋金融事业部,或者成立专门信贷机构,专司海洋金融尤其是海域使用权抵押贷款,负责贷前调查、贷中审核、贷后管理,实行单独核算、单独考核。随着海洋经济超常规发展带来的金融需求不断涌现,时机成熟后可以设立专门的海洋金融机构。

本章参考文献

[1] 徐质斌. 解决海洋经济发展中资金短缺问题的思路[J]. 海洋开发与管理,1997,14(4):21-25.

[2] 许道顺. 支持海南省海洋经济发展的金融路径探索[J]. 海南金融,2006(12):42-44.

[3] 郑世忠,勾维民. 辽宁海洋经济发展的资金投入问题研究[J]. 海洋经济,2014,4(6):37-41.

[4] 郑世忠,陈放. 辽宁海洋牧场建设的金融投入探析[J]. 现代农业科技,2019(16):262-263.

[5] 李志敏,曹桂娟,张玉胜. 辽宁省长海县及獐子岛渔业发展模式及其思考[J]. 河北渔业,2009(7):41-43.

[6] 洪耀文,王延艺. 贷款也可用"海"作抵押:海域使用权抵押贷款业务初探[J]. 中国农村信用合作,2004(6):42-44.

[7] 刘庆营. 贷款也可用"海"做抵押 沾化县首笔海域使用权抵押贷款发放[J]. 渔业致富指南,2009(12):8.

[8] 郑世忠,谭光万. 海域使用权抵押贷款的适应性研究[J]. 华北金融,2015(10):66-69.

[9] 中国人民银行汕尾市中心支行课题组. 推广海域使用权抵押贷款破解渔民融

　　资难题：基于对广东沿海七地市渔民融资需求的问卷调查[J]. 南方金融，
　　2011(6)：63 - 65.

[10] 李靖宇，任浇燕. 论中国海洋经济开发中的金融支持[J]. 广东社会科学，
　　2011(5)：48 - 54.

[11] 单春红，于谨凯，李宝星. 我国海洋经济可持续发展中的政府投资激励系统
　　研究[J]. 中国渔业经济，2008，26(2)：25 - 30.

[12] 王曙光. 在海洋管理专题研究班上的讲话[J]. 海洋开发与管理，2005，22
　　(6)：3 - 8.

[13] 郑世忠，勾维民. 辽宁战略性新兴海洋产业发展的财政支持问题研究[J]. 辽
　　宁经济，2015(10)：28 - 29.

[14] 武靖州. 发展海洋经济亟需金融政策支持[J]. 发展研究，2013(4)：46 - 51.

[15] 王定祥，李伶俐，冉光和. 金融资本形成与经济增长[J]. 经济研究，2009，
　　44(9)：39 - 51,105.

[16] 杨子强. 加快金融创新 助力蓝色海洋战略[J]. 金融发展研究，2011(10)：3 - 5.

[17] 唐正康. 我国海洋产业发展的融资问题研究[J]. 海洋经济，2011，1(4)：7 - 12.

[18] 张凯政. "一带一路"背景下关于金融支持海洋经济的调查：以日照市为例
　　[J]. 中国商论，2017(25)：147 - 148.

[19] 鹿丽，刘宁，刘宇. 金融支持促进辽宁海洋经济发展的思考[J]. 发展研究，
　　2014(1)：62 - 65.

[20] 杨子强. 海洋经济发展与陆地金融体系的融合：建设蓝色经济区的核心[J].
　　金融发展研究，2010(1)：3 - 6.

[21] 田鹏颖，潘多英. 辽宁沿海经济带文化产业园区建设对策研究[J]. 辽东学院
　　学报(社会科学版)，2013，15(4)：101 - 105.

[22] 申世军. 对债券市场支持海洋经济发展的几点思考[J]. 金融与经济，2011
　　(1)：59 - 61.

[23] 马衍伟. 用更加积极有效的财税政策推动海洋经济发展[J]. 中国财政，2011
　　(12)：44 - 45.

[24] 高福一，冀晓群，于吉海. 山东特色海洋经济园区发展探析[J]. 宏观经济管
　　理，2014(2)：75 - 76.

[25] 刘东民，何帆，张春宇，等. 中国海洋金融战略[M]. 北京：中国计划出版
　　社，2016：2—3,16 - 32.

[26] 章勇敏，毕晓刚，温从华，等. 海洋经济及投融资策略[M]. 北京：中国金融
　　出版社，2015：6 - 50.

[27] 浙江舟山群岛新区海洋金融研究院. 中国海洋金融问题研究:以浙江舟山群
　　岛新区为例[M]. 杭州：浙江大学出版社，2016：1 - 100.

第七章

辽宁沿海经济带对外开放合作研究

开放合作是经济发展的重要引擎,也是经济发展必须遵循的重要原则。"一带一路"倡议是新时代我国对外开放的最新顶层设计,是新型全球化的新长征。辽宁作为我国重要的老工业基地,全方位扩大对外开放,深度融入"一带一路",对于辽宁新一轮振兴发展具有十分重要的意义。

7.1 辽宁沿海经济带概要

辽宁沿海经济带是我国北方地区重要的经济发展带,是东北地区经济发展最活跃、最有潜力的地区,承载着东北振兴发展"排头兵"的重任,是东北地区对外开放的门户、东北亚区域经济合作的重要"节点"、欧亚大陆通往太平洋的重要通道。

7.1.1 总体概览

辽宁沿海经济带是在辽宁沿海地区划分的经济发展区域,包括大连、营口、锦州、丹东、盘锦、葫芦岛等沿海城市,处在我国环渤海地区和东北地区的重要结合部,陆域面积5.65万平方公里,海域面积约6.8万平方公里。辽宁沿海经济带大陆海岸线2 290公里,占全国的1/8,居全国第五位,宜港岸线1 000公里,深水岸线400公里,优良商业港址38处。区域内拥有大连港、营口港两个吞吐量超亿吨大港,万吨级以上生产性泊位123个,最大靠泊能力达到30万吨级;形成了东北地区最发达、最密集的综合运输体系,拥有沈山、哈大等区域干线铁路和烟大轮渡,沈大、沈山、丹大等多条高速公路,铁大、铁秦等输油管道;拥有大连、丹东、锦州3个空港,52条国内航线和20余条国际航线。区域内各类资源极为丰富,拥有约2 000平方公里的低产或废弃盐田、盐碱地、荒滩和1 000多平方公里可利用的滩涂;镁、硼、钼、石油、天然气等资源储量较大;宜港岸线约1 000公里,80%以上尚未开发;双台子河口湿地、丹东鸭绿江口湿地等国家级和省级自然保护区陆域面积1 300多平方公里。截至2016年底,辽宁沿海经济带6市总人口2 120.2万人,占全省48.4%;地区生产总值12 065亿元,占全省54.7%;进出口总额665.2亿美元,占全省76.9%;港口货物吞吐量10.9亿吨,集装箱吞吐量1 879.7万标准箱。

2009 年,国务院批复《辽宁沿海经济带发展规划》,辽宁沿海经济带开发建设正式上升为国家战略。按照规划,辽宁沿海经济带开发将进一步提升大连核心地位,强化"大连—营口—盘锦"一线这一主轴,壮大"盘锦—锦州—葫芦岛"渤海沿岸和"大连—丹东"黄海沿岸及主要岛屿,形成"一核、一轴、两翼"的总体布局框架。

辽宁沿海经济带的战略定位是:立足辽宁,依托东北,面向东北亚,把沿海经济带发展成为特色突出、竞争力强、国内一流的产业聚集带,东北亚国际航运中心和国际物流中心,建设成为改革创新的先导区、对外开放的先导区、投资兴业的首选区、和谐宜居的新城区,成为带动东北地区振兴的经济带[1]。

7.1.2 大连市

大连市地处欧亚大陆东岸,中国东北辽东半岛最南端,濒临黄、渤两海,南与山东半岛隔海相望,北依辽阔的东北平原,是重要的港口、贸易、工业和旅游城市。全市总面积 1.25 万平方公里,大陆和岛屿海岸线长 2 211 公里,管辖海域面积 2.9 万平方公里,常住人口近 700 万。大连是中国北方重要的国际航运枢纽和国际物流中心,大连港与世界 160 多个国家和地区的 300 多个港口建立了往来关系,承担着中国东北地区大部分集装箱运输,2018 年货运吞吐量 4.67 亿吨①,位居中国第 8 位。大连国际机场已开通航线 150 条,与 13 个国家和地区的 89 个城市通航,27 家航空公司参与机场运营,2018 年旅客吞吐量实现 1 877 万人次。大连市正在积极推进东北亚国际航运中心、国际物流中心、国际金融中心建设,努力建成"产业结构优化的先导区、经济社会发展的先行区",力争到 2025 年,建成中国北方重要的海洋中心城市,2035 年建成东北亚海洋中心城市[2]。

7.1.3 营口市

营口市位于沈阳市和大连市之间,渤海湾东北岸,大辽河入海口处,下辖两县级市(盖州市、大石桥市)、四区(鲅鱼圈区、站前区、西市区、老边区),总面积 5 402 平方公里,人口 245 万。营口区位优势明显,位于东北亚经济圈、环渤海经济圈结合部和辽宁沿海经济带、沈阳经济区的叠加位置,是东北腹地最近的出海口、沈阳经济区唯一的出海通道。同时,营口地处国家"一带一路"倡议中蒙俄经济走廊出海位置,是"辽满欧"亚欧大陆桥东线起点,是中韩、俄韩、欧韩贸易往来最经济、最便利的唯一通道,具有承启东西、连贯南北的独特区位优势。营口交通条件便捷,沈大高速公路、哈大铁路和哈大高铁纵贯全境,营口港与 50 多个国家和地区的 150 多个港口通航,营口机场现已开通上海、哈尔滨、济南、深圳、海口等航线。海、陆、

---

① 数据来源:大连市港口与口岸局。

空齐备的立体化交通网络,极大地减少了物流成本,便利了物流、人流的加速集聚。营口生产要素充足,临海有 210 平方公里低产盐田和 113 平方公里的浅海滩涂,均为国有存量工业用地,为发展大工业提供了用地保障;营口人力资源丰富,职业教育发达,每年可培训技术工人近万名,而且劳动力成本优势明显。营口银行业金融机构数量仅次于沈阳、大连,为投资兴业提供了有力的资金保障。2019 年 12 月,营口市成功入选首批国家物流枢纽承载城市,成为东北地区目前唯一一家港口型国家物流枢纽城市。营口市正在朝着东北亚国际物流核心枢纽、东北地区海铁联运物流组织中心、辽宁港口转型升级的物流示范基地、现代港口枢纽经济发展的策源地的目标迈进[3]。

7.1.4　锦州市

锦州市海岸线总长 97.7 公里,近海水域面积 12 万公顷,沿海滩涂面积 26.6 万亩,25 万亩近海渔场。锦州市是辽宁省主要产盐区之一,海洋矿产资源主要有石油、天然气、煤炭、石灰石、膨润土、萤石、花岗岩等,其中膨润土储量为亚洲第一。全地区目前已发现矿种有 42 个,已开发利用 21 个。锦州港是国家一类开放商港,年吞吐量达 1 400 多万吨,跻身于全国港口二十强,已与世界 30 多个国家和地区通航,是中国东北西部和内蒙古东部最便捷的进出口通道。锦州机场是辽宁西部唯一达国际 4C 级标准的机场,开通九条航线可直达中国上海、广州、深圳、昆明等城市。锦州正在全面建设辽西区域创新研发中心、新兴产业和先进制造业中心、科教文化和卫生中心、金融服务中心、商贸物流中心、信息数据中心和海空航运中心[4]。

7.1.5　丹东市

丹东市位于东北亚的中心地带,是东北亚经济圈与环渤海、黄海经济圈的重要交汇点,是一座以工业、商贸、港口、物流、旅游为主的城市,陆域面积 1.52 万平方公里,海域面积 3 500 平方公里。丹东下辖三县(市)三区和一个经济区,总人口 245 万,海岸线长 126 公里。目前,全市共有 1 个国家级经济区(丹东边境经济合作区)、4 个省级经济区(高新技术产业园区、大孤山经济区、东港开发区、前阳开发区);共有口岸 11 个,其中正式对外开放口岸 9 个(一类口岸 5 个,二类口岸 4 个),临时对外开放口岸 2 个(丹东机场、马市临时过货点)。丹东是我国对朝贸易最大口岸,对朝进出口贸易总额占全国 60%。丹东港是中国北方天然不冻港,有 6 条内外贸集装箱班轮航线和 1 条丹东至韩国仁川的国际客运航线,与 100 个国家或地区的港口有业务往来,是东北地区第 3 大港口,位于丹东和大连交界处的海洋红港正按照亿吨大港的规模建设。丹东正在努力建设成为一流的陆上边境口岸型国家物流枢纽城市。

7.1.6　盘锦市

盘锦市面积 4 071 平方公里,下辖两县两区,人口 126 万,是中国环渤海经济圈对外开放城市之一。盘锦位于辽宁中部城市群与京津唐城市群之间的连接带,距沈阳 120 公里,距大连 350 公里,是沈、大等大中城市经济圈的组成部分。盘锦地势平坦,具有得天独厚的自然资源,素有"油城""鱼米之乡"等美誉。我国第三大油田——辽河油田坐落于此,年产原油 1 500 万吨,天然气 16 亿立方米,是全国最大的稠油、高凝油生产基地,现有原油加工能力 2 800 万吨/年,乙烯每年 70 万吨,丙烯每年 60 万吨,重点石化及精细化工企业 91 户。盘锦市海岸线 118 公里,沿海滩涂 50 万亩,境内河流纵横交错,适宜养殖各种海淡水产品。双台子河口国家级自然保护区是我国乃至亚洲最大的湿地保护区,湿地面积 8 万公顷。盘锦港四季通航,是中国沿海最北港口,是东北地区最便捷的出海口岸,国家一类口岸,拥有每年 900 万吨的化学品和 1 800 万吨的油品通过能力。2018 年,港口吞吐能力达 7 000 万吨,2020 年将突破 1 亿吨,成为亿吨大港。盘锦拥有承载石化产业发展、配套基础设施完备、营商环境优良的 1 个国家级经济技术开发区和 3 个省级石化产业开发区,正在建设世界级石化及精细化工产业基地。

7.1.7　葫芦岛市

葫芦岛市位于辽宁省西部沿海,是东北地区进入关内的重要门户,东与锦州为邻,西与山海关毗连,南临渤海湾,北与朝阳市接壤,总面积 1.04 万平方公里,辖 3 区、2 县、1 市,总人口 280 万人。境内有京哈公路、京沈高速公路、京哈铁路和秦沈电气化铁路 4 条交通大动脉,海上运输主要有葫芦岛港和绥中港。葫芦岛海岸线长 261 公里,其中海域岛屿岸线 33 公里,拥有 5 个较大岛屿,分别为菊花岛、磨盘山岛、杨家山岛、张家山岛和小海山岛。葫芦岛市滩涂面积 146.93 平方公里,沿岸地带适于渔业利用的海底面积约有 666.67 平方公里,其中岩礁海底约 26 平方公里,蕴藏着丰富的贝类和海珍品资源。葫芦岛市石油天然气资源丰富,还拥有丰富的滨海砂矿资源。葫芦岛的城市定位为:辽西地区的区域中心城市之一、环渤海地区重要的工业与港口城市、生态宜居的滨海旅游城市。

7.2　辽宁沿海经济带开放合作现状

辽宁沿海经济带开发开放是党中央赋予辽宁的一项重要任务,加快推进辽宁沿海经济带建设发展,要坚定不移推进高质量发展,努力为辽宁实现全面振兴、全方位振兴作出新的贡献。

7.2.1　开放合作取得的成绩

1) 对外开放取得新进展

2013年，习近平总书记提出"一带一路"倡议，是新时代中国对外开放的最新顶层设计，吹响了新时代我国对外开放的集结号。辽宁沿海6市主动融入"一带一路"建设，积极对接国家"一带一路"建设规划，探索创建省级"一带一路"综合试验区，按照国家"六廊六路多国多港"格局谋划了经贸投资、互联互通、开放平台、金融服务、民心相通、智库合作六大领域重点任务，重点谋划了300多个项目，出台辽宁开放40条，积极创建中国——中东欧"17＋1"经贸合作示范区，设立中国（辽宁）中东欧16国国家馆，召开一系列经贸合作推介会等。2018年，沿海六市外贸进出口总额占全省总量76%，同比增长12.6%，高于全省平均0.8个百分点。"双招双引"吸引资金近6 000亿元。积极推进"辽满欧""辽蒙欧""辽海欧"综合交通运输大通道多式联运示范工程建设，营口港成为"辽海欧"大通道辽宁省第二个始发港，"通满欧"过境班列常态化运营。2018年，全省60%的引进外资项目落地沿海经济带，沿海6市全年实际利用外资32亿美元，占全省比重达65%；实际到位内资2 106亿元，占全省比重为55%[5]。

2) 辽宁港口资源整合基本完成

招商局集团作为中国最大、世界领先的港口开发、投资和营运商，以集团发展港口的经验，在商业模式设计、业务重组、资本运作等方面的优势，成功整合大连港、营口港，实现了辽宁所有沿海重要港口和内陆港资源整合。全面提升了港口发展水平，辽宁港口国际竞争力进一步提升。国企混改初见成效，大连太平湾港区东北亚"新蛇口"项目建设即将启动，沈阳港项目核心区规划基本完成。大连东北亚航运中心建设有序进行，五个港口设施项目均按计划开工建设，临港产业稳步发展，大力推进"港口、产业、城市"融合发展。

3) 科技创新引领新旧动能转换

在产业发展上，辽宁沿海经济带充分利用科技创新引领新旧动能转换。沿海6市大力发展海洋经济，确定了首批36个重点项目。围绕海洋油气资源开发、深海海洋工程需求，突破制造核心技术，着力建设大连、盘锦两大世界级石化产业基地。积极培育和引进创新型企业，实施高新技术企业3年倍增计划，开展高企认定培训，加强沿海各市高企培育基础。2018年底，沿海6市高新技术企业达1 795家。战略性新兴产业发展释放新活力。围绕产业链部署创新链，大力发展先进装备、新材料、新一代信息技术、生物医药、新能源等产业。2018年，高技术产业增加值增长19%。

4）体制及创新步伐加快

在体制机制创新上，沿海经济带大胆尝试、勇于探索。按照对区位相邻、功能相近的园区进行合并的原则，辽宁沿海 6 市清理、整合、撤销"多、小、散、弱"各类产业园区。整合后，沿海 6 市各类园区总数由 131 个调减至 63 个。建立"管委会＋公司"运营模式，由管委会承担园区规划制度、规划实施、项目审批和监管等经济管理职能，由公司承担园区基础设施建设、投融资、土地整理、企业服务等职能。目前，38 家省级以上经济开发区已有 35 家推行"管委会＋公司"运行模式。

5）民营经济进一步发展壮大

省委、省政府出台了 23 条支持民营企业加快发展的政策措施。截至 2018 年底，辽宁省共有民营企业 77.8 万家，占内资企业总量的 89%。民营经济贡献了我省 45% 以上的地区生产总值，40% 左右的第二产业增加值和 55% 左右的第三产业增加值，40% 左右的税收收入，61.1% 的固定资产投资，63.7% 的城镇就业。全省小微企业已经成为吸纳就业的"蓄水池"，从业人员总量占企业从业人员总量的五成多，其中，高校毕业生和失业人员再就业数量占三成。全省认定中小企业"专精特新"产品（技术）497 项，"专精特新"中小企业 206 家。民营科技型中小企业达到了 4 700 多家，民营高新技术企业达到了 3 700 家。2018 年，规模以上的工业民营企业营业收入 9 983.4 亿元，比上一年增长 15.2%，利润总额 450.8 亿元，增长 19.1%；出口交货值 499.3 亿元，增长 7.9%[6]。

辽宁沿海经济带发展更加注重绿色发展，更加注重动能转换，更加注重深化改革，更加注重经略海洋，加快培育新增长点、形成新动能，努力成为贯彻落实新发展理念和高质量发展要求的排头兵。

7.2.2 开放合作存在的问题

1）思想观念有待进一步解放

思想是行动的先导，思想观念的解放只有进行时，没有完成时。尽管辽宁围绕解放思想进行了一场大讨论，解决了一些思想认识问题，但是和中央的要求相比还有很大差距。存在的问题主要表现在：世界眼光狭窄、开放意识不强的局限；计划经济的思维方式还没有彻底根除；沉浸在过去的辉煌中不能自拔；牢骚满腹、怨天尤人、坐等靠要的思想不同程度存在；创新意识、进取意识不强；悲观情绪、负面能量还有一定市场；唱衰辽宁的声音起伏不断；服务意识、守信意识、奋斗精神不足；陈规陋习、条条框框阻碍事业的发展；"小富即安""小进则满"的自我封闭意识制约着人们的行动；市场化程度偏低，民营经济市场主体发育不充分等。这些都需要进一步解放思想、转变思维方式来进一步解决。

2）营商环境需要进一步优化

企业的成长与发展,最需要的就是充足的阳光雨露和肥沃的土壤。营商环境就是阳光雨露和土壤,而营商环境的优化需要体制机制的进一步完善。目前,辽宁生态环境以及基础设施环境等营商硬环境建设取得积极进展。随着辽宁机构改革的完成,在机构设置上解决了职责定位不准、职能划分不清,一些领域机构设置过细、职能交叉重叠、一件事由多个部门管理等营商软环境建设的一些问题。但是,诸如懈怠懒政、消极应付、不求有功但求无过的不作为现象;政府缺乏信用问题,招商引资承诺的条件不兑现,关门打狗现象;新官不理旧账,政府朝令夕改,政策没有连续性;民营企业在市场准入方面受到诸多限制,国有企业改革进程缓慢,潜规则盛行等营商软环境问题还没有得到根本解决。加强从政环境和营商软环境建设势在必行。

3）海洋经济发展滞后

辽宁是海洋大省,但不是海洋强省。从海洋经济生产总值来看,辽宁海洋经济总量偏低,从 2014 年到 2018 年的对比来看,呈下降的趋势。2014 年辽宁省海洋生产总值 3 917 亿元,占地区生产总值的 13.68%,占全国海洋生产总值的 6.45%[7];2015 年,受经济危机的影响,辽宁省海洋生产总值下降到 3 529.2 亿元。2016 年以后,辽宁省海洋经济呈趋缓状态,2017 年海洋生产总值达 3 900 亿元,约占辽宁省 GDP 的 16.29%[8]。2018 年全省海洋生产总值为 3 140.4 亿元,分别占全国海洋生产总值的 3.8% 和全省地区生产总值的 12.4%。[9]去除挤水分的因素,下滑也是很明显的,在沿海 11 个省(市、自治区)中列居第 8 位。沿海 6 市海洋经济发展不平衡,大连市海洋经济总产值占辽宁省的 2/3,营口次之,其他沿海 4 市的海洋经济规模小,发展不够充分。现代海洋产业还没有形成体系,传统的海洋交通运输、海洋渔业、海洋工程装备业产业链条延伸不足,产业集中度不够,海洋新兴产业没有形成规模。海洋经济的增长方式主要依靠于资源、资本和劳动力等要素的驱动,海洋资源利用水平低,科技含量不高,经济收益低,海洋科技创新的机制不完善,体制滞后,缺乏有效的海洋科技成果转化机制,海洋科技成果产业化程度低,科技创新能力不强,科技知识有效供给不足。

4）高端人才流失严重

人才是决定经济增长效率的最关键要素。无论国际还是国内,"抢人大战"时刻都在进行,国内"抢人大战"更是到了白热化的程度。这一方面说明人才的价值在提升,另一方面,对于资源枯竭面临转型的东北"锈带"地区造成了严重的后果,人才纷纷"东南飞"。就辽宁省沿海而言,呈现出以国有大型企业为流失企业、高学历和高职称的骨干人才为流失对象的主要特征。海洋产业人才总体不足,面向海洋高技术产业的专业人才、实用型人才以及技能型人才紧缺,特别是掌握核心技术人才、高新技术领军人才极度匮乏。人才竞争压力巨大,必须采取切实有效的措施改变这种状态。

7.3 辽宁沿海经济带开放合作发展的机遇和挑战

"一带一路"倡议的提出和海洋经济的快速发展为辽宁沿海经济带发展带来了难得的发展机遇,同时,逆全球化思潮以及东北亚局势的不确定性又为辽宁沿海经济带开放合作带来了挑战。

7.3.1 机遇

辽宁实现全面开放正迎来一个全新的利好环境。从国家层面来看,"海洋强国"已上升为国家战略;从东北亚整体来看,"一带一路"倡议向东北亚延伸,经北冰洋到达欧洲的蓝色经济通道已经被国家规划为三条"海上丝绸之路"之一;从辽宁省自身来看,正在努力完成"辽宁沿海经济带三年攻坚计划"的目标,积极主动地对接国家战略,稳步提高开放水平。

1)"海洋强国"上升为国家战略

党的十八大完整提出了海洋强国战略目标,强调提高海洋资源开发能力、发展海洋经济、保护生态环境、坚决维护国家海洋权益等。党的十九大报告指出,我国"要坚持陆海统筹,加快建设海洋强国,要以'一带一路'建设为重点,形成陆海内外联动、东西双向互济的开放格局"[10],进一步深化和提升了党的十八大提出的建设海洋强国战略目标的具体要求和方向。习近平总书记高度重视海洋经济的发展,指出"海洋是高质量发展战略要地,要加快建设世界一流的海洋港口、完善的现代海洋产业体系、绿色可持续的海洋生态环境,为海洋强国建设作出贡献"[11],对海洋经济发展提出了具体要求。漫长的海岸线,良好的港口资源,相对完整的海洋产业体系以及处于东北亚的区位是辽宁的优势所在,也是辽宁发展海洋经济最大的动能。"海洋强国"战略为辽宁沿海经济带海洋经济发展插上了腾飞的翅膀,提供了重大机遇,将打开辽宁对外开放新的格局。

2)"冰上丝绸之路"建设

2017年7月和11月,习近平总书记访俄和会见俄总理时,先后两次提出中俄共建"冰上丝绸之路"。2018年9月11日习近平总书记赴俄罗斯符拉迪沃斯托克市参加第四届东方经济论坛,开展第5次"点穴式"外交。其间出席"新时代中俄地方合作"对话会,为中俄双方在远东开展伙伴合作提供新契机,开启了中俄地方合作的新时代。中国"一带一路"倡议需要向东北亚延伸,俄罗斯战略东移,要全力开发北极航线,共同的需求,促使俄主导的"欧亚经济联盟"与中国"一带一路"倡议有效对接。辽宁省正处于"冰上丝绸之路"的枢纽位置,参与"冰上丝绸之路"建设具有得天独厚的地缘优势。辽宁和上海、山东、天津相比是距离北极航线最近的区域,图们江区域距离北极航线近但不能通海。辽宁沿海港口作为"冰上丝绸之路"的重要枢纽,可以发挥港口优势,把东北三省及内蒙古东部以及蒙古国的货物汇集辽宁沿海各港口,巩固大连东北亚国际航运中心的地位。"冰上丝绸之路"是连接亚欧大陆的最短海上通道,也是辽宁到达欧洲的最短航线,"冰上丝绸之路"的全面通航将进一步密切辽宁与欧洲的经贸合作关系,可以带动辽宁扩大对外开放,为推动辽宁引领东北振兴提供一个开放窗口。

3）辽宁转身向海

辽宁沿海经济带是东北地区出海通道和对外开放门户。早在 1986 年辽宁省提出了建设"海上辽宁"的战略设想,2009 年 7 月,国务院批准实施的《辽宁沿海经济带发展规划》指出,要充分发挥辽宁沿海经济带这一优势,辽宁省要积极拓宽与周边国家的合作范围,加强与东北亚各国的经济技术合作,以此提升沿海开放地带及东北地区对外开放水平,打造互利共赢的合作体系。随着国家海洋强国战略的提出,辽宁省更是把海洋经济的发展放在了十分重要的位置上来。2017 年 4 月,辽宁自贸区挂牌成立,分为大连、沈阳和营口三个片区,两个片区位于沿海经济带,其中,大连片区承担着重要角色,起着龙头作用,正着力探索自由贸易港建设,带领区域发展,带动整个东北地区进行改革创新和产业结构的优化。2018 年 3 月,李克强总理提出,"辽宁省要转身向海,着力培育沿海经济带,形成东北振兴重要开放平台,为东北振兴和国家区域发展战略提供重要支撑"[12]。2018 年 9 月,辽宁省委、省政府印发《辽宁"一带一路"综合试验区建设总体方案》,提出要在辽宁省全域范围内探索创建"一带一路"综合试验区。2018 年,沿海 6 市抱团发展、一体化发展,制定了《辽宁沿海经济带六城市协同发展行动计划（2018—2020 年）》和《2018 年辽宁沿海经济带六城市协同发展行动计划工作要点》,签订了《辽宁沿海经济带六城市协同发展行动计划（2018—2020 年）》和《辽宁沿海经济带六城市协同发展框架协议》,建立了"三级联动"的工作协调机制[13]。"转身向海,扬帆远航",是国家对辽宁的殷切期望也是战略要求,更是辽宁难得的历史机遇。

7.3.2　挑战

有机遇就有挑战,在面临难得的发展机遇的同时,辽宁沿海经济带同样面临着东北亚地缘政治形势不确定、新冠肺炎疫情全球蔓延、周边省份海洋经济快速发展带来的挑战。

1）东北亚地缘政治形势波诡云谲

东北亚地区历来是大国势力角逐的竞技场。东北亚地区特殊地理位置特殊,中、美、俄、日、韩、朝等国历史关系错综复杂,现实利益关系纵横交错,地缘政治形势波诡云谲,存在许多不确定因素。朝鲜与辽宁隔江相望,朝鲜半岛局势的走向对辽宁开放合作具有重大的影响。尽管从 2018 年年初开始,朝鲜开始致力于改善国际关系,先后进行了 4 次"习金会"、3 次"文金会"、2 次"金特会"。2019 年 4 月金正恩与俄罗斯总统普京会晤。2019 年习近平与金正恩 4 次会晤并对朝鲜进行了国事访问,朝鲜半岛局势出现"趋暖"的积极态势。但是,朝鲜问题并没有真正解决,还存在引爆的风险。此外,"逆全球化"思潮与经济贸易不平衡、制度的差异叠加极易引发贸易摩擦与贸易壁垒,导致国际贸易链条的断裂。如何在地缘政治形势不确定的情形下,做到能够应付自如,顺势而为,寻求合作的空间,对辽宁来说是巨大的挑战。

2) 新冠肺炎疫情全球蔓延

突如其来的新冠肺炎疫情,对经济社会发展造成极其严重的影响,全球经济下行压力加大,并有可能演变成为一场全面的经济和金融危机。疫情对经济的冲击导致许多国家经济活动停滞或大幅放缓,全球需求减少,贸易和投资明显下滑,全球产业链受到冲击。联合国近期发布的《世界经济形势与展望》报告中预测,受新冠肺炎疫情影响,2020 年全球国内生产总值将萎缩近 1%[14]。新冠肺炎疫情对我国经济的影响巨大,2020 年第一季度实际 GDP 20.65 万亿,同比增速为 -6.8%。外贸的基础是需求。一方面,对于没有储蓄习惯的西方国家来说,疫情的影响造成家庭收入枯竭,遏制了需求;资金短缺的公司搁置了投资计划,全球需求直线下降。另一方面,随着各国陆续"封关""锁国",运输受阻,海外需求被"冷冻"。一些外贸企业由于订单取消生产经营困难,疫情的影响可能持续更长时间。不仅如此,疫情过后,可能导致各国工业回流,对外贸易可能存在更大的变数。辽宁沿海经济带外向型经济比例较大,进出口总额占全省外贸进出口总额的 70% 以上,如何消解疫情的影响,保护外贸经济活力,这对辽宁沿海经济带的外贸企业来说是巨大的挑战。

3) 周边省市海洋经济快速发展

海洋强国战略实施以来,全国 11 个临海省市纷纷做足海上文章,密集出台海洋经济发展战略规划,立足传统海洋产业优势,聚焦海洋新兴产业,强力推进海洋经济发展。例如,山东省新增设的"山东省委海洋发展委员会",出台《山东海洋强省建设行动方案》,提出要大力培育"智慧海洋"、海洋高端装备、海洋生物医药、海水综合利用等新兴产业,到 2035 年基本建成海洋强省[15]。作为海洋生产总值已连续 24 年领跑全国的海洋经济大省,广东省提出加快发展海洋电子信息、海上风电、海工装备、海洋生物、天然气水合物、海洋公共服务六大海洋产业。优化沿海空间开发战略格局,提升沿海经济发展协调性,打造广东黄金海岸,建设深圳全球海洋中心城市。上海市正在建设"国家海洋经济创新发展示范城市"和"国家海洋经济发展示范区"和全球海洋中心城市,大力发展海洋工程装备、海洋生物医药、海洋新能源等先进制造业。借助上海自贸区建设的机遇,推动船舶和海工设计制造等领域的扩大开放,积极争取海洋国际组织、跨国公司和企业总部落户上海,打造"蓝色总部高地"。传统意义上的内陆省份吉林省也在谋划借日本海发展海洋经济,国家发改委和自然资源部已经批准在珲春建设海洋经济发展示范区。其他省市也纷纷制定了海洋经济各种规划并组织实施。周边省市海洋经济的大发展,对于曾经有过辉煌而今落后的辽宁省来说,是激励、鞭策也是挑战。

7.4 辽宁沿海经济带融入"一带一路"的基础条件

辽宁省委、省政府以及沿海各市全面贯彻落实党中央提出的对外开放战略部署,不断推进对外开放理论和实践创新,确立依托沿海区位优势、产业优势、先发优势,扩大开放发展的新理念,紧紧围绕国家"一带一路"建设,加快构建面向东北亚、服务辽吉黑及内蒙古的开放型经济新体制,对外开放取得了新的重大成就,对内陆地区的辐射和带动作用逐步增强,是我国北方沿海发展基础较好的区域,具有诸多的比较优势。

7.4.1 产业基础

1) 海洋渔业

"十二五"期间,辽宁海洋渔业克服国际金融危机和国内经济环境复杂多变等不利因素的影响,保持了平稳较快发展。2015 年末,全省渔业经济总产值达到 1 366 亿元,位居全国第七,年均增长 10.7%;渔业经济增加值达到 672 亿元,位居全国第七,年均增长 9%;水产品总产量达到 523 万吨,位居全国第六,年均增长 4%;渔民人均纯收入达到 16 639 元,位居全国第六,年均增长 6.2%;出口创汇达到 29 亿美元,占全省大农业出口额一半以上,位居全国第四,年均增长 10%。渔业经济综合实力显著增强,在全省农业经济中占有举足轻重的地位。

2) 海洋石油化工业

辽宁沿海经济带已形成了门类齐全、产业基础比较雄厚的综合性石油、石化、化学工业体系。辽河—葵花岛、太阳岛、海南—月东、笔架山 4 个油气田位于辽东湾北部,西起葫芦岛东至鲅鱼圈连线以北的辽河油田滩海油气勘探区,成为辽河油田油气储量和产量的重要接替区。石化工业是辽宁沿海经济带工业的支柱产业,以销售收入指标进行考核,辽宁省在全国列山东、江苏之后居第三位,在省内各工业部门中列居第一位。在石油加工方面,辽宁、山东、广东长期占据着产值比重的前三名,这三省的产值综合占全国的 20%。

3) 海洋船舶工业

辽宁省船舶修造企业主要分布在大连、葫芦岛、盘锦、营口、丹东沿海 5 市,全省已有大连湾、大连旅顺、大连长兴岛、葫芦岛等 5 大造船聚集区和 10 个专业化船舶配套园区,空间上集聚效应明显,在辽宁沿海经济带,已形成集造船、修船、海洋工程、游艇制造、配套为一体的船舶产业集群。大连船舶重工已经可以设计建造大型自升式钻井平台、半潜式钻井平台和海上浮式生产储油船,并可提供全部详细设计和部分基本设计服务。大连中远海运重工在浮式生产储卸油装置(FPSO)改装持续保持国内领先地位,在深水海工作业船、极地冰区模块运输船等高端海工和特种船产品生产上技术先进,质量上乘。在大连船舶重工、大连中远海运重工等龙头企业的带动下,涌现出大连华锐重工、大连迪世船机、大连嘉洋等一批海洋工程配套企业,推出一系列世界级海工装备产品。企业订单数量不断增长,发展势头良好。作为环渤海海洋工程装备集聚区的重要组成部分,辽宁省海洋工程装备总体生产能力和研发能力具有一定的优势。经过近几年的快速发展,辽宁省已形成了包括科研、生产、配套、修理在内的比较完整的船舶产业体系,具有建造各种吨位的常规船舶、超大型油轮和高附加值船舶的能力。2017 年,辽宁省船舶行业造船完工 500.0 万载重吨,同比增长 8.4%;新承接订单 623.4 万载重吨,高于全国60.1%的平均增幅。

4) 海洋交通运输业

"十二五"期间,辽宁港口基础设施建设投资完成 1 022 亿元,超计划 116 亿元,是"十一五"的 1.9 倍。大连港 30 万吨原油码头等 96 个泊位建成投产,营口仙人岛港区 30 万吨级航道工程等 10 条高等级航道投入使用,港口生产性泊位总数达到 410 个,新增港口通过能力 1.5 亿吨,达到 5.8 亿吨,现有规模化港区主航道均达 15 万吨级以上。截至 2017 年底,全省沿海港口共拥有生产性泊位 421 个,港口综合通过能力达到 6.37 亿吨,其中集装箱泊位 26 个,通过能力 805 万标准箱。

"十二五"期间,辽宁港口货物吞吐量累计完成 47.4 亿吨,其中集装箱吞吐量8 210 万标准箱,分别是"十一五"的 1.9 倍和 2.2 倍,大连港、营口港一度跻身世界十大港口行列。2016 年,辽宁省港口货物吞吐量达到 10.9 亿吨,比上年增长4.0%,港口集装箱吞吐量 1 879.7 万标准箱,比上年增长 2.3%。其中,大连港货物吞吐量 4.4 亿吨,比上年增长 5.3%,其中外贸吞吐量 1.4 亿吨,增长 6.8%,集装箱吞吐量 958.3 万标箱,增长 1.4%。营口港货物吞吐量 3.5 亿万吨,增长4.0%,其中,外贸货物吞吐量 7 955 万吨,增长 0.6%,集装箱 608.7 万标箱,增长2.8%。2017 年,辽宁港口共完成货物吞吐量 11.26 亿吨,居国内沿海省份第四位,其中集装箱吞吐量 1 949.8 万标准箱,居国内沿海省份第五位。截至 2017 年底,辽宁港口群总资产为 2 500 多亿元。

5) 滨海旅游业

辽宁滨海旅游区是国内游客旅游的重要目的地之一。辽宁沿海地区旅游资源数量、种类都十分丰富,区域内相对集中的旅游资源分布有利于发展综合性旅游业,而且辽宁省拥有海洋资源和气候条件这些得天独厚的自然优势,更适于发展滨海旅游业。辽宁滨海旅游业对辽宁经济的发展至关重要,滨海旅游占据整体旅游业的很大一部分。2016 年,辽宁省滨海旅游业接待国内外旅游超过 2 亿人次,星级饭店及旅行社的数量分别为 269 家和 560 家,占了全省的 47.83% 和 54.11%,滨海旅游在入境旅游人次和收入方面更是占据了半壁江山,滨海旅游的入境旅游在辽宁整体入境旅游中至关重要。滨海旅游业逐渐成为辽宁省经济增长最快、效益最好的新兴朝阳产业。

6) 海洋医药及生物制品业

辽宁沿海经济带海洋医药及生物制品产业集聚区在大连双 D 港。大连双 D 港生物医药产业基地规模以上生物技术与医药企业 49 家,年产值过亿元的企业 7 家,过千万元的企业 10 家,生物技术与医药产业产值突破 100 亿元大关(2009 年),约占全国的 10%。以辉瑞制药、欧姆龙、珍奥集团等大企业为龙头,以美罗、汉信、亚维、雪奥等科技企业为骨干的产业集群已经形成,集群优势和辐射带动效应明显。生物制品研发方面具备较强实力,聚集大连工业大学、大连海洋大学、大连医科大学、大连化物所、辽宁省海洋水产科学研究院等海洋生物制品研发机构。这些研发机构深入挖掘海洋生物资源的药用及保健价值,建立其海洋生物活性物质提取、分离、纯化技术平台,开展药效物质基础和作用机理研究,开发成分明确、疗效显著的海洋药物及保健食品,海洋生物资源可持续开发自主创新能力显著提升。

7.4.2 政策优势

2003 年 8 月 3 日,党的十六大首次提出东北老工业基地的振兴方略。2003 年 9 月 10 日,温家宝总理主持国务院常务会议,讨论并原则同意《关于实施东北地区等老工业基地振兴战略的若干意见》。至此,"振兴东北"正式上升为国家战略决策。2003 年 9 月 29 日,中共中央政治局讨论通过《关于实施东北地区等老工业基地振兴战略的若干意见》。

2005 年,为落实中央振兴东北的战略部署,国务院下发了《关于促进东北老工业基地进一步扩大对外开放的实施意见》,明确指出,进一步扩大对外开放是实施东北地区等老工业基地振兴战略的重要组成部分,也是实现老工业基地振兴的重要途径。为贯彻实施中央经济发展战略,辽宁省委、省政府经认真研究论证,在2005 年省委、省政府提出了打造"五点一线"沿海经济带的战略构想。

2006 年 1 月辽宁省政府为支持"五点一线"建设，印发了《关于辽宁省鼓励沿海重点发展区域扩大对外开放的若干政策意见》。该文件 12 项新增优惠政策中有9 条涉及财税政策。

2006 年 6 月"五点一线"战略扩展为丹东、大连、盘锦、营口、锦州、葫芦岛辽宁省全部的沿海城市。

2008 年初决定适当扩大辽宁沿海经济带重点支持发展区域范围，赋予其相应政策，以此来推动辽宁沿海经济带又好又快发展。

2009 年 7 月 1 日国务院总理温家宝主持召开国务院常务会议，讨论并原则通过《辽宁沿海经济带发展规划》。至此，辽宁沿海经济带发展已经上升为国家战略，并成为东北老工业基地振兴的推动力。该规划从区域合作、服务、产业结构、节能环保、社会事业等方面部署了辽宁沿海经济带 2020 年前的发展规划。该规划最重要的是强调了辽宁沿海经济带的战略地位，对辽宁和整个东北的新型工业化道路起到推动作用；同时，优化结构调整也点出了辽宁要走新型工业化道路的发展走向。

在推进辽宁沿海经济带开发开放战略的实施过程中，国家相关部委出台了相关政策对辽宁沿海经济带进行重点支持，包括中央预算内投资、财税增量返还、免收涉企行政性收费、金融支持、下放经济管理权限以及拓展融资渠道、人才引进、创新管理体制和运行机制、改善软环境等方面的优惠政策措施。

辽宁省政府出台了《辽宁沿海经济带发展促进条例》《辽宁沿海经济带三年攻坚计划（2018—2020 年）》等政策。大连、丹东、锦州、营口、盘锦、葫芦岛 6 市市长共同签署了《辽宁沿海经济带六城市协同发展行动计划（2018—2020 年）》及《辽宁沿海经济带六城市协同发展框架协议》。省发改委和省财政厅在税收减免、财政返还、项目贷款贴息、招商引资奖励、鼓励外贸出口、帮助融资并提供优先贷款担保、免收行政事业性收费等方面发挥财政资金引导作用，聚焦重点行业和重大项目，对在辽宁沿海经济带落地的高新技术产业、战略性新兴产业、现代服务业等新动能培育项目，以及国家级创新平台项目给予支持，打造东北振兴区域性发展高地。2007年至 2012 年，省级财政累计安排辽宁沿海经济带贴息资金 18 亿元，拉动银行贷款714 亿元，带动产业总投资 2 093 亿元，通过贷款贴息的方式，支持现有企业转型升级改造为新动能培育项目，取得了良好效果[16]。2011 年，辽宁沿海经济带相关重点园区新增符合补助条件的"七通一平"类基础设施投资额 255 亿元，新建（扩建）道路 2 139 延长公里，铺设管网 5 317 延长公里，完成土地平整 213 平方公里。2012 年再安排 20 亿元专项资金，继续支持沿海经济带重点园区基础设施建设工作。2018 年省财政已拨付资金 1.4 亿元，对辽宁沿海经济带 12 个战略性新兴产业项目给予支持，拉动固定资产投资 93.9 亿元。2018 年《辽宁省人才服务全面振兴三年行动计划(2018—2020 年)》出台,带动全省上下形成人才加速集聚的良好局面。辽宁省级财政安排 5 亿元支持重大人才工程实施,各地区普遍加大人才投入力度,对新引进或培养的高级人才及以上人才,省政府一次性给予每人最高 100 万元奖励,全球排名前 200 的高校博士来辽从事博士后研究一次性获 20 万奖励,在辽创办企业的各类人才按贡献度一次性给予最高 300 万元奖励,成功设立国家级重点实验室可获最高 500 万奖励。葫芦岛市安排 1 亿元、铁岭市安排 5 000 万元作为人才工作专项资金。

7.4.3 人才资源

辽宁省现有研究生培养机构 45 个,其中包括 8 个科研机构和 37 所普通高校。共有普通高等学校 115 所(含独立学院 10 所),其中中央部委属 5 所,省属 58 所,市属 19 所,民办 33 所;按办学层次分,本科院校 64 所、高职专科学校 51 所。此外另有独立设置的成人高校 19 所。2017 年,全省研究生毕业生达 3.0 万人,普通本专科毕业生 26.9 万人。在毕业生总数中,有近 75% 的毕业生选择在辽宁就业,也就是每年将有 22.4 万研究生和本专科学生在辽宁就业,持续不断地为辽宁沿海经济带输送人才。辽宁省高度重视人才培养和使用工作,积极为人才开展工作搭建平台。截至 2017 年 7 月,辽宁省全省专业技术人才总量已达 323 万人,占全省总人口的 7.4%,其中高级职称人才 48 万人。全省在职技术工人总量 483 万人,占全省总人口的 11%,其中高技能人才 100.7 万人。全省已建设众创空间 105 家,集聚科技创业人才及团队 5 100 余个。目前辽宁省吸纳的高层次人才中,工作关系在辽宁的"两院"院士达 53 人,国家"千人计划"专家 141 人、"万人计划"专家 78 人,国家杰出青年科学基金资助 110 人,"长江学者奖励计划"特聘教授 64 人,"百千万人才工程"国家级人选 76 人,创新人才推进计划国家级人选 78 人,中科院"百人计划"人才 103 人。其中,享受国务院政府特殊津贴专家 8 148 人,位居全国前列。全省在企事业单位建立院士专家工作站 196 家,柔性引进院士专家 520 余人次,承担重大科技专项和重点科研项目 380 余个。全省已建设 15 个省级以上高新区,累计培育高新技术企业 1 800 余家,吸纳大专以上科技人才 31 万人。全省已组建省级以上工程技术研究中心和重点实验室 1 053 个,产业技术创新平台 128 个,产业技术创新战略联盟 76 个。2018 年"兴辽英才计划"选拔产生杰出人才 10 名、领军人才 226 名、青年拔尖人才 273 名,高水平创新创业团队 48 个。实施省自然科学基金、省博士科研启动基金计划,培育各领域中青年后备人才 1 647 名;新招收博士后研究人员 593 名,新建国家级高技能人才培训基地 5 家、省级及以上技能大师工作室 21 家,新增技能人才 12.9 万人、高技能人才 4 万人;选派省级科技特派团 43 个,培训新型职业农民 1.9 万人,培训农民技术员 2 369 人。辽宁省大力实施高校院所服务全面振兴专项行动。省内26所本科高校和18所高职院校与地方签订校地合作协议60个,与企业签订校企合作协议346个。辽宁省推进建设省级以上重点实验室、工程技术研究中心、众创空间等创新平台超过1 700家,近5万名科技人才在平台中成长成才、发挥作用。到2020年,辽宁全省人才规模实现稳步增长,专业技术人才达到350万人,具有高级技术职称人才达到52万人,高技能人才达到112万人。

7.5 辽宁沿海经济带深度融入"一带一路"的路径

党中央、国务院高度重视辽宁沿海经济带建设。习近平总书记在辽宁考察时指出,辽宁沿海经济带要发挥区位优势和先发优势,进一步建成产业结构优化的先导区、经济社会发展的先行区。李克强总理也强调,辽宁沿海经济带要充分发挥对外开放的龙头带动作用,主动融入国家"一带一路"倡议,以开放促振兴促发展。当前,辽宁老工业基地振兴和沿海经济带开发开放正进入新的关键时期,必须将辽宁沿海经济带开发开放纳入"一带一路"建设统筹推进,进一步提高辽宁沿海经济带对外开放层级和水平,更好地发挥辽宁装备制造优势,推动国际产能合作以及全面推动辽宁老工业基地振兴发展。

7.5.1 境外合作,创建"17+1"经贸合作示范区

"17+1"即中东欧17国+中国。中东欧17国包括保加利亚、马其顿共和国、捷克、波兰、斯洛伐克、匈牙利、斯洛文尼亚、克罗地亚、罗马尼亚、塞尔维亚、黑山、波黑、阿尔巴尼亚、爱沙尼亚、立陶宛和拉脱维亚、希腊。"17+1"合作是我国和中东欧17国共同创建的合作平台,是中欧全面战略伙伴关系的重要组成部分和有益补充,已成为中欧关系新的重要引擎。创建辽宁沿海经济带"17+1"经贸合作示范区,要以开放创新为主线,以互利共赢为目标,以港口互联互通、投资贸易便利化、产业科技合作、金融保险服务、人文交流为战略重点,学习借鉴宁波等城市先行先试经验,发挥辽宁沿海经济带高端装备制造和服务贸易优势,实现与宁波南北呼应,错位发展,优势互补。

1) 加强平台建设

进一步发挥大连夏季达沃斯论坛、大连软件交易博览会和中国(沈阳)国际装备制造业博览会等现有国家级平台作用,充分发挥辽宁自贸区、大连跨境电子商务综合试验区、保税区等相关先导区的作用。提升服务能力,与中国—中东欧国家投资贸易博览会联动,促进双方双向投资贸易水平。创立人才交流平台,开展人才培训合作,积极引进各类人才来辽就业创业。发挥沈阳、大连东北亚创新中心作用,

设立联合实验室和科技园区,定期举办创新合作洽谈会,在水产养殖、能源、汽车、造船、航空、卫星、医药等方面开展技术研发合作。创立技术孵化中心,推动一大批创新成果推广落地。争取国家支持,把我国与中东欧国家即将建立的中小企业合作机制和"三海港区合作"(亚得里亚海、波罗的海和黑海"三海港区合作")机制平台,放在辽宁。

2)扩大贸易规模

辽宁水产品、蔬菜、水果、电子通信设备、汽车、石化等优势产品在中东欧具有较大的影响力,中东欧国家的肉制品、乳制品、蜂蜜、葡萄酒等优质农产品和工业制成品在辽宁有很大的消费潜力,要进一步加深消费者对合作双方的产品认知,逐步形成品牌效应,不断提升和满足双边消费者多样化、高质量的产品需求。完善相关政策法规,培育龙头外贸企业,扩大双方贸易往来,推进双边服务贸易。

3)推进境外合作

推进塞尔维亚轻纺建材工业园(营口腾达集团)、罗马尼亚辽宁工业园(营口玉原集团)和捷克大连天呈工业园(大连天呈企业集团)等辽宁省中东欧境外经贸合作园区建设,鼓励辽宁装备制造、汽车生产、电子通信等企业到中东欧国家投资设厂。鼓励辽宁企业"抱团出海",共同拓展中东欧国家新市场,提高企业国际化经营水平。支持企业海外并购中东欧国家汽车零部件、机械加工和食品加工企业,获取先进技术和品牌渠道,在中东欧建立生产、服务网络。也可借鉴"青岛经验",在境外设立工商中心,打造促进辽宁与海外交流,协调海外贸易与扩大经济合作的窗口。

4)创新投资方式

加大双向投资力度,支持沿海经济带"走出去"企业通过海外并购中东欧国家汽车零部件、机械加工、食品加工等企业,获取先进技术和品牌渠道,在中东欧建立生产、服务网络。鼓励辽宁相关法人金融机构到中东欧17国经济中心城市开设分支机构和拓展金融业务。鼓励辽宁企业参与宁波中东欧进口商品分销体系建设。探索设立辽宁—中东欧国家合作专项投资基金,用于辽宁—中东欧国家相关合作项目的建设投资。

5)加强设施联通

辽宁作为东北地区唯一的沿海省份,尤其是大连作为东北地区的海上桥头堡,应当充分发挥地域优势,突出东北亚国际航运中心的作用,借助海上长途货运成本低、运量大的优势,适时增加连接中东欧17国的海上货运航线,建设辽宁—中东欧国家海运交通枢纽。增加大连港在"辽海欧""辽满欧"运输大通道上的运输频次,增加黑海、波罗的海等节点。同时,在现有从辽宁始发、已通达俄罗斯、波兰、捷克、德国等7个国家的基础上,拓展更多的中东欧国家,推进铁路交通的运输合作,依据市场规模适时增开中欧班列。积极开展辽宁与中东欧国家的航空合作,尽力开通民航直航航线,探索航空货运业务合作,建设国际航空物流港,便利双边人员和货物高效往来。

6）密切人文交流

鼓励辽宁省高校与中东欧国家高校建立合作关系,互派留学生,开展教育领域交流。支持有条件的高校设立中东欧国家语言文化中心。互相举办辽宁"中东欧国家年"和中东欧国家"辽宁年",推动两地居民在历史、文化、宗教、民俗、舞蹈、绘画、影视等方面的相互了解。加强旅游合作,鼓励辽宁旅游企业与中东欧旅游企业开展游客互换。支持沿海经济带城市与中东欧国家城市建立友好城市关系,实现中东欧国家友城全覆盖。组织多样化的青年国际交流节,联合举办足球与冰雪运动等国际体育赛事,增进双方年轻一代之间的感情。

7.5.2　互联互通,构筑"陆海空网冰"五维枢纽

1）畅通"陆上丝路"欧亚陆桥以及东北东部大通道

着力推动辽宁港口群至俄罗斯及欧洲的"辽满欧"跨境铁路通道提质增效。稳步推进"辽蒙欧"铁路新通道建设,畅通锦州港、绥中港经沈山、大郑、通霍、珠珠线至珠恩嘎达布其口岸既有铁路通道,推进建设锦州港、盘锦港经巴新铁路至珠恩嘎达布其口岸铁路通道。积极参与建设蒙古毕其格图至霍特至乔巴山铁路。开辟盘锦、沈阳至新疆阿拉山口出境中亚国家的"辽新欧"跨境铁路通道。谋划丹东港经珲春口岸连通俄罗斯符拉迪沃斯托克港"辽珲俄"铁路新通道。构建中俄国际道路运输 TIR（大连—新西伯利亚）大通道。协调丹东至朝鲜新义州至平壤公路新通道建设。加快构建"沈阳国际陆港"公铁海空多式联运体系,建设"沈阳国际陆港—营口港"物流集散中转枢纽。做好中俄天然气东线管道辽宁段建设和中俄原油管线运营服务保障工作,提高跨境油气资源利用水平。积极推动大连—丹东—通化—图们—珲春—东宁—绥芬河—佳木斯铁路（东北地区东部铁路）建设,使之成为连接辽宁沿海经济带、延边州海洋经济发展区、绥芬河海洋经济发展区,贯穿黄渤海和日本海的铁路大通道。进而形成深入东北东部经济腹地并直达丹东港和通过珲春—马哈林诺铁路到达扎鲁比诺港的二条全新出海通道。可将东北东部盛产的粮食、木材、煤、铁等物质通过两条出海通道输送到世界各地。

2）推动中欧班列市场化可持续运营

优化辽宁中欧班列资源,探索集团化改革发展,创建辽宁中欧班列集结中心,创办多式联运海关监管平台,提升中欧班列运行效率效益,推进市场化发展和品牌化建设。多点开发辽宁中欧班列俄罗斯及欧洲货源集散站,稳定去回程双向运量,促进可持续发展。协调满洲里口岸及俄罗斯、欧洲沿途通关便利化。推进中欧班

列与跨境电商融合发展。目前,沈阳中欧班列线路包括两条:中欧线路为沈阳经满洲里出境,途经俄罗斯、白俄罗斯、波兰,最终抵达马拉/汉堡/杜伊斯堡/华沙;中俄线路为沈阳经满洲里出境抵达俄罗斯全境。欧洲方向已实现"沈—满—欧"班列运行,在满洲里口岸拥堵的情况下,沈阳经二连浩特出境线路作为沈阳中欧班列平台的备用路线,客户也可根据自身需求选择与业务相匹配的运行线路。2019年,随着中俄贸易迅速发展,货运量不断加大,沈阳中欧班列平台根据市场需求,已开通俄罗斯周边国家的班列。要进一步优化和完善以上两条中欧班列线路,以省内港口为陆海中转港,开创"日辽欧""韩辽欧"等海铁联运集装箱班列新品牌。实现中欧班列沿线机构间信息互换、监管互认、执法互助,全面实现"企业一地备案全线报关""一地检验全线认可""一地通关全线放行",进一步优化检验检疫流程、减少环节,降低企业物流成本,提升贸易便利化水平,携手助力中欧班列扩量增效。打造集装箱国际联运新模式,将铁路加快引入沈阳、大连、营口片区综合保税区,建设铁路综合保税物流基地,扩大中欧班列开行规模。

3) 建成"海上丝绸之路"重要"港口经济圈"

以大连、营口、丹东、锦州、盘锦和葫芦岛港为支撑,以中韩日等国际海运航线为载体,深化与涉海跨国集团的战略合作,坚持引资与引智、引技相结合,引进先进装备制造业及涉海服务业项目,补齐产业短板。争取设立太平湾国家级经济开发区和大连自由贸易港,推动建成大连东北亚国际航运中心和黄渤海湾世界级港口集群。加快提升港口利用效率,完善港口基础设施服务功能,全面提高大宗商品储运中转、集装箱运输周转、港口多式联运水平。以辽宁自贸试验区开放港口为中转港开展中资非五星红旗国际航行船舶沿海捎带业务,积极引进国际海事、船舶、航运、油品、物流、金融等各类航运服务企业和中介机构,培育发展人民币结算、离岸金融、国际大物流等现代服务业。大力拓展"辽海欧"东部和南部航线,加密连接日本、韩国、朝鲜及东南亚港口海上通道,积极拓展沟通南太平洋、印度洋、波斯湾、红海、地中海、中东欧三海沿岸海上航线。鼓励辽宁港口航运企业参与境外港口及临港区合作开发。加强与渤海大湾区、长江经济带港口合作。推动辽宁沿海经济带建设成为服务辽宁省、辐射全东北、影响东北亚的"海上丝绸之路"重要"港口经济圈"。深度对接"辽海欧""辽满欧""辽蒙欧"三大通道,加快推进中日韩循环经济示范基地、中韩自贸示范区等产业园区建设,形成新的人才、资本、技术集聚效应,通过海洋内引外联为辽宁经济社会发展注入新动力。

4) 开发"冰上丝绸之路"陆海双向发展带

支持大连、营口等主要港口稳定运营"辽海欧"北极东北航道,夯实我国北方港口经北冰洋至欧洲新的海上运输通道。支持辽宁港航与油气企业以港产区结合方式,联合参与北极东北航道大陆架沿线港口和油气产区建设,形成"冰上丝绸之路"

境外互利共赢合作区。大力推进与俄罗斯、东盟等国海洋航运、海上生态牧场、远洋捕捞、海洋旅游、海工装备、船舶制造等领域国际合作。加强与俄罗斯远东地区基础设施、经贸投资、资源开发合作,共建"冰上丝绸之路"陆海双向发展带。以大连跨境电子商务综合试验区建设为契机,通过"互联网＋外贸"的服务模式拓展中蒙俄陆海物流、船舶制造、海运业等临港产业交易平台,推进海洋先进装备走出去和部分富余产能转出去。面向"一带一路"沿线国家开展定向招商、进出口贸易和产能合作,带动优势海洋产品出口,提升国际竞争力。

5) 打造"空中丝路"东北亚重要门户

充分发挥辽宁航空资源整体优势,强化分工协作、错位互补、要素集成,创建以沈阳、大连机场为主体的东北亚国际航空枢纽,构建紧密连接东北亚、衔接国内、沟通全球的辽宁国际航空港集群。打造沈阳、大连机场立体化综合交通枢纽,加快地铁等多种交通方式引入机场。促进沈阳、大连机场 144 小时过境免签政策互动及运营协同。加密或新增沈阳、大连机场与日本、韩国、俄罗斯等东北亚国家空中航线,加强沈阳、大连、丹东机场对朝鲜及俄罗斯远东城市的国际通航水平。拓展至东盟、南亚、西亚等航线。稳定沈阳至法兰克福航线,适时开通北美航线。加快创建沈阳、大连临空经济示范区,同步推进航空物流、航空制造及研发、金融信息、国际化城区建设。以大连新机场为基地,构建全球飞行器维修、拆解及交易基地。进一步培育省内其他机场的航空网络节点功能。积极推进辽宁通航产业创新发展,发挥东北通用航空产业联盟作用,整合通用航空资源,深化通航合作。

7.5.3　区域联动,建设"东北亚经济走廊"

把握东北亚国际局势向好趋势和重大机遇,立足辽宁东北亚开放大门户优势,深度融入中蒙俄经济走廊,参与"中日韩＋X"模式,对接朝鲜,率先推动辽宁与俄罗斯、日本、韩国、朝鲜、蒙古共建"东北亚经济走廊",携手打造东北亚命运共同体。同时,向北联合吉林、黑龙江、内蒙古,向南协同山东半岛及环渤海地区,共同构筑东北亚经济走廊的中国核心通道。

1) 俄罗斯

以中俄总理定期会晤机制为引领,以深度融入中蒙俄经济走廊为重点,以对接我国东北地区和俄罗斯远东地区地方合作机制为抓手,积极参与"冰上丝绸之路"建设,加强政策协调,强化跨境通道、能源、航空、农业、人文、金融、劳务等领域合作。加快实施中俄合作徐大堡核电二期工程、辽宁港口群经满洲里至俄罗斯及欧洲的"辽满欧"中欧班列、沈阳国际陆港至车里雅宾斯克州南乌拉尔斯克物流园的"中俄经贸物流东方快车"等项目。谋划建设丹东港至符拉迪沃斯托克港陆海双通道。

（1）能源合作。北极是世界级的战略地区，资源十分丰富。碳氢能源富集，不久的将来，北极地区将成为主要能源供应基地。据预测，很大一部分碳氢能源集中在俄罗斯所属区域。根据现有评估数据，在俄罗斯所属区域大约储存有 500 亿吨石油和 80 万亿立方米天然气。这样的储量，如果按照 2011 年的石油开采水平，足以保障 100 年的开采时间。而相应的天然气开采水平，则可以保障 120 年的开采时间。中俄两国能源合作前景广阔。

（2）港口合作。加强港口合作建设是中俄双方合作开发北极航线的重要环节，也是促进中俄两国关系发展的有效途径。对此，我国在与俄罗斯的港口合作方面，可积极投资参与扩建北冰洋沿岸港口摩尔曼斯克港项目，重视对普里莫尔斯克港石油输出中心的投资建设，改善港口的基础设施条件、服务结构和生产过程，为中俄两国的石油贸易运输提供便利。对于自然条件优越、前景广阔的港口如不冻良港——海参崴港（符拉迪沃斯托克港），以及作为俄罗斯重点扶持项目的大型深水港口——塔曼港，可加大投资力度和合作范围、拓宽参与经营的渠道和模式。

（3）旅游合作。充分利用中俄双方滨海旅游资源，创新旅游合作模式，加强旅游基础设施建设，提升旅游产品档次和服务质量，提高旅游产品的多样性，培育旅游产业集群。促进人员往来便利化，扩大民间往来和交流。

（4）水产养殖及捕捞合作。开展水产养殖技术合作，推进中俄边境水生生物资源修复与养护，探索水产养殖标准化建设对接，开发针对北方海水养殖的装备设施，建立珲春水产品国际加工集散基地。中俄渔业捕捞合作开发过程中要本着互利共赢的原则，就俄方在其专属经济区给予中方捕捞配额、中方给予俄方相应经济补偿举行磋商。中方在捕捞渔船升级改造、捕捞渔船维修、废弃渔船作为人工鱼礁投放物的利用给予俄方技术指导与支持。

（5）海洋资源环境调查合作。掌握海洋生态环境主要指标及海洋生物资源存量，继续推进中俄边境水域渔业资源增殖放流，探索海洋牧场开发与合作，建设中俄边境海洋环境监测信息平台，创新中俄海洋环境保护合作机制。

2）日本

以中日韩领导人会议和中日经济高层对话机制为引领，以深度参与中日第三方市场合作机制和中日双边服务贸易合作机制为抓手，以共建中日韩自贸区为重点，推进高端装备、人工智能、节能环保、大健康、金融、现代农业、文教旅体等领域深化合作，共同开发第三方市场。充分发挥日本在辽商会、领事馆、友城、民间友好组织等作用，积极引进丰田公司等日本知名制造企业、科技企业及金融机构，共建中日高科技产业园，参与大连东北亚国际航运中心及国际物流中心、沈阳先进装备制造业基地及东北亚创新中心、金普新区、沈抚改革创新示范区、辽宁自贸试验区建设。

（1）航路开发和利用相关领域的合作。围绕航线的进一步开发和利用，日、俄、中、韩可以进一步加强合作。日本在环日本海一侧有诸多港口，港口的建设与设施整备可以为航线开发提供必要的条件，而港口的集货能力能够为航线的开发提供必要的经济运量保障。日本有很多具备雄厚实力的海运公司，如日本邮船、商船三井、川崎汽船等，都是航线的开发的积极参与者。日本先进的科学技术，也可为航线开发提供必要的技术支持。例如笹川和平财团支持的海洋政策研究基金会（OPRF）与俄罗斯中央海事研究设计院合作，开展的"国际北方海航线计划"，是国际上第一个研究商业开发北海航线技术可行性的科研项目。北海道开发局已经和日本宇宙航空研究开发机构（JAXA）合作，从 2014 年开始通过卫星数据分析北极航线上通航船只的位置情报等，探讨开发北海道近海连接北极航线的航路，以及航船在北海道县内港口靠港的可能性等。

（2）船舶制造合作。随着北极航线的开发，对于适应冰海航行的特殊船舶的需求开始增大，包括专用的碎冰船、冰海航行的冰上货运船等。此外，随着北极圈资源开发事业的展开，用于 LNG 等运送的专用船只以及用于资源开发相关设备运送和作业用船只等的需求也大量增加。从国际上来看，项目类货物运送以及海洋石油天然气开发相关作业船的制造订单也在增加，其中也有相当多的冰上船舶。日本在冰级船舶的制造方面，具有较高的技术水平，除了以南极破冰舰"白濑"为代表的破冰船设计制造记录外，近年来还有冰级 1A 的耐冰散货船（巴拿马型）制造实绩。这种耐冰散货船是由丹麦的货运公司 Nordic Bulk Carriers 订购的。目前全球冰级 1A 的巴拿马型散货船共有 7 艘，全部都是由日本造船厂建造的。2016 年9 月 29 日，中国远洋运输集团与日本川崎重工株式会社合作成立的南通中远川崎船舶工程公司为挪威船东欧洲联合汽车运输公司（United European Car Carriers）建造的全球首制 4 000 车位 LNG 双燃料汽车运输船顺利建成交付，确立了在大型清洁能源船舶市场领域的领先地位。在适应冰区航行方面，该船满足芬兰—瑞典1A SUPER 冰级符号，可在冰厚 1 米的海域、高寒地区超低温状态下正常航行。可以预期，中日两国在北极航线相关船舶制造方面具有很大的合作空间与前景。

（3）围绕北极油气资源开发和输送的合作。北极地区的石油探明储量约占全球的 1/4。据美国地质调查局预测，北极地区有新增石油储量 900 亿桶、新增天然气储量 50 万亿立方米的潜力，新增储量的 80% 来自海洋。除了能源，还有金、钻石、锰、镍、钴、铜、铂等矿产资源，可以说北极是"沉睡的资源宝库"。因此，围绕北极地区的资源开发将是未来冰上丝绸之路合作的一个重点项目。北极圈石油天然气等各种天然资源的开发项目涉及面巨大，需要大量资金、技术和人力物力，各国的合作非常重要，日方企业可以利用自己的技术、资金等资源积极参与相关的合作。

2013 年日本国际石油开发帝石公司(INPEX)与俄罗斯石油公司达成协议,将在俄远东马加丹州近海的鄂霍次克海开采海底油田。日本石油天然气与金属矿物资源机构(JOGMEC)、国际石油开发帝石、出光兴产与住友商事共同出资设立了的"格陵兰石油开发公司",以参与北极圈能源开发。2013 年,该公司与雪佛龙和壳牌公司共同中标格陵兰岛两处油气田的勘探。2014 年日本最大的海运公式商船三井宣布与中国海运集团的合资公司将于 2018 年运营 3 艘破冰船进行从俄罗斯亚马尔输送 LNG(液化天然气)到欧洲和东亚的运送服务。在 2017 年 12 月 8 日已经正式投产的亚马尔 LNG 项目中,亚马尔 LNG 公司为事业主体,诺瓦泰公司(NOVATEK)出资 50.1%,法国合计出资 20%,中国石油天然气集团公司(CNPC)出资 20%,中国丝路基金出资 9.9%。法国德克尼普公司(Technip)、日本日挥株式会社(JGC Corporation)和千代田化工建设株式会社承担了 LNG 工厂的设计和建设工程,而中国企业承揽了全部模块建造的 85%。而海上运输,则由日本最大的海运公司商船三井与中国海运(集团)公司合资成立的海运公司承担。可以看出,在资源的勘探、开发和运输各个环节,中日有巨大的合作空间。

(4)冰海观测、研究等科研方面的合作。北极的航线开发、资源开发等产业活动是在极其苛刻的环境下展开,如极寒的环境、孤立的地理位置、交通运输等社会基础设施薄弱。要想安全、高效和经济地开展活动,科学技术的使用和创新必不可少。例如卫星遥感领域的地球观测卫星、海洋调查领域的科学考察船以及沿海地区和冰上的调查观测站等。日本在这几个领域都具备较为先进的科技水平与创新能力,具有优势的合作资源。日本政府自 20 世纪 60 至 70 年代开始重视海洋测量调查船的作用,并先后建造了多型海洋测量调查船,其性能不断提高,目前已跻身世界先进海洋测量调查船国家的行列。同时,日本在观测分析系统、观测仪器开发、观测用卫星、海冰预测、冰海航行相关技术等方面,都有较好的基础。此外,鄂霍次克海的浮冰以及萨洛玛湖、能取湖等结冰的咸水湖为冰海相关技术开发的研究提供了适合的实验场所。日本的北海道大学及各造船公司曾在萨洛玛湖展开关于冰的特性的研究,海洋开发产业协会(JOIA)曾在能取湖进行大规模实验,进行冰与其结构之间的干扰问题的大型研究项目,具有丰富的研究经验与成果。

3)韩国

以中日韩领导人会议和中韩经济部长会议为引领,以参与中韩第三方市场合作机制和中韩产业园区合作协调机制为抓手,深化新能源汽车、港航物流、交通、金融、旅游、教育、文化、青年交流、应对雾霾等领域合作。共建大连自由贸易港、引进 SK 和三星等企业进行战略合作、海铁空网互联互通、合作建设沈阳中韩科技园区等,助推辽宁产业升级,共同开发第三方市场。

(1)港口合作。"冰上丝绸之路"的建设必然需要港口作为战略支点,韩国在日本海拥有釜山和浦项等优良港口,通过与中方港口合作,可以成为"冰上丝绸之路"的重要枢纽,为"冰上丝绸之路"上的经贸往来提供集疏运的功能。从而促进"冰上丝绸之路"的建设,也带动区域经济的发展。

(2)海洋旅游业合作。中国图们江三角洲地区旅游资源极为丰富,图们江、珲春河、五家山湖和日本海,草地森林、沙丘湿地应有尽有,而且生态环境良好。韩方在该区域也有丰富的旅游资源。以庆尚南道、釜山为中心的区域正成为韩国的第三个观光重点目的地。庆尚南道位于韩国东南部的沿海,拥有一系列富有特色的旅游资源和人文景观。中韩双方旅游资源差异大,互补性强,适宜联合开发,共同打造跨境旅游合作区。同时可以联合俄罗斯和朝鲜共同开发日本海的旅游资源。

(3)海洋渔业合作。加强海洋渔业资源开发与合作。日本海因有寒暖流交汇,富浮游生物,水产资源丰富。相应的海洋生物种类较多。中韩可以在日本海开展海洋渔业合作,这一方面为双方海洋经济合作开拓新方向,另一方面也减缓了当前中韩双方在中国东海的渔业冲突。

(4)海洋油气及矿产合作。日本海位居中纬地带,海区南北纵向分布,具有从低纬到高纬的过渡性质,海区的矿产与油气资源丰富。韩日在日本海洋油气与矿产资源开采方面属于竞争关系。中韩可在该区域进行海洋油气与矿产资源的联合开采,一方面满足两国经济发展的需要,另一方面形成资源开发的竞争优势。

(5)中俄韩朝东北亚海洋经济走廊建设合作。中俄共建的"冰上丝绸之路",是一个开放系统,需要环日本海国家通力合作,可以通过各种方式参与到"冰上丝绸之路"建设上来,中韩之间可以通过第三方市场加强合作。随着朝鲜经济建设进程的加快,中俄韩朝可以充分利用地缘优势沿着中国的北黄海与日本海共同建设东北亚海洋经济走廊,实现互联互通并实现高水平的开放合作。

4)朝鲜

以落实中朝两国元首重要共识为引领,主动把握半岛动态,扎实谋划对朝合作,做好优势产能、跨境经贸、互联互通、金融资本、技术人才等合作要素储备。以丹东为门户,倡导研究连接朝鲜半岛腹地、直达南部港口的丹东—平壤—首尔—釜山铁路、公路及信息互联互通。争取国家适时设立"丹东特区",将丹东重点开发开放试验区、中朝黄金坪经济区和丹东国门湾中朝边民互市贸易区打造为对朝经贸合作重要支撑点。

5)蒙古

以参与蒙古发展之路计划与我国"一带一路"倡议对接机制为引领,以深度参与中蒙俄经济走廊建设为重点,以参与实施中蒙产能与投资合作机制为抓手,适时谋划辽宁至蒙古东部铁路通道,推进跨境物流业发展及沿线经济合作,积极参与蒙古东部地区畜牧养殖加工、生态旅游、矿产合作等,规划建设霍特辽宁工业园区。

加强尹湛纳希传统文化、蒙医蒙药等领域交流合作。

7.5.4　结构优化,构建现代海洋产业体系

现代化海洋产业体系是海洋经济高质量发展的必然要求,海洋产业对于产业结构的优化有强大的助推作用,海洋产业涉及第一、二、三产业中的各个环节,能把价值链、企业链、供需链和空间链比较紧密地结合在一起,形成产业结构优化中“看不见的手”的强大推动力,容易发挥出“1+1＞2”的聚势效应。对辽宁未来高质量发展具有重大意义。

(1) 要以《辽宁沿海产业带开发建设规划》为引导,加快形成科学分工的沿海产业布局。要因势利导,搞好产业规划,充分利用本地区独特的资源优势和区位优势、业已形成的产业基础,因势利导,放大自身优势,与其他地区开展错位竞争。要完善基础设施,增强服务功能,通过建设完备的基础设施和高效的配套服务为园区企业发展提供强有力的物质保证,如供水、供电、道路、电讯等基础设施和投资咨询、技术开发等中介服务资源,最大限度地降低企业生产经营成本。要坚持依法规划,提高建设水平,不同的产业园区根据不同的产业定位,制定不同的企业准入标准,入驻园区的项目要在园区的产业定位范围内,选址应在规划设定的功能区域内。

(2) 要以吸引国内外大型企业为牵动,培育壮大优势产业集群。大连英特尔的落户,吸引上千家英特尔的供应商和服务商随之进驻。应充分利用辽宁沿海经济带的产业基础,巨大发展空间,千方百计吸引央企、国内外大型企业参与沿海经济带开发建设。要坚持以项目建设为抓手,加大招商引资工作力度。加大在建项目建设进度,促其尽快投产。招商引资要围绕世界 500 强、行业 100 强,着力在承接产业转移、主导产业延伸上形成规模效应。

(3) 优化海洋产业区域布局,规划构建优势产业集群。应以港口航运、现代海洋渔业、滨海旅游、船舶修造业为重点,建设辽东半岛海洋经济区,形成以大连为核心,以丹东和营口为两翼的“V”型沿海经济综合区。发挥大连的枢纽作用,完善航运基础设施和服务体系,以大区域港口中心作为支撑,形成港口产业经济的拳头,打通国际贸易大通道,加快构建东北亚国际航运中心和物流中心。加快营口沿海产业基地建设,重点发展先进装备制造、电子信息、精细化工、现代物流等产业,逐步建成大型临港生态产业区。发展丹东产业园区,打造以造纸产业为主导的产业集群,发展仪器仪表、物流、汽车、电子信息、纺织服装、农副产品深加工、旅游等临港产业。应以渔业、油气业为重点,建设辽河三角洲海洋经济区,重点打造大型临港生态产业区以及沈营工业走廊先导区。加快盘锦辽滨沿海经济区建设,重点发展石油装备制造与配件、石油高新技术、工程技术服务等相关产业。应以油气、船

舶修造、旅游业为重点,建设辽西海洋经济区,重点建设临港工业区、物流园区和船舶制造园区。

(4) 要以公共技术服务平台建设为重要抓手,做大做强优势产业集群。重点建设研究实验基地和大型科学仪器、设备共享平台,科学数据共享平台,科技文献共享平台,成果转化公共服务平台。引导社会资源搭建公共技术服务平台。在龙头企业现有技术中心、检测中心、研发中心等服务机构的基础上,政府投入扶持资金,将其改建为公共服务机构。加大政府扶持力度。发挥公共财政的引导作用,加大支持力度。要把产业扶持资金重点放在公共技术服务平台上,实现"支持一个平台,服务一片企业"。对于认定的公共技术服务平台,给予一定数额的资金支持。

7.5.5　面向海洋,实现海洋公共政策创新

海洋公共政策创新能够助推形成新的海洋产业链和产业集群。提高海洋公共政策系统性、整体性、协同性,提高政务服务效率,推动海洋经济快速发展。

1) 财政政策创新

加大对基础设施建设等公益事业领域的支持力度,尤其是海洋海水的综合利用、海洋深海资源的勘探开发、海洋产业链条的节能减排等关键领域的支持力度要不断加强,对于大连海洋经济发展的重点产业和新兴产业目录应着力完善,着重关注和扶持;加快区域性物流中心建设,对现代物流给予更多的财政资金支持,使物流产业链条更加标准和规范,促进物流体系的构建,进而推动现代物流体系的建设和发展;设立专项资金支持海洋产业全面升级改造;加大政府采购支持自主创新的力度,对中小企业出口给予资金支持,为中小企业在国外获得采购市场创造机会;完善税收优惠政策,对于创新型企业的发展给予资金支持,并制定相关优惠政策细则,对于企业拥有自主知识产权,在产权产销环节给予税收优惠。

2) 金融政策创新

发展海洋金融,提供融资服务,确立市级层面的海洋产业金融规划。要建立政策性金融、开发性金融、商业性金融、合作性金融等多层次海洋产业金融体系,开发信贷、证券、保险、基金、租赁、信托、基金等多种金融工具,发展国有、集体、民营、外资等混合所有制结构,焕发体制机制优势,具有良好市场适应性,为海洋产业的健康发展提供有效支持。通过政策引导金融机构设立专门为海洋经济金融发展的服务平台,引导各大银行在海洋经济发展区开设分行,把海洋业务逐步开展成为特色业务,服务海洋经济发展。鼓励和引导民间资本参与海洋产业的发展,建设海洋使用权交易市场,积极探索海洋自然灾害保险的运作机制,建立促进海洋经济发展的产业引导资金,对海洋新兴产业等给予更多的倾斜,在银行贷款等方面给予支持并适度予以优惠。

3）人才政策创新

注重海洋人才培养,优化学校与研究院所设置。引进和培养海洋领域高水平人才,提升现有的涉海研究机构的层次和软硬件水平,如整合大连科研院所海洋领域研究力量,建立大连海洋科学与技术重点实验室,财政出资设立科研项目奖励基金,资助涉海工作的优秀团队,创造海洋人才教育培养的优良环境。弱化户口、工资等刚性条件要求,强化补助优惠政策等配套条件,为其提供生活经济保障。通过对工作科研环境的改善吸引并留住人才。鼓励企业与政府人员多到学校与科研机构进行"课外＋课堂",使学生、科研人员多了解企业及其科技(科研)的需求,吸引更多的大学生来创业。

4）产业政策创新

大力扶持海洋新兴产业,营造发展新业态,发展高端海洋装备制造产业,要瞄准高端海洋装备制造产业,特别是重点发展破冰船、起重船、打桩船、豪华客滚船、重吊船、大型汽车运输船、万吨以上不锈钢化学品船、行政执法船、海监船等公务船舶和科考船、打捞船等工程船舶,建设成全国重要的海洋高端船舶工业基地。充分利用军民融合的发展模式,打造高端海工制造配套产业集聚区。完善海洋产业链体系,培育高端品牌。按照海洋经济提质增效和海洋产业供给侧结构性改革的总体要求,打造中高端产业链条,推动海洋产业智能化、绿色化、集约化发展。加强资源综合利用,拓展中下游产业链,实现产品上下游一体化发展。大力发展海洋精品旅游,突出海洋生态和海洋文化特色,重点建设一批知名的精品景区,打造精品旅游线路,同时不断强化海滨餐饮住宿业、交通运输业以及海滨特色工艺品加工业、旅游衍生品加工业、海水产品加工业等产业链发展。推进传统海洋优势产业转型升级,培育海洋新兴产业集群,延伸产业链条,助推海洋特色高端产业发展,集成各种资源,协同创新激活海洋产业科研系统。

5）生态政策创新

以海洋生态环境治理与优化为主线,大力推进海洋生态文明建设的步伐,全面加强海洋生态环境保护。将"生态＋"的思想贯穿海洋管理的各个方面。进一步提升沿海防风林带建设力度,加大海洋湿地保护,构建蓝色生态屏障。严格落实海洋主体功能区规划制度,推动实施海洋生态红线制度、海洋污染总量控制制度和海洋督察制度,将海洋生态薄弱区纳入监管范围,围绕打造国家级海洋生态文明示范区的发展目标,建立海洋经济健康发展保护机制。加强海洋经济发展示范区内海洋生态保护,强化沿岸海域海岛、海洋资源、海洋环境保护力度,强化对稀缺物种和环境脆弱海域的保护。开展海洋和海岸带生态系统建设,建立完善的区域性海洋环境保障体系,进一步提高可持续发展能力。把保护海洋生态环境作为经济结构调整和产业升级的基本导向,通过技术创新、升级装备等方式推动海洋产业向精深加工方向转型,推进相关海洋产业园区的循环发展,提升海洋资源的利用效率,推动"生态＋海洋技术"进步。同时大力发展以"低碳"为特征的新能源、新材料等新兴产业,推动建立低碳产业体系。另外,在海洋产业园区、孵化园区内选择龙头产业建设一批绿色示范工厂和绿色示范园区,搭建"互联网＋回收"的高端智能化污染处理模式。

本章参考文献

[1] 辽宁沿海经济带战略定位[EB/OL].[2011-03-12]. http://www. china. com. cn/2011/2011－03/12/content_22119163. html.

[2] 孙安然.《大连市加快建设海洋中心城市的指导意见》正式实施[N]. 中国自然资源报,2020-04-14.

[3] 李妍. 特讯:营口市成功入选首批国家物流枢纽承载城市[EB/OL]. 2019-12-11. http://www. ykwin. com/news_jd/20191211_195745. html.

[4] 锦州市发展改革委员会.《锦州市经济社会发展纲要(2015—2025 年)》2017 年修订工作全面完成[EB/OL]. 2017-12-25. http://fgw. jz. gov. cn/show/764. html.

[5] 辽宁省委宣传部. 辽宁:开放合作的新高地[EB/OL]. 2019-06-27. https://www. sohu. com/a/323237477_114731.

[6] 苏明政,张满林,卢剑锋. 辽宁民营经济发展改革研究报告(2018 年)[M]. 北京:经济科学出版社,2019.

[7] 马彩华,马伟伟,游奎,等. 中国沿海地区海洋区域增长极选择研究[J]. 海洋开发与管理,2020,37(3):47－53.

[8] 蒋山. 2017 年辽宁省海洋生产总值同比增长 6.5％[EB/OL]. 2018-03-01. http://ln. people. com. cn/n2/2018/0301/c378317-31298592. html.

[9] 夏德仁. 以科技创新为引领 加快推进辽宁海洋经济转型升级[J]. 中国政协,2019(24):30－31.

[10] 党的十九大报告.

[11] 关于海洋强国习近平有这些重要论述[EB/OL]. 2018-06-13. http://opin-ion. haiwainet. cn/n/2018/0613/c456318－31334480. html.

[12] 中国政府网. 李克强:辽宁要转身向海[EB/OL]. 2018-03-08. http://www. gov. cn/xinwen/2018-03/08/content_5272343. html.

[13] 郑鸿. 大连龙头高昂带动辽宁沿海经济带腾飞[EB/OL]. 2019-07-02. https://baijiahao. baidu. com/s? id=1637938212693997139.

[14] 中国物流与采购联合会. 新冠肺炎疫情影响显现,全球经济下行压力加大——2020 年 3 月份 CFLP－GPMI 分析[EB/OL]. 2020-04-08. http://www. sasac. gov. cn/n2588025/n2588119/c14279573/content. html.

[15] 管斌,王金虎. 山东省加快发展海洋经济纪实[EB/OL]. 2018-12-23. http://www. ce. cn/xwzx/gnsz/gdxw/201812/23/t20181223_31092319. shtml.

[16] 杨忠厚. 辽宁省 18 亿元财政贴息带动沿海产业投资 2093 亿元[EB/OL]. 2012-08-07. http://www. gov. cn/gzdt/2012-08/07/content_2199752. htm.

[17] 辽宁省政府新闻办公室. 辽宁专业技术人才达 323 万人 8 148 人享受政府特殊津贴[EB/OL]. 2017-07-19. https://ln. qq. com/a/20170719/017942. htm.

第八章
辽宁海洋经济高质量发展评估与对策

8.1 海洋经济高质量发展的内涵

8.1.1 海洋经济高质量发展的实践背景

高质量发展海洋经济、加快建设海洋强国,符合我国经济社会发展规律和世界发展潮流,关系现代化建设和中华民族伟大复兴的历史进程。

2012年11月8日,胡锦涛在党的十八大报告明确提出要提高海洋资源开发能力,大力发展海洋经济,加大海洋生态保护力度,坚决维护国家海洋权益,建设海洋强国,将海洋在党和国家工作大局中的地位提高到前所未有的高度。

以习近平同志为核心的党中央高度重视海洋工作。2013年7月30日,十八届中央政治局就建设海洋强国进行第八次集体学习。

习近平强调,要提高海洋资源开发能力,着力推动海洋经济向质量效益型转变。发达的海洋经济是建设海洋强国的重要支撑。要提高海洋开发能力,扩大海洋开发领域,让海洋经济成为新的增长点。要加强海洋产业规划和指导,优化海洋产业结构,提高海洋经济增长质量,培育壮大海洋战略性新兴产业,提高海洋产业对经济增长的贡献率,努力使海洋产业成为国民经济的支柱产业。

习近平指出,要保护海洋生态环境,着力推动海洋开发方式向循环利用型转变。要下决心采取措施,全力遏制海洋生态环境不断恶化趋势,让我国海洋生态环境有一个明显改观,让人民群众吃上绿色、安全、放心的海产品,享受到碧海蓝天、洁净沙滩。要把海洋生态文明建设纳入海洋开发总布局之中,坚持开发和保护并重、污染防治和生态修复并举,科学合理开发利用海洋资源,维护海洋自然再生产能力。要从源头上有效控制陆源污染物入海排放,加快建立海洋生态补偿和生态损害赔偿制度,开展海洋修复工程,推进海洋自然保护区建设。

习近平强调,要发展海洋科学技术,着力推动海洋科技向创新引领型转变。建设海洋强国必须大力发展海洋高新技术。要依靠科技进步和创新,努力突破制约海洋经济发展和海洋生态保护的科技瓶颈。要搞好海洋科技创新总体规划,坚持有所为有所不为,重点在深水、绿色、安全的海洋高技术领域取得突破。尤其要推进海洋经济转型过程中急需的核心技术和关键共性技术的研究开发。

习近平指出,要维护国家海洋权益,着力推动海洋维权向统筹兼顾型转变。我们爱好和平,坚持走和平发展道路,但决不能放弃正当权益,更不能牺牲国家核心利益。要统筹维稳和维权两个大局,坚持维护国家主权、安全、发展利益相统一,维护海洋权益和提升综合国力相匹配。要坚持用和平方式、谈判方式解决争端,努力维护和平稳定。要做好应对各种复杂局面的准备,提高海洋维权能力,坚决维护我国海洋权益。

2015 年 10 月,党的十八届五中全会通过《中共中央关于制定国民经济和社会发展第十三个五年规划的建议》,提出"拓展蓝色经济空间。坚持海陆统筹,壮大海洋经济"。

在党的十九大报告中,更是明确要求"坚持陆海统筹,加快建设海洋强国",为建设海洋强国再一次吹响了号角。

2018 年全国两会期间,习近平在参加山东团审议时指出,海洋是高质量发展战略要地。要加快建设世界一流的海洋港口、完善的现代海洋产业体系、绿色可持续的海洋生态环境,为海洋强国建设作出贡献。

综上,海洋经济高质量发展的提出,完全找准了我国海洋经济未来发展的定位和方向。

党的十八大做出的"建设海洋强国"和党的十九大提出的"坚持陆海统筹、加快海洋强国建设"的战略决策,给因海而兴的辽宁带来重大历史契机,唯有抓住机遇才能把握未来。按照主动适应经济发展新常态、奋力推动辽宁新一轮振兴发展的总要求,聚焦海洋经济转型升级新突破,聚力海洋经济创新驱动新引擎,以落实省委省政府"转身向海发展海洋经济"的工作要求,以建设海洋强省为总目标,坚持生态优先、陆海统筹、区域联动、协调发展的方针,以海洋生态环境保护、资源集约利用和调结构转方式为主线,以改革创新、科技创新为动力,强化提质增效,强化海洋综合管理,推动海洋环境质量逐步改善、海洋资源高效利用,推动形成产业结构合理、经营机制完善、支撑保障有力的现代海洋产业发展新格局,推进全省海洋经济高质量发展,开创我省"蓝色经济"新局面。

8.1.2　高质量发展的内涵

1) 内涵解析

我国海洋经济正处于从粗放型经济增长模式向集约型经济增长模式转变的关键时期,推动海洋经济高质量发展理所当然地成为海洋经济工作的重中之重。自然资源部海洋战略规划与经济司沈君从海洋经济总体实力、海洋经济布局、海洋经济结构、海洋科技创新与应用、海洋经济对外开放这五个方面总结了我国海洋经济发展总体情况,并进一步提炼出推动我国海洋经济高质量发展需要注意的两个关键问题:一是处理好新兴产业与传统产业之间、开发利用与生态保护之间以及"走出去"与"引进来"之间这三类关系;二是注重引导预期与参与决策[15]。天津市渤海海洋监测监视管理中心部长张文亮认为以新发展理念推动海洋经济高质量发展,其中最为重要的是"创新"发展的理念,最核心的是"协调"发展理念,最关键的是"绿色"发展理念,最突出的是"开放"发展理念,最根本的是"共享"发展理念[16]。

2)绿色发展理念

绿色发展是新发展理念的重要内容,不仅清晰描绘了人与自然和谐共生、经济与生态协调共赢的生态底色,也指明了"绿色"发展与"高质量"发展共生共存的关系。海洋是高质量发展的战略要地,坚持生态优先、绿色发展的理念对建设现代化经济体系和海洋强国具有重要意义。

(1)海洋经济高质量发展的"绿色"举措

随着海洋生态环境问题日益突出,绿色海洋经济发展理念已经成为海洋经济高质量发展的重要指导。如何实现由"蓝色经济"向"绿色经济"平稳过渡,重要的是充分注重发展质量。打破行政分界,把"生态+"的绿色潜能作为陆海联动发展的动力,以共建共治共享来推进海洋经济高质量发展。一是加强生态保护区的衔接、生态经济的合作、实践经验的共享,共同探索海洋生态优先和绿色发展新路径。二是加强区域政策统筹,发挥区域联动机制的协同效应。改变"画地为牢"式的管理体制,实现区域内产业政策、环保政策、节能减排政策有效衔接,完善跨界污染防治的协调和处理机制,全面提升海陆两大生态系统的可持续发展能力。三是构筑生态富民的生态大走廊,发挥凝心聚力的联动效应。探索海洋生态治理保护的大众参与机制,形成与绿色发展区域协作相适应的利益导向,通过完善横向生态保护补偿机制,共享海洋经济高质量发展成果。

(2)培育绿色产业,把"调结构转方式"作为提质增效的重要举措,以现代海洋产业体系来引领海洋经济高质量发展

一是拓宽海洋绿色养殖空间,发展现代绿色海洋渔业。加大海洋渔业资源养护力度,发挥海洋牧场示范区的综合效益和示范带动作用。二是遵循绿色发展路径,实施新兴产业培育计划。加快培育海洋生物医药、海洋高端装备、海水综合利用、海洋新能源等新兴产业,推动海洋产业结构向中高端攀升,构建绿色海域经济链,打造沿海绿色产业经济带。三是以低碳化为引领,构建"立体海洋"绿色发展新模式。通过构筑规模化、标准化的生态型和集约型海洋循环经济示范企业和产业园区,集聚发展海洋战略性新兴产业,实现海洋经济向质量效益型转变。四是发展现代海洋服务业,推进航运服务功能集聚区建设。完善金融服务、科技研发、行业

中介等海洋公共服务平台建设,整合海洋信息技术和资源,加快现代海洋服务业向集团化、网络化、品牌化发展。

(3)实施科技兴海战略,把"人才链+产业链+创新创业链"作为集聚创新资源的战略基点,以海洋科技创新体系来支撑海洋经济高质量发展

一是以新技术挖掘海洋资源禀赋,塑造绿色发展新动能。通过新动能突起和传统动能转型"双引擎",打造海洋产业技术创新联合体、海洋产业"双创"示范基地、海洋研发创新服务平台,实现海洋科技管理向创新服务转变。二是以企业为主体、市场为导向,建立海洋产业技术创新战略联盟。进一步优化海洋科技力量布局和科技资源配置,加快海洋科技创新体系和示范应用体系建设,增强科技创新与支撑能力,提高海洋科技成果转化率。三是发挥科技平台要素聚集优势,构建"蓝色智库"。建立鼓励人力资源与智力成果交流、合作的机制,解决海洋科技成果转化中有效供需不足和风险承担等难题,构筑海洋高端人才集聚高地。

(4)强化绿色刚性约束,把"海洋绿色GDP"作为地方政府实绩考核的重点,以海洋管理体制创新来保障海洋经济高质量发展

一是用"度"对海洋生态环境的保护实施管控。在重要海洋生态功能区、生态敏感区和生态脆弱区建立海洋生态红线制度,划定生态红线,严格实施重点管控和分类管控。二是用"网"对海洋生态环境的保护实施监控。以物联网技术整合现有在线监测和遥感监测系统,构建"岸-海-岛""天空-海面-海底""点-线-面-层"立体化、全方位、实时监测系统,实现海洋治理体系和治理能力双提升。三是用"效"对海洋生态环境的保护实施考核。以海洋经济创新管理为新旧动能转换提供强力支撑,改革现行的政绩考核制度,探索建立与实施绿色海洋经济统计制度,逐步完善绿色海洋经济核算体系,将绿色海洋经济作为地方政府考核指标。

3)相关政策解读

2018年8月,自然资源部、中国工商银行联合印发的《关于促进海洋经济高质量发展的实施意见》(下简称《实施意见》)提出,中国工商银行将力争未来5年为海洋经济发展提供1000亿元融资额度,并推出一揽子多元化涉海金融服务产品,服务一批重点涉海企业,支持一批重大涉海项目建设,促进海洋经济由高速度增长向高质量发展转变。

《实施意见》明确将重点支持传统海洋产业改造升级、海洋新兴产业培育壮大、海洋服务业提升、重大涉海基础设施建设、海洋经济绿色发展等重点领域发展,并加强对北部海洋经济圈、东部海洋经济圈、南部海洋经济圈、"一带一路"海上合作的金融支持。

《实施意见》要求,要创新海洋经济发展金融服务方式,探索符合海洋经济特点的金融服务模式和产品,构建海洋经济抵质押融资产品体系,形成海洋经济供应链

金融服务模式,完善涉海项目融资服务方式,探索海洋经济投贷联动业务模式,探索建立海洋经济信贷风险补偿和担保机制,试点共建海洋经济特色金融机构,加强涉海投融资项目的组织与实施,构建顺畅的政银合作机制。

《实施意见》明确,重点支持大型涉海企业与"一带一路"海上合作相关国家开展区域海洋环境保护合作、海洋资源开发利用合作、海岛联动发展合作、国际产能合作,共建海洋产业园区和经贸合作区,支持蓝色经济合作示范项目。共建国际和区域性航运中心、海底光缆项目。在海洋调查等领域共建海外技术示范和推广基地、海洋信息化网络、海洋大数据和云技术研发平台。

《实施意见》提出,一方面积极探索符合海洋特色的金融创新产品及模式,例如构建海洋经济抵质押融资产品体系、形成海洋经济供应链金融服务模式、探索海洋经济投贷联动业务模式等;另一方面,探索建立海洋经济信贷风险补偿和担保机制,推动沿海各省、市政府建立专门针对涉海企业的融资风险补偿基金,鼓励政府支持的担保机构按规定开展海洋产业相关业务。

近年来,我国海洋经济建设掀起了新一轮发展热潮。沿海各地和各相关部门纷纷出台各类规划、举措,加大投资和建设力度,促进海洋经济高质量发展。一些地方积极推进沿海港口群、城市群建设,打造区域性航运中心,对接内陆港口或城市,加强海铁联运、江海联运。沿海城市之间进一步实现资源共享和优势互补。同时,涉海产业新旧动能转换也在提速。新型渔业、高端海工装备、海洋生物医药等海洋新兴产业,层级不断提高,规模不断扩大。还有一些地方出台了有针对性的条例或规划,把海洋经济高质量发展成效纳入了各级政府和相关部门的考核体系。这些政策举措对于促进海洋经济高质量发展具有积极的推动作用,必将为中国海洋经济未来的发展奠定更加坚实的基础。

8.1.3 沿海省推动海洋经济高质量发展的举措

1) 广东省

广东省通过实施交通建设优先、生态优先、科技创新优先、海上能源优先、深海发展优先五大战略,在优化提升海洋传统产业的基础上,重点抓好海洋电子信息、海工装备、海洋生物、海洋电力、海洋油气、海洋公共服务业六大战略性海洋产业,打造沿海经济带,促进海洋经济高质量发展。

(1) 海洋电子信息产业,突破一批水下电子信息核心技术、提升船舶海洋工程电子设备研发制造水平、打造海洋电子信息集群化示范基地。

(2) 在海工装备方面,广东着力打造高端智能海洋工程装备超级产业,以重大专项为牵引,着力开展集成创新,突破共性关键技术,提高设计研发能力,积极创建国家级智能海洋工程制造业创新中心。

（3）做大做强海洋生物产业。推进海洋生物医药重点领域研发及应用推广、搭建海洋生物产业服务平台、打造海洋生物产业集聚区。

（4）在海上风电方面，建设珠三角海上风电科创金融基地、建设粤西海上风电高端装备制造基地、建设粤东海上风电运维和整机组装基地。

（5）天然气水合物是未来全球能源发展的战略制高点。广东省同国土资源部、中国石油天然气集团公司签署了三方合作框架协议，共同推进天然气水合物勘查开采先导试验区建设、加强核心工程技术攻关。到 2023 年，推进天然气水合物生产性试采，到 2030 年实现产业化发展，初步建成年生产能力约 10 亿立方米，带动钻采、生产、储运、支持服务等相关产业产值超千亿。

（6）海洋公共服务业是广东建设海洋经济强省的重要基础内容，广东省高度重视海洋公共服务业的发展，目前已有一大批在海洋勘测、海洋大数据等方面有建树的龙头企业，推动海洋观测与监测服务，创新海岸带资源智慧管理服务，加强海洋强省战略等专题研究。

2）山东省

山东省深入实施海洋强省建设"十大行动"，即：海洋科技创新行动、海洋生态环境保护行动、世界一流港口建设行动、海洋新兴产业壮大行动、海洋传统产业升级行动、智慧海洋突破行动、海洋文化振兴行动、海洋开放合作行动和海洋治理能力提升行动等，着力推动海洋经济高质量发展。

山东省以新旧动能转换重大工程为统领，以建设世界一流的海洋港口、完善的现代海洋产业体系、绿色可持续的海洋生态环境为重点，科学谋划定位，推动转型升级，壮大新兴产业。在加快发展现代海洋产业体系中促进海洋产业的转型升级，在巩固提升传统海洋产业的同时，重点发展海洋生物医药、海水淡化与综合利用、海洋高端装备制造、海洋新能源新材料、海洋特色旅游、海洋环保等新兴产业，着力推动海洋经济高质量发展。

3）福建省

福建省着力加快建设海洋强省，打造海洋经济高质量发展的实践区，重点推进海洋经济高质量发展的七大任务：

（1）优化海洋开发布局，加快构建现代海洋经济体系。着力推进湾区经济发展，着力壮大临海工业，着力建设"海上粮仓"，着力培育海洋新兴产业，着力拓展两大协同发展区现代海洋经济合作。

（2）提升海洋基础设施，加快打造核心港区。以岸线集约利用为导向优化港区布局，以通道为抓手完善港口集疏运体系，以防潮防台风为重点健全海洋防灾减灾设施。

（3）建设海上丝绸之路核心区，加快海洋开放合作步伐。深化海上丝绸之路合作平台建设,深入实施海上互联互通,深层推进海洋经济合作,深度拓展闽台海洋合作。

(4)着力建设美丽海岛,加快培育现代海洋服务业。打造各具特色的美丽海岛,打造国际滨海旅游目的地,打造航运物流服务集聚区,打造海洋服务新产业新业态。

(5)加强智慧海洋建设,加快构筑海洋科技创新基地。开拓"智慧海洋"天地,构筑海洋科技创新高地,推动海洋科技成果落地,打造海洋科技人才洼地。

(6)突出海洋生态保护,加快推动海洋可持续发展。强化海洋主体功能管控,强化海陆污染同防同治,强化海洋生态屏障建设。

(7)注重体制机制创新,加快提升海洋综合管理能力。创新海洋资源配置管理机制,创新海洋综合执法机制,创新海洋安全应急处置机制,创新海洋军民融合发展机制。

4)江苏省

江苏地处"一带一路"交汇点,是长江经济带、长三角区域一体化发展的重要组成部分。其着力推动海洋经济高质量发展的举措有:

(1)构建现代海洋产业体系,打造全国现代海洋产业新高地。江苏聚力发展海洋战略性新兴产业,重点发展海洋工程装备制造业,着力发展海洋可再生能源业,鼓励发展海洋药物和生物制品业,积极发展海水淡化与综合利用业;提升发展海洋现代服务业,大力发展海洋交通运输业,优先发展海洋旅游业,引导发展涉海金融服务业;转型发展海洋传统产业,重点推进海洋渔业转型升级,整合提升海洋船舶工业,适度发展滩涂农林业;优化发展临海重化工业,以连云港徐圩石化产业基地等为主要承载地,推动苏南及沿江地区绿色先进的重化工项目向沿海地区转移升级。在此基础上,大力推动海洋新兴产业壮大与传统产业提升互动并进,服务业与制造业协同发展,加快海洋制造业高端化、服务业优质化和海洋渔业现代化,构建创新引领、富有竞争力的现代海洋产业体系,努力打造全国现代海洋产业新高地。

(2)加大对海洋经济发展的统筹协调力度。把加快海洋经济发展,作为实施"1+3"功能布局、"中国制造2025"江苏行动、构建现代经济体系等战略的重要内容,统筹谋划、协调推进。完善相关规划,促进海洋经济发展规划、海洋主体功能区规划与土地利用总体规划、城乡规划有机衔接,实现在总体要求上指向一致、空间配置上相互协调、时序安排上科学有序。

(3)强化财税政策支持,优化财政资金引导机制,健全投融资机制,创新金融产品和服务,运用市场化、企业化运作方式,加大海洋产业发展支持力度。重点实施一批引领功能强、推动作用大的涉海项目,对重大项目库内涉海项目,优先支持申报国家专项资金,优先安排省级资金补助,优先纳入省重点建设项目或参照省重点项目管理。创新招商模式,坚持引资与引智、引技相结合,大力引进高层次人才、核心技术和先进管理经验。大力发展涉海金融、现代航运服务、涉海法律、海洋文化、海事仲裁等附加值较高的海洋服务业,培育壮大海洋旅游新业态,提升海洋服务业比重。

(4)深化陆海统筹,促进江海联动,着力提升以沿海地带为纵轴、沿长江两岸为横轴的"L"形海洋经济带发展能级,优化海洋产业空间,推进港产城一体化发展,引导全省海洋经济转型升级和集聚发展;实施沿海发展战略,发挥海洋资源和产业基础优势,加强深远海资源开发利用,发展海洋新兴产业,推进港产城联动发展,提升沿海海洋产业核心带;实施跨江融合发展,推动传统优势产业转型升级,集聚海洋创新要素,推进海洋科技创新基地建设,壮大沿江海洋产业支撑带;推动海洋产业向内地延伸,加强涉海产能合作,扩大海洋运输腹地范围和海洋经济发展空间,拓展海洋经济发展腹地。在强化"L"型海洋经济带和海洋产业"核心带—支撑带—腹地"集聚式发展模式的基础上,积极参与国际和区域涉海领域合作,深度融入全球海洋产业链、价值链、创新链、物流链,更好利用两个市场、两种资源,在全面扩大开放中拓展海洋经济发展新空间。

(5)强化海洋科技支撑引领作用,深入实施科技兴海战略,加快构建以企业为主体、市场为导向、产学研相结合的海洋科技创新体系。瞄准海洋科技前沿领域和一流水平,构建产学研协同创新体系和海洋科技成果转化体系,培育涉海创新型企业集群,高水平建设一批海洋重点技术创新平台,培育一批海洋科技创新策源地和科技成果转化基地,打造一批海洋技术转移中心和科技成果转化示范基地。

5)浙江省

2011年,国务院正式批复《浙江海洋经济发展示范区规划》,浙江省以此为契机,全面动员部署海洋经济发展示范区建设的各项任务,为建设海洋经济强国发挥探索引领、先行先试的作用。

2015年,浙江省启动全省海洋港口一体化改革;2016、2017年浙江省先后获批设立"舟山江海联运服务中心""中国(浙江)自由贸易试验区";2017年浙江省提出建设"大湾区""大通道"等四大建设,实施"5211"海洋强省行动,打造海洋强省、国际强港和世界级港口集群。

浙江省围绕海洋经济发展示范区、浙江舟山群岛新区等重大涉海战略举措,以创新赋能海洋经济高质量发展,以开放扩大海洋经济拓展空间,在"海洋大省"向"海洋强省"的转变中不断迈步向前,着力推动海洋经济高质量发展。

8.1.4 海洋经济高质量发展的内涵

1)经济增长质量

在宏观经济学中,经济增长是一个极为重要的概念,旨在增加更多的物质财富,借以增强综合国力,壮大经济实力,提高人们的生活水平。

一般来说,经济增长是指一个国家或地区在一定时期内,由于生产要素(资本和劳动)投入增加、技术进步、经济组织制度改进等原因所引起的社会财富产出规模总量不断增加的过程[17]。也就是说,经济增长并非一蹴而就,而是一个长期的发展变化过程,能充分反映出经济社会活动规模的变化方向和程度。从供求角度来看,经济增长就是一个为了满足一定增量需求而利用资源创造供给的过程。从严格意义上来说,经济增长不仅包括以 GDP 作为主要衡量指标的经济总量的扩张过程,还包括以技术创新带动的产业结构优化升级为主要衡量标准的经济质量的提升,即经济增长应包括经济增长数量和经济增长质量两方面的内容。

所谓经济增长"数量"的内涵,是指一国或地区在一定时期内所实现的国民生产总值或人均生产总值量的大小、特征及实现量的规模与扩张的决定因素;而经济增长"质量"的内涵则无疑更加丰富。

一些研究者从狭义上对经济增长质量进行了定义,比如将其定义为经济增长的效率[18]、[19]、[20]、[21];另有学者将经济增长质量定义为经济增长所带来的经济效益和社会效益[22]。从狭义上来看,经济增长质量的核心内容是产出与投入的比例,即经济增长效果或经济增长效率。对于一个经济体来说,一定时期内在给定投入约束下产出越多,则表明经济增长的效率越高,质量越好。

经济增长质量还可以从广义的维度来理解,其内涵较之狭义维度来说则更加丰富。Vinod Thomas 将经济增长质量理解为发展速度的补充,同时也是构成经济增长进程的关键性内容,比如机会的分配、环境的可持续性、全球性风险的管理以及治理结构,并从福利、教育机会、自然环境、资本市场抵御全球金融风险的能力以及腐败质量等角度对各个国家和地区的经济增长质量进行了比较[23]。

2)经济高质量发展的内涵

十九大报告指出,高质量发展是生产要素投入少、资源配置效率高、资源环境成本低、经济社会效益好的发展。实现经济高质量发展必须坚持质量第一、效益优先,实现质量、效率、动力三大变革,不断提高全要素生产率,着力加快建设实体经济、科技创新、现代金融、人力资源协同发展的产业体系,着力构建市场机制有效、微观主体有活力、宏观调控有度的经济体制,不断增强我国经济创新力和竞争力。

高质量发展是经济发展的有效性、充分性、协调性、创新型、分享性和稳定性的综合,是不断提高全要素生产率,实现经济内生性、生态性和可持续性的有机发展,是以改革开放精神为支撑,以"创新+绿色"作为经济增长新动力的发展,是经济发展质量的高级状态,是中国经济发展的升级版[24]、[25]。与高速度增长的含义不同,高质量发展意味着经济发展不再简单追求量的扩张,而是追求量质齐升,以质取胜,反映的是经济增长的优劣程度,是量与质相协调的演进发展[26]、[27]、[28]。因此,高质量发展阶段既是数量扩张的过程,又是提高质量的过程,是数量扩张和质量提高的统一。

3）海洋经济高质量发展的影响因素

海洋经济高质量发展需要高新技术做引领。由于经济活动空间、生产对象的特殊要求,海洋产业发展高度依赖技术创新。近年来,世界海洋大国都高度重视海洋科技的发展,海洋科技在大洋勘探、海洋矿产资源开发利用、海洋生物利用等领域的重要作用无可替代。英国 2010 年 4 月成立国家海洋中心,其核心工作就是为整个英国海洋界的科研需求提供能力,同时还是英国最重要的海洋科学数据中心。美国 2007 年发布《美国未来 10 年海洋科学计划》,2015 年又发布了《海洋变化:2015—2025 海洋科学 10 年计划》,及时根据形势变化提出海洋科技的发展重点。我国在海洋强国战略提出后,沿海各省的经略海洋,占领海洋产业高地的意识迅速增强,海洋科研机构,海洋类高校数量增长迅速。

海洋经济的高质量发展需要有高质量产业集群为支撑。产业集群是一个区域经济发展水平的重要标志,也是提升区域经济竞争力的重要力量。当前,海洋经济高质量发展,产业集群也进入多维度、深层次、高水平发展阶段。2017 年,深圳推动设立 500 亿元规模的海洋产业发展基金,重点打造海洋高端智能装备和前海海洋现代服务业两大千亿级产业集群,推动海洋产业进一步向国际化、高端化、智能化方向发展。江苏省加强启东海工船舶工业园、东台海洋工程特种装备产业园等集群载体建设,提高龙头企业的总装集成能力,带动和引导一批中小型企业走专业化、特色化的发展道路。

海洋经济高质量发展需要以绿色发展理念为统领。与陆域产业相比,海洋产业起步晚,对海洋环境的影响还未有充分估计。近几年,国际上绿色经济研究机构与人员已经开始关注海洋领域的产业行为对生态环境的影响了,2012 年联合国环境规划署、开发计划署等机构联合发布了《蓝色世界里的绿色经济》报告。报告通过大量的产业活动实例分析,揭示了海洋产业发展面临着严峻的资源环境形势。在我国,海洋经济发展初期的粗放型开发方式造成的岸线资源过度开发、近岸渔业资源趋于枯竭、近海污染日益严重等问题已经引起政府和公众的关注,党的十八大以来,绿色发展理念深入人心,粗放型海洋经济增长方式和发展模式已不可持续。

4）海洋经济高质量发展的内涵界定

目前关于海洋经济高质量发展的相关研究甚少,对海洋经济高质量发展的内涵与基本特征的阐释尚未形成统一观点。李博等认为海洋经济增长质量是海洋经济的量增长到一定阶段,海洋综合实力提高、海洋产业结构优化、海洋社会福利分配改善,海洋生态环境和谐,从而使海洋"经济-社会-资源环境"系统实现动态平衡的结果[11];李宏从注重规划先行、培育高素质的海洋产业、推进"港产城海"融合发展、强化海洋科技创新、统筹陆海开发强度等方面探讨推进日照海洋经济高质量发展的实践路径[12]；黄英明和支大林探讨了南海地区海洋产业高质量发展政策[13]。虽然这些研究主题是海洋经济高质量发展，但是对海洋经济高质量发展的内涵与要义不清晰、内容不详尽，还是停留在上述增长质量的研究层面。从总体来看，目前对于海洋经济高质量研究比较浅显，没有界定海洋高质量发展的内涵，更未形成海洋经济增长质量测度的指标体系，海洋经济高质量发展的评价研究尚未开展，还是以传统的关于质量效益问题的研究为主。

综合以上研究，本书采用如下海洋经济高质量发展定义，即以绿色发展理念为统领，区域内海洋经济总体实力强劲，产业布局和产业经济结构合理、具有高质量产业集群，海洋科技创新与应用能力强，海洋经济对外开放程度高的一种新的海洋经济形态。海洋经济高质量发展要实现区域内海洋经济的创新发展、协调发展、绿色发展、开放发展和共享发展。

8.2 海洋经济高质量发展评价指标体系

8.2.1 指标体系设计的目标、原则及方法

1）指标体系设计的原则

（1）科学性和实用性原则

海洋经济高质量发展指标体系设计应当充分反映和体现海洋经济高质量发展的内涵，从科学的角度系统而准确地理解和把握海洋经济高质量发展的实质，客观综合地反映海洋经济创新发展、协调发展、绿色发展、开放发展、共享发展的现状。同时，指标的设置要简单明了，容易理解，要考虑数据取得的难易程度和可靠性，最好是利用现有统计资料，尽可能选择那些有代表性的综合指标和重点指标。

（2）系统性和层次性原则

海洋经济高质量发展评价是一项复杂的系统工程。因此，指标体系的设计应全面反映海洋经济高质量发展的各个方面，较客观地描述区域海洋经济发展的状态和程度，并在不同层次上采用不同的指标，指标体系结构清楚分明，从而有利于决策者对海洋经济资源进行有效的统筹配置与优化。

（3）全面性和代表性原则

指标体系作为一个有机整体是多种因素综合作用的结果。因此，海洋经济高质量发展指标体系应反映影响海洋经济高质量发展涉及的各个方面，从不同角度反映出被评价系统的主要特征和状况。结合海洋经济高质量发展的重要环节和过程，指标选取上突出代表性和典型性，避免选择意义相近、重复的指标，使指标体系

简洁易用。

（4）可测性和可比性原则

指标体系的设计应充分考虑到数据的可获得性和指标量化的难易程度,尽量选取可量化的指标,对于难以量化但其影响意义重大的指标,也可以用定性指标来描述,坚持定量与定性相结合。同时,指标数据来源要准确可靠,处理方法要科学简化,这也是指标设计需要注意的问题。评价指标设置的最终目标是指导和推动海洋经济高质量发展,因此指标的可测性和可比性是指标体系设计的基本原则。

2）指标体系设计的方法

（1）目标法

目标法又叫分层法。首先确定研究的目标,即目标层,然后在其下建立一个或数个较为具体的分目标,称为类目指标,类目指标则由更为具体的指标（又叫项目指标）组成。在应用目标法时,通常将系统的综合效益作为评价的目标,然后把资源开发的生态效益、社会效益、经济效益作为准则,选取有关要素作为评价系统是否具有可持续发展能力的指标因子。

（2）系统法

系统法就是先按研究对象的系统学方向分类,然后逐步列出指标。在应用此法建立指标体系时,通常将研究区域作为自然—经济—社会复合系统,然后将复合系统分为经济、社会、资源和环境等若干子系统,通过各子系统的协调发展实现资源的优化配置。

（3）归类法

归类法就是先把众多指标进行归类,再从不同类别中抽取若干指标构建指标体系。

（4）综合法

综合法是系统法与目标法相结合,先按系统法将资源分为发展水平和发展能力两大子系统,然后再按目标法建立各子系统的类目指标与项目指标。但此种方法的应用多停留在理论上,实践应用很少。

为保证指标体系严格的内部逻辑统一性,海洋经济高质量发展指标体系的设计采用"系统法"的分析方法。"系统法"分析方法的基本原理是:首先确定一个评价总目标,然后将它分解为若干层次（系统）,逐级发展、推导出各级子目标（系统）,最后提出描述、表达目标的各项指标,即最后一层的具体指标,进而自上而下构建出目标—系统—状态—变量的指标体系。在"系统法"结构中,目标层是最高层,它表示着该指标体系要反映和评价的总目标;系统层是将总目标解析为互相联系的若干个子系统；状态层是表示各子系统的发展状态情况；变量层用来表述各子系统的具体变量。

8.2.2 指标体系的特征及功能

1) 指标体系的特征

（1）经济体系是核心

经济体系体现海洋经济高质量发展的基本经济特征，从数量上衡量海洋经济高质量发展的水平。

（2）产业体系是支撑

产业体系是海洋经济高质量发展最为典型的特征构成形式。它从质和量两个方面体现海洋经济高质量发展水平，分为第一、二、三次产业以及各产业之间联系四方面。它是人类利用生态环境体系提供的资源进行物质资料生产、流通、分配和服务活动的系统。产业体系以其物质再生产功能，为海洋经济高质量发展提供运转机制。

（3）资源体系是基础

海洋经济成为整个经济增长的新推动力，原因就在于海洋资源的合理开发与利用。一方面缓解了陆域资源短缺的尴尬，另一方面也带动了整个沿海地区的产业链条。该体系包括可利用资源种类、数量、质量、利用率和利用状况，不但从量上反映资源丰富程度，也从质上体现资源利用效率。

（4）环境体系是载体

该体系包括环境污染程度、环境经济损失、环境治理能力，反映海洋经济高质量发展对环境的影响从而体现经济发展对人类生存条件的影响程度，关注人的生存质量，也是可持续发展方式和循环经济发展模式的体现。

（5）社会体系是保障

社会体系体现海洋经济社会综合发展水平。该体系包括沿海社会发展水平、海洋科技发展水平和对外开放度，反映社会主体方面因素。

2) 指标体系的功能

海洋经济高质量发展指标体系是一个涉及经济、生态环境、社会和科技等多方面协调、综合发展的整体。通过海洋经济高质量发展指标体系，结合专家评估法、层次分析法、模糊评价法等模型，可以研究和评价一个国家或一个区域的海洋经济发展状况。

（1）描述功能

所选指标能够客观反映任何一个时期内某区域社会、经济、生态环境发展的现实状况和变化趋势。

（2）解释功能

能对海洋经济发展状态、海洋资源配置协调程度、变化原因做出科学合理的解释。

（3）评价功能

根据一定的判别标准,综合测度评价对象的各系统之间的协调性,从而在整体上对某区域海洋经济高质量发展状况做出客观评价。

（4）监测功能

可对某区域内海洋经济运行状况进行监测,并对导致系统失调的主要因素进行干预,为决策和政策的制定提供科学依据。

（5）预警功能

可对未来海洋产业的布局、海洋经济结构进行预测,为海洋经济高质量发展的实现提供切实可行的决策方案。

8.2.3　指标体系框架

按照指标设计的原则、方法及功能特征,构建从经济总量、产业分布、科技创新、绿色发展、对外开放五个维度 33 个具体指标的辽宁海洋经济高质量发展指标体系框架。如表 8-1 所示:

表 8-1　海洋经济高质量发展指标框架

维度	监测指标	特征
经济总量	海洋经济生产总值	海洋经济总体实力强劲（共享发展）
	环比增长速度	
	占区域生产总值比重	
	涉海就业人数	
	同比增长速度	
	占区域就业总人数比重	
产业分布	涉海企业数	陆海协同发展、产业布局合理、产业经济结构合理、具有高质量产业集群（协调发展）
	海洋第一产业占总产值比重	
	海洋第二产业占总产值比重	
	海洋第三产业占总产值比重	
	人均海洋生产总值	
	陆海经济关联度	

维度	监测指标	特征
科技创新	涉海院校数	海洋科技创新与应用能力强（创新发展）
	研究与试验发展(R&D)机构数	
	重点实验室数	
	研究与试验发展(R&D)课题数	
	发表科技论文数	
	专利授权数	
	形成国家或行业标准数	
	海洋科研经费投入额	
绿色发展	海水养殖面积	海洋资源消费程度低（绿色发展）
	造船完工量	
	接待人次数	
	码头长度	
	近岸海域受污染的面积	海洋环境污染程度低（绿色发展）
	赤潮发生的次数	
	赤潮发生的累计面积	
	海洋生态修复投入	（绿色发展）
	海洋生态红线区面积占其管辖海域面积的比例	
	能源利用率	
对外开放	海关出口总额	（开放发展）
	年利用外资总额	
	港口货物吞吐量	

8.2.4　评价方法

常用的评价方法有层次分析法、专家打分法、信息熵法等。层次分析法和专家打分法偏于主观地确定权重，而信息熵法则是偏于客观地确定权重，因此，采用信息熵确权的方法进行评价，步骤如下：

（1）数据标准化

数据标准化就是将各个指标的数据进行标准化处理。假设给定了 k 个指标

X_1，X_2，$\cdots$，X_k，其中 $X_1\{x_1，x_2，\cdots，x_n\}$。设各指标数据标准化后的值为 Y_1，Y_2，$\cdots$，Y_k，则：

$$Y_{ij} = \frac{x_{ij} - \min(x_i)}{\max(x_i) - \min(x_i)}$$

公式 1

（2）数据归一化

数据归一化就是把数变为（0，1）之间的小数。

$$p_{ij} = \frac{Y_{ij}}{\sum\limits_{i=1}^{n} Y_{ij}}$$

公式 2

（3）求信息熵

信息熵计算公式为：

$$E_j = -\ln(n)^{-1} \sum_{i=1}^{n} p_{ij} \ln p_{ij}$$

公式 3

如果 $p_{ij} = 0$，则定义 $\lim\limits_{p_{ij} \to 0} p_{ij} \ln p_{ij} = 0$

（4）求区分度

区分度与信息熵的和为 1。

$$F_j = 1 - E_j$$

公式 4

（5）求权重

根据区分度的计算公式，通过区分度计算各指标的权重：

$$w_j = \frac{F_j}{\sum\limits_{k=1}^{n} F_k}(i = 1,2,\cdots,n)$$

公式 5

（6）计算综合质量指数

$$I_i = w_j X_{ij}, \quad j = 1,2,\cdots m$$

公式 6

其中，综合质量指数 I_i 属于 $[0,1]$ 区间。I_i 越大，说明该省的海洋经济高质量发展水平越高；反之，则该省海洋经济高质量发展水平越低。

8.3　辽宁海洋经济高质量发展水平评估

8.3.1　沿海省份海洋经济高质量发展对比分析

依据海洋经济高质量发展指标体系，采用鲁亚运、原峰等发表于《企业经济》2019 年第 12 期上的《我国海洋经济高质量发展评价指标体系构建及应用研究——基于五大发展理念的视角》一文中的信息熵确权的方法及相关基础数据测

算出 2016 年我国沿海各省(市)海洋经济高质量发展综合水平,依据其测算的指数排名,如表 8-2 所示:

表 8-2　2016 年沿海各省(市)海洋经济高质量发展测算结果

	高质量发展排名	共享发展排名	协调发展排名	创新发展排名	绿色发展排名	开放发展排名
天津	4	2	9	2	3	8
河北	10	10	4	7	11	9
辽宁	7	6	10	3	9	6
上海	1	1	6	1	2	3
江苏	3	8	3	5	6	2
浙江	6	3	1	8	7	4
福建	9	4	2	9	5	7
山东	5	7	5	6	8	5
广东	2	5	11	4	4	1
广西	11	11	7	10	10	10
海南	8	9	8	11	1	11

从表 8-2 可以看出,辽宁省海洋经济高质量发展程度综合排名第 7。处于东海区的上海、江苏、浙江 3 省(市)海洋经济高质量发展水平较高。从具体的省(市)来看,上海、广东、江苏海洋经济高质量发展水平位居全国前三;广西、河北、福建、海南高质量发展水平较低,广西海洋经济高质量发展排名最低。

共享发展方面,辽宁排名第 6,上海的共享发展排名最高,属于第一梯度,天津、浙江、福建、广东、辽宁等地区共享发展指数相差不大,属于第二梯度,广西、河北的共享发展指数较低,属于第四梯队,其他省份属于第三梯度。沿海各省共享指数差别较大,说明我国沿海各省(市)之间的海洋经济惠民程度差异较为明显。具体来看,上海的人均收入水平较高,海洋公共服务保障能力较强,服务水平高,提供的涉海就业机会多,而广西、海南海洋教育水平、公共服务水平相对较低。

协调发展方面,辽宁排名第 10,从大的区域角度来看,东海区的上海、江苏、浙江、福建四省(市)海洋经济协调发展指数位居全国前列,明显高于北海区的天津、河北、辽宁、山东和南海区的广东、广西、海南等省份的水平。从省级角度来看,协调发展指数最高的是浙江,最低的是广东,结合具体的指标来看,主要原因是辽宁、广东所辖各地市海洋经济发展水平差异较大且海陆关联程度不高。

创新发展方面,辽宁排名第3,上海、天津、辽宁、广东创新水平位居前四,这些地方汇集了一大批的海洋科技创新企业,同时拥有不少涉海高校,科研院所及创新平台,海洋科研成果显著,科技水平高,劳动力、资本等资源利用效率高;广西、海南、福建创新发展水平较低,尤其是广西和海南,创新发展指数尤其低,不仅没有海洋专业性院校,而且海洋科研机构与科研人员、海洋高科技企业较少。相关数据显示,2016 年海南海洋科研机构仅 3 个,科技活动人员 290 人,科研经费收入仅为 15 908 万元,而广西科研机构也仅为 8 个,科技活动人员 436 人,科研经费收入 14 220 万元,创新支持力度和能力水平均严重不足。

绿色发展方面,辽宁排名第 9,各省(市)绿色发展指数存在较大差异,海南绿色发展指数位居全国首位,遥遥领先于其他地区,说明海南海洋经济的发展对环境的破坏较少,这主要有两方面的原因:一是因为海南省的海洋产业结构以第三产业中的海洋旅游业发展为主;二是海南海洋经济水平较为落后,开发水平较低,污染相对较多的第二产业在海南省的发展相对较少。河北绿色发展指数最低,说明河北海洋开发活动的资源环境代价较大,石化、钢铁等高能耗、高污染的项目建设较多,部分海域污染较重。

开放发展方面,辽宁排名第 6,广东开放程度位居全国首位,充分体现了广东作为改革开放前沿阵地的属性,这是因为广东不仅地理位置优越,紧邻香港、澳门,海上丝绸之路四通八达,而且政策优势明显,于 1980 年就设立了深圳、珠海、汕头三个经济特区,具有广州南沙、深圳前海、珠海横琴三大自贸区;上海与江苏开放指数较为接近,说明开放发展具有较强的地域关联性;广西、海南的开放水平较低,发展空间较大。

8.3.2　辽宁海洋经济高质量发展水平定量分析

根据自然资源部初步核算,辽宁海洋经济 2017—2019 统计核算数据如表 8-3:

表 8-3　2017—2019 年辽宁省海洋产业生产总值情况

	2017 年总量(亿元)	2018 年总量(亿元)	2019 年总量(亿元)	现价增速(%)
海洋生产总值	3 284.1	3 315	3 465	4.5
海洋产业	2 204.0	2 293	2 430	6.0
主要海洋产业	1 630.7	1 571	1 657	5.5
海洋渔业	528.8	407	415	2.0
海洋油气业	5.3	7	10	42.9

	2017 年 总量(亿元)	2018 年 总量(亿元)	2019 年 总量(亿元)	现价增速 （%）
海洋矿业	—	—	—	—
海洋盐业	1.7	2.0	1.0	−50.0
海洋船舶工业	98.7	98.0	114.0	16.3
海洋化工业	19.5	19.0	21.0	10.5
海洋药物和生物制药业	2.3	6.0	6.0	0.0
海洋工程建筑业	11.4	7.0	4.0	−42.9
海洋可再生能源利用业	17.1	19.0	20.0	5.3
海水利用业	0.8	0.9	1.0	11.1
海洋交通运输业	262.5	265.0	226.0	−14.7
滨海旅游业	682.7	740.0	839.0	13.4
海洋科研教育管理服务业	573.1	723.0	775.0	7.2
海洋相关产业	1 080.3	1 022.0	1 035.0	1.3
海洋一产比重(%)	13.7	9.8	9.6	
海洋二产比重(%)	31.8	30.2	29.4	
海洋三产比重(%)	54.5	60.0	61.0	

注释:部分数据因四舍五入的原因,存在着总计与分项合计不等的情况。

2019 年,在省委、省政府的正确领导下,在全省涉海厅（局）的大力支持下,按照主动适应经济发展新常态,奋力推动辽宁新一轮振兴发展的总要求,聚焦海洋经济转型升级新突破,聚力海洋经济创新驱动新引擎,以落实省委省政府"转身向海发展海洋经济"的工作要求,以建设海洋强省为总目标,坚持生态优先、陆海统筹、区域联动、协调发展的方针,以海洋生态环境保护、资源集约利用和调结构转方式为主线,以改革创新、科技创新为动力,强化提质增效,强化海洋综合管理,推动海洋环境质量逐步改善、海洋资源高效利用,推动形成产业结构合理、经营机制完善、支撑保障有力的现代海洋产业发展新格局,海洋经济的"蓝色引擎"作用持续发挥,不断助推地区经济高质量发展。

2019 年全省海洋经济总量再上新台阶,引擎作用持续发挥。根据自然资源部初步核算,2019 年全省海洋生产总值 3 465 亿元,比上年增长 4.5%,占全省地区生产总值的 13.9%。海洋经济生产总值构成中,主要海洋产业增加值 1 657 亿元,比上年增长 5.5%;海洋科研教育管理服务业增加值 775 亿元,比上年增长 7.2%;

海洋相关产业增加值 1 035 亿元,比上年增长 1.3%。

主要海洋产业发展情况如下:

海洋渔业保持平稳增长,总体呈现养殖升、捕捞降、总量稳、结构调整加快的趋势,全年实现增加值 415 亿元,比上年增长 2%。

在海洋油气业方面,海洋原油以及天然气勘探设备的不断完善,加快了海洋油气资源的开发速度,全年实现增加值 10 亿元,比上年增长 42.9%。

在海洋盐业方面,工业盐受下游产品产能过剩和国家节能减排政策影响,需求量下降,海洋盐业产量持续下降,盐业市场延续疲态,全年实现增加值 1 亿元,比上年下降 50%。

海洋化工业发展平稳,不断调整结构,提高工艺技术和装备水平,生产效益显著改善,全年实现增加值 21 亿元,比上年增长 10.5%。

海洋药物和生物制品业发展平稳,全年实现增加值 6 亿元,与上年持平。

在海洋可再生能源利用业方面,科技创新驱动海洋可再生能源利用业发展,随着海上风电装机规模的扩大、海洋可再生资源开发力度的提升以及风能发电技术开发体系的完善,海洋可再生能源利用业保持平稳增长,全年实现增加值 20 亿元,比上年增长 5.3%。

在海水利用业方面,大力发展海水淡化,加大海水淡化项目的财政投入,对海水淡化技术研发、海水设备生产与制造等领域给予重点扶持,海水利用业实现平稳增长,全年实现增加值 1 亿元,比上年增长 11.1%。

在海洋船舶工业方面,造船完工量保持增长,承接新船订单和手持船舶订单同比下降,海洋船舶工业稳中有进,全年实现增加值 114 亿元,比上年增长 16.3%。

在海洋工程建筑业方面,受国家实施严格的围填海管控制度影响,海洋工程项目大幅缩减,海洋工程项目投资放缓,海洋工程建筑业呈大幅下滑趋势。全年实现增加值 4 亿元,比上年下降 42.9%。

在海洋交通运输业方面,受中美贸易摩擦和美国对大连中远海运油品运输公司制裁等影响,海洋货物周转量同比大幅下降;受丹东港破产重组、营口港统计口径变化、部分货种减产等因素影响,全省港口货物吞吐量明显下降。全年实现增加值 226 亿元,比上年下降 14.7%。

在滨海旅游业方面,依托国家战略、优质海滨、群岛世界、海洋生态等综合优势,着力打造北方滨海旅游业新高地。通过 2019 辽宁夏季旅游主题系列活动、海洋文化节等,滨海旅游业发展模式呈现生态化和多元化特征,旅游招待能力不断提高,滨海旅游业保持较快增长,全年实现增加值 839 亿元,比上年增长 13.4%。

8.3.3 制约辽宁海洋经济高质量发展的因素分析

1) 辽宁海洋经济发展的优势

2019 年辽宁省海洋生产总值达 3 465 亿元,同比增长 4.5%,与位列全国前三位的粤、鲁、浙相比依然有较大差距。从海岸线长度和管辖海域面积看,辽宁海岸线总长 2 960 公里,管辖海域面积约 15 万平方公里,与山东(海岸线总长 3 345 公里的 88%,辖属海域面积 15.95 万平方公里基本相当)、浙江(海岸线总长 6 696 公里的 44%,辖属海域面积 26 万平方公里的 57%)、广东(海岸线总长 4 114 公里的 71%,辖属海域面积 41.9 万平方公里的 35%)相比,辽宁的海域空间资源总量处于相对劣势。尽管如此,辽宁海域开发利用有自己的特色比较优势,具有创新突破的发展空间。

(1) 辽宁海洋地缘区位独特,是国家海洋强国战略的枢纽区域

辽宁北黄海是国家海洋"北出战略"的枢纽性区域,是我国海洋强国实施"北出战略"的起点与俄罗斯"东出战略"中点,国际海洋战略地位十分明显。按照国家海洋经济空间布局,辽宁属北部海洋经济圈(辽东半岛、渤海湾和山东半岛),辽东半岛沿岸及海域属渤海和北黄海,地缘优势特征明显。其中,黄海北部是我国目前最具发展潜力的海域之一,是国家构建东北地区对外开放的重要平台、亚欧大陆桥的重要门户、东北亚经济圈的重要腹地,实施"北出战略"的要冲。

(2) 辽宁海域地理格局独特,是我国北方特有海洋生物资源区

辽宁黄渤海域是享誉全国乃至世界的"渔业摇篮"。辽宁管辖海域位于北纬 38°~43°之间,地理分布格局独特,海洋生物资源禀赋得天独厚。本区以刺参、鲍鱼、扇贝为代表,还有虾蟹、海胆、鱼类、海带、裙带菜等海珍品和海产品,无论是资源丰度还是产品品质都享誉中外,海域资源开发与海洋产业表现出独有的特性,是发展现代海水养殖和现代海洋牧场建设最适宜区域。

(3) 辽宁海岛自然环境独特,是全国重要的生态文明建设和生活宜居区

辽宁长山列岛是全国最具开发潜力的群岛生态生产生活区。辽宁管辖海域是我国纬度最高、水温和气温最低的海域,地域特色鲜明。本区以长山列岛为代表,建设全国沿海生态廊道,加强自然保护区和海岸带保护,维护典型生态系统多样性的生态文明建设,打造东北亚港口、船舶、航运海洋产业区、滨海旅游休闲产业特色区和海岸带生活宜居生态城市区。

(4) 辽宁产业传统优势独特,是新兴海洋产业新兴业态的潜力区和成长区

辽宁海洋产业是引领传统老工业转型升级创新先导区。辽宁老工业基地具有向海洋化转型升级的条件,同时辽宁海洋产业门类齐全,基础雄厚,重点产业的竞争力优势依然明显,是形成海洋新兴产业和新型业态的潜力区和成长区。

2) 辽宁海洋经济高质量发展的困境

（1）资源禀赋比较优势趋于弱化

从海洋资源禀赋看，辽宁的优势是十分明显的。但是，在以市场导向的发展阶段，单纯依赖靠海吃海的传统资源优势在发生转变。

（2）海洋资源深度开发有待提高

粗放增长方式尚未根本转变，传统海洋产业需进一步改造提升，海洋新兴产业发展相对不足，区域重复建设在一定范围内尚存，资源与生态环境约束加剧。辽宁海洋区域经济发展不平衡、不协调和不可持续问题依然突出，海岸带产业布局有待优化。

辽宁作为医药原料的海洋生物资源极其丰富，但至目前，辽宁海洋药物生产水平仍处于起步阶段，保健功能产品占水产品加工总量的比重还不到 5%。辽宁海岸线利用不足，特别是尚有一半以上适合旅游的岸线没有得到开发。辽宁海水养殖业地理条件得天独厚，但与国内外先进海水养殖生产方式相比，辽宁海水养殖基础设施与管理还较为陈旧滞后。

（3）产业创新能力有待提升

辽宁海洋产业基础雄厚，但产业发展创新能力不强。海洋工程装备制造业核心技术欠缺，产业市场集中度不高，整体配套能力薄弱，绝大部分利润被境外配套供应商挤占。海水利用业发展较快，但产业联动创新效应不强，全产业链条还没有形成。辽宁高校、科研院所多，海洋综合研发能力强，但海洋科技优势还没有最大限度地释放，成果转化与市场需求吻合度不高。

（4）管控整合力度不够，服务能力不足

辽宁海洋调控监管服务多以行业管理、部门管理为核心，存在管理上的重叠、冲突和空白，技术和产品开发容易出现无规划、无方向、无重点等短板或缺项问题。海洋科技总体实力较强，但力量分散、资源分散、经费分散，部门和地区之间沟通与资源共享性差，影响了优势资源合理配置和利用。高层次人才储备不足，研发投入不足，产业集聚性不强，吸纳就业能力相对较低。

8.4　辽宁海洋经济高质量发展的对策建议

1) 加大对外开放水平，融入"一带一路"建设

建立面向东北亚的"北方海上丝绸之路"，将其纳入国家海洋开发战略总体规划，促进与俄罗斯、日本、韩国等周边国家区域经贸合作。

一是推动建设辽宁—俄罗斯远东、辽宁—日本、辽宁—韩国主体 V 字形的海上通道，接连烟大海底通道与山东贯通，形成东连（日本、韩国）、北拓（俄罗斯远

东)、南接(山东)、西进(河北)蛛网状线路。二是将"北方海上丝绸之路"建设纳入国家海洋开发战略总体规划,积极争取国家政策支持。三是依托"北方海上丝绸之路"在海洋产业市场拓展、投资贸易便利化、跨国交通物流、电子口岸互联互通等方面加强东北亚国际合作。

2)建立海洋新兴产业创新发展示范基地,改造提升传统产业,延长产业链条

一是利用辽宁省海洋生物资源优势,依托本溪及大连双D港生物医药产业基地建立面向国际的海洋医药和生物制品原料供应基地、海洋医药和生物制品生产基地,打造"中国药都";二是打造中国北方海水综合利用基地,在海水淡化、盐化工业、海水利用设备制造领域突破发展;三是突破核心技术瓶颈,促进海洋工程装备制造业健康发展,发挥市场机制作用,化解造船产能过剩问题。

3)盘活海洋资源资产,拓展海岸带开发利用空间,促进海陆联动发展

一是建立北方海洋产权交易中心,通过招拍挂等方式促进海域使用权流转;二是建立海域主导功能区、兼容利用区、功能拓展区的区划布局模式,实现海域资源立体开发、兼容使用;三是加强向海一侧海岸带开发,将其延伸至50米等深线,提高深海开发能力,促进海陆经济联动发展。

4)建立产学研合作战略创新联盟,发挥辽宁海洋科教资源优势,推动重大技术突破

一是提高科技创新能力,建立突破性技术创新激励机制,促进核心技术重大提升与突破;二是在辽宁省建立国家海洋生物工程研究中心、国家海洋医药开发重点实验室、科技园和孵化器。三是积极培养海洋科技人才,制定专门的海洋人才引进政策和培养机制,为辽宁海洋经济发展提供智力支撑。

5)完善金融服务支持体系,加大财政、税收扶持力度

一是建立海洋开发银行,鼓励银行金融机构积极创新信贷政策,将在中关村国家自主创新示范区开展的境外并购外汇管理试点政策拓展至辽宁省重点海工装备制造企业;二是加大财政扶持力度,设立海洋产业发展政府基金,着力支持重大关键技术研发、重大创新成果产业化等,可借鉴上海市的做法,在临港海洋高新基地设立海洋高新技术产业化风险投资基金;三是给予各种税收优惠政策,借鉴浙江省为发展海洋经济推出的10条纳税服务举措和19条税收优惠政策,促进辽宁海洋经济发展税收政策改革。

6)改善修复海洋生态环境,统筹海洋资源开发与生态环境保护

一是借鉴国内外海洋牧场建设经验,打造长海县海洋牧场建设示范基地;二是以海洋牧场建设为载体,改善修复海洋生态环境,打造海洋生态文明先行示范区;三是严格围填海项目审批,对重大海洋工程项目建立生态评估机制。

7）实施海洋"智慧产业"培育行动，推动产业融合发展

以人工智能、大数据、虚拟现实、5G 等新一代信息技术为手段，提升海洋设备、船舶海工、仪器仪表等现代海洋装备制造的信息化水平。重点加大对智能船舶、港口自动化装备、智能养殖装备、水下无人探测装备、海上运动装备及海洋环境大数据设备的研发和产业转化投入，培育壮大海洋信息技术产业集群。创新海洋产业发展模式，推动港口物流、海洋制造、休闲旅游、邮轮游艇产业深度融合发展，打造国家海洋产业融合发展示范区。

本章参考文献

[1] 鲁亚运，原峰，李杏筠. 我国海洋经济高质量发展评价指标体系构建及应用研究：基于五大发展理念的视角[J]. 企业经济，2019，38(12)：122 - 130.

[2] 韩增林，李博，陈明宝，等."海洋经济高质量发展"笔谈[J]. 中国海洋大学学报(社会科学版)，2019(5)：13 - 21.

[3] 余泳泽，胡山. 中国经济高质量发展的现实困境与基本路径：文献综述[J]. 宏观质量研究，2018，6(4)：1 - 17.

[4] 金碚. 关于"高质量发展"的经济学研究[J]. 中国工业经济，2018(4)：5 - 18.

[5] 马晓君. 推动大连海洋经济高质量发展[N]. 大连日报，2019-12-23(6).

[6] 刘康. 创新发展路径 推进我国海洋经济高质量发展[J]. 民主与科学，2020(1)：41 - 43.

[7] 赵晖，张文亮，张靖苓，等. 天津海洋经济高质量发展内涵与指标体系研究[J]. 中国国土资源经济，2020(6)：34 - 42.

[8] 赵全民，蔡悦荫，王跃伟. 辽宁省沿海经济带海洋经济发展研究[M]. 北京：海洋出版社，2013：54 - 61.

[9] 王宏. 着力推进海洋经济高质量发展[N]. 学习时报，2019-11-22(1).

[10] 丁黎黎. 海洋经济高质量发展的内涵与评判体系研究[J]. 中国海洋大学学报(社会科学版)，2020(3)：12 - 20.

[11] 李博，田闯，史钊源. 环渤海地区海洋经济增长质量时空分异与类型划分[J]. 资源科学，2017，39(11)：2052 - 2061.

[12] 李宏. 海洋经济高质量发展的路径选择[J]. 山东广播电视大学学报，2018(3)：63 - 66.

[13] 黄英明，支大林. 南海地区海洋产业高质量发展研究：基于海陆经济一体化视角[J]. 当代经济研究，2018(9)：55 - 62.

[14] 谭前进，勾维民，赵万里. 推动辽宁海洋经济新一轮振兴发展的对策研究

[J]. 特区经济，2015(4)：136 - 138.

[15]沈伟腾，陈琦，胡求光. 贯彻新发展理念 推进海洋经济高质量发展：2018 年中国海洋经济论坛综述[J]. 中国渔业经济，2018，36(6)：18 - 22.

[16]张文亮. 天津海洋"十三五"发展战略的几点思考[J]. 求知，2018(3)：45 - 47.

[17]樊森. 中国经济增长方式实证研究[M]. 西安：陕西科学技术出版社，2011.

[18]卡马耶夫(В. Д. Камаев). 经济增长的速度和质量[M]. 陈华山，译.武汉：湖北人民出版社，1983.

[19]王积业. 关于提高经济增长质量的宏观思考[J]. 宏观经济研究，2000(1)：11 - 17.

[20]刘亚建. 我国经济增长效率分析[J]. 思想战线，2002，28(4)：30 - 33.

[21]康梅. 投资增长模式下经济增长因素分解与经济增长质量[J]. 数量经济技术经济研究，2006，23(2)：153 - 160.

[22]杜家远，刘先凡. 浅析经济增长的质量[J]. 中南财经大学学报，1991(4)：51 - 52.

[23]Vinod Thomas. 增长的质量[M]. 北京：中国财政经济出版社，2001.

[24]任保平. 新时代中国经济高质量发展的判断标准、决定因素与实现途径[J]. 中国邮政，2018(10)：8 - 11.

[25]周振华. 经济高质量发展的新型结构[J]. 上海经济研究，2018，30(9)：31 - 34.

[26]赵华林. 高质量发展的关键：创新驱动、绿色发展和民生福祉[J]. 中国环境管理，2018，10(4)：5 - 9.

[27]任保平. 经济增长质量的内涵、特征及其度量[J]. 黑龙江社会科学，2012(3)：50 - 53.

[28]任保平，李禹墨. 经济高质量发展中生产力质量的决定因素及其提高路径[J]. 经济纵横，2018(7)：27 - 34.